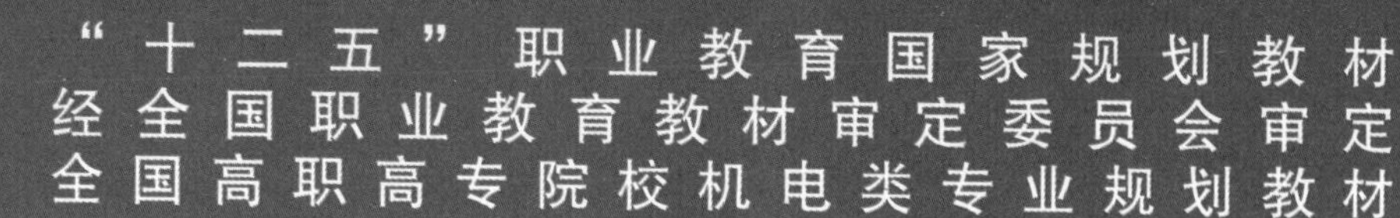

过程控制与自动化仪表

GUOCHENG KONGZHI YU ZIDONGHUA YIBIAO

高志宏 主 编
王丽萍 魏翠琴 李忠明 副主编

中国铁道出版社有限公司
CHINA RAILWAY PUBLISHING HOUSE CO., LTD.

内 容 简 介

本书是“十二五”职业教育国家规划教材，以控制系统为主线，按照“先入门、后深入、再提高”的教学思路，将教学内容组织成10个递进模块：认识过程控制技术、变送器使用、调节器使用、执行器使用、控制系统调试、对象特性分析与测试、控制系统性能分析与设计、串级控制系统、前馈控制系统、其他复杂控制系统。

本书按照“理—实—体化”的方式组织教学内容，内容实用、编排科学、可读性强，是国家精品课程、国家精品资源共享课程的配套教材。

本书可作为高职高专自动化类专业的教材，也适合作为应用型本科自动化类专业及过程控制技术的培训教材或自学用书。

图书在版编目（CIP）数据

过程控制与自动化仪表/高志宏主编. — 北京 ：中国铁道出版社，2015.12（2025.1 重印）
“十二五”职业教育国家规划教材　全国高职高专院校机电类专业规划教材
ISBN 978－7－113－20308－5

Ⅰ.①过…　Ⅱ.①高…　Ⅲ.①过程控制－高等职业教育－教材②自动化仪表－高等职业教育－教材　Ⅳ.①TP273②TH86

中国版本图书馆 CIP 数据核字（2015）第 083056 号

书　　名：过程控制与自动化仪表
作　　者：高志宏

策　　划：祁　云　　**编辑部电话**：（010） 63549458
责任编辑：祁　云
编辑助理：吴　楠
封面设计：付　巍
封面制作：白　雪
责任校对：王　杰
责任印制：赵星辰

出版发行：中国铁道出版社有限公司（100054，北京市西城区右安门西街8号）
网　　址：https：//www.tdpress.com/51eds
印　　刷：三河市国英印务有限公司
版　　次：2015年12月第1版　　2025年1月第5次印刷
开　　本：787 mm×1 092 mm　1/16　**印张**：14　**字数**：325千
书　　号：ISBN 978－7－113－20308－5
定　　价：35.00元

全国高职高专院校机电类专业规划教材

编审委员会

IMPRINT

出版说明

随着我国高等职业教育改革的不断深化发展，我国高等职业教育改革和发展进入一个新阶段。教育部下发的《关于全面提高高等职业教育教学质量的若干意见》教高[2006]16号文件旨在进一步适应经济和社会发展对高素质技能型人才的需求，推进高职人才培养模式的改革，提高人才培养质量。

教材建设工作是整个高等职业院校教育教学工作中的重要组成部分，教材是课程内容和课程体系的知识载体，对课程改革和建设既有龙头作用，又有推动作用，所以提高课程教学水平和质量的关键在于出版高水平高质量的教材。

出版面向高等职业教育的"以就业为导向，以能力为本位"的优质教材一直以来就是中国铁道出版社优先开发的领域。我社本着"依靠专家、研究先行、服务为本、打造精品"的出版理念成立了"中国铁道出版社高职机电类课程建设研究组"，并经过两年的充分调查研究，策划编写、出版了本系列教材。

本系列教材主要涵盖高职高专机电类的公共课及六个专业的相关课程，即电气自动化专业、机电一体化专业、生产过程自动化专业、数控技术专业、模具设计与制造专业以及数控设备应用与维护专业。它们既自成体系又具有相对独立性。本系列教材在研发过程中邀请了高职高专自动化教指委专家、国家级教学名师、精品课负责人、知名专家教授、学术带头人及骨干教师等。他们针对相关专业的课程设置融合了多年教学中的实践经验，同时吸取了高等职业教育改革的成果，无论从教学理念的导向、教学标准的开发、教学体系的确立、教材内容的筛选、教材结构的设计，还是教材素材的选择都极具特色。

归纳而言，本系列教材体现如下几点编写思想：

(1)围绕培养学生的职业技能这条主线设计教材的结构，理论联系实际，从应用的角度组织内容，突出实用性，同时注意将新技术、新工艺等内容纳入教材。

(2)遵循高等职业院校学生的认知规律和学习特点，对于基本理论和方法的讲述力求通俗易懂，多用图表来表达信息，以解决日益庞大的知识内容与学时偏少之间的矛盾；同时增加相关技术在实际生产和生活中的应用实例，引导学生主动学习。

(3)将"问题引导式""案例式""任务驱动式""项目驱动式"等多种教学方法引入教材体例的设计中，融入启发式教学方法，务求好教、好学、爱学。

(4)注重立体化教材的建设，通过主教材、配套素材光盘、电子教案等教学资源的有机结合，提高教学服务水平。

总之，本系列教材在策划出版过程中得到了教育部高职高专自动化技术类专业教学指导委员会以及广大专家的指导和帮助，在此表示深深的感谢。希望本系列教材的出版能为我国高等职业院校教育改革起到良好的推动作用，欢迎使用本系列教材的老师和同学提出宝贵的意见和建议。书中如有不妥之处，敬请批评指正。

中国铁道出版社

前言

FOREWORD

本书是多年课程改革的成果总结，按照“先入门、后深入、再提高”的教学思路，将教学内容组织成10个递进模块。入门部分旨在技术应用：按照控制技术实施过程，将单回路控制系统分解为认识过程控制技术、变送器使用、调节器使用、执行器使用、控制系统调试5个模块。深入部分强调分析与设计：通过理论与实践相结合的方法，较为详细地讨论了对象特性分析与测试、控制系统性能分析与设计等方面的知识。提高部分旨在综合能力的提高：重点讨论了串级控制系统与前馈控制系统的设计与应用，并对其他复杂控制系统进行了分析。本书被评为“十二五”职业教育国家规划教材，教材较好地解决了如何根据岗位能力要求与职业教育规律进行系统化的重构课程这一问题，具有以下显著特点：

内容实用。七年的改革总结和多校的应用实践，保证了内容的实用性与严谨性。

编排科学。按照“先操作、后分析、再综合”的职教规律设计结构，按照“方案、集成、调试”的逻辑展开内容，保证了编排的科学性。

理实一体。以“锅炉三冲量控制”为贯穿性项目，全程任务驱动，通过“做中学”将理论与实践相统一。

可读性好。以液位控制等典型案例为载体，前后衔接、图文并茂，增强了可读性。

资源丰富。配套有课程标准、教学课件、教学录像等课程资源。

本书由湖州职业技术学院高志宏担任主编，湖州职业技术学院王丽萍和魏翠琴、辽宁石化职业技术学院李忠明任副主编，其中王丽萍编写模块一和模块二；李忠明编写模块三、模块四和模块七；高志宏编写模块五、模块六和模块八；魏翠琴编写模块九和模块十。全书由高志宏统稿。

编者在编写过程中参考了部分本科教材和优秀的高职高专教材，在此向各位参考书目的作者表示感谢！

由于编者水平有限，书中难免存在不足之处，恳请广大读者批评指正，以便修正改进。主编的 E-mail:260652419@qq.com，电话:0572-2363265，欢迎来信来电。

编　者

2015年9月

CONTENTS

目录

模块一 认识过程控制技术

理解控制系统原理是控制工程实施的基本前提。本模块通过多个实例,详细介绍简单控制系统的组成原理及其图形表达方式,以期达到学习目标。

1. 会分析简单控制系统原理;
2. 会图形化表达控制系统。

任务1 简单控制系统的组成原理分析

过程控制系统的组成原理到底是怎样的?这可能是大家最为关心的问题,要说清这个问题可从一个生活实例——水槽液位的人工调节方法说起。

一、水槽液位的人工调节方法

图1-1所示是一个简单的水槽供水系统,由水泵打水到水槽中,经水槽底部的出水管对用户供水。为了保证供水流量恒定,要求水槽液位必须稳定。

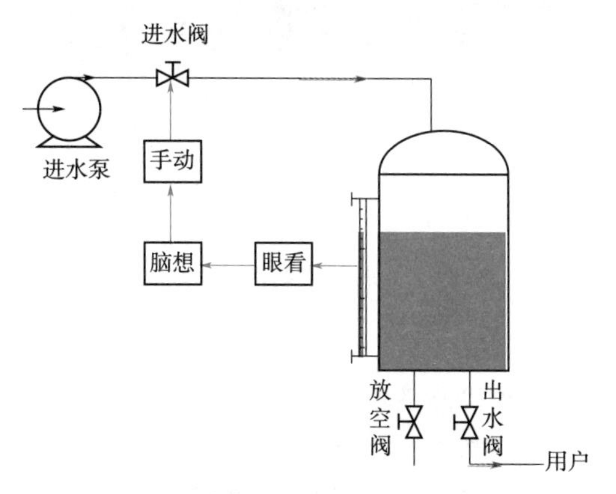

图1-1 水槽液位的人工调节方法

人工调节方法可以这样做:先眼看水位数值大小,再大脑判断/决策操作方法,后手动调节进水阀开度,这样可使进水流量发生改变,保持水槽液位恒定。具体操作为:当液位上升时,将进水阀的开度关小,使进水流量变小;反之,当液位下降时,就开大进水阀的开度,增加进水流量。显然,液位上升越多,进水阀关得越小;液位下降越多,进水阀开得越大。

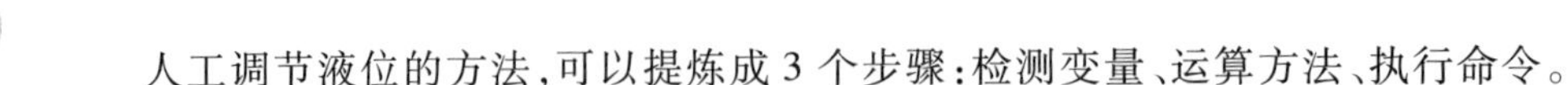

人工调节液位的方法,可以提炼成 3 个步骤:检测变量、运算方法、执行命令。

①检测变量:用眼睛观察液位的高低数值,并通过神经系统告诉大脑。

②运算方法:将眼睛看到的液位数值与要求的液位数值进行比较,得出液位的偏差。然后根据操作经验进行决策,发出操作命令。

③执行命令:根据大脑发出的操作命令,用手去改变进水阀的开度。

这 3 个步骤中"运算方法"最为关键,它要求操作人员正确地判断液位偏差、合理地发出操作命令,才能获得良好的调节效果。而操作命令——如何开大或关小进水阀是因人而异的,同样的液位偏差有人会开得大些、有人会开得小些,造成的结果是液位的波动情况不同。显然,使液位得到最佳控制是人工调节液位(也是自动调节液位)的努力方向。

二、水槽液位的自动控制方法

人工调节液位有 3 项工作:先检测变量,再运算方法,最后执行命令。这就启发我们:如果能用自动化仪表完成以上 3 项工作任务,岂不可以实现液位的自动控制?是的,液位的自动控制正是采用了变送器、控制器和执行器 3 个仪表,自动完成相应的工作任务,从而代替人工实现了液位自动控制。水槽液位的自动控制原理如图 1-2 所示。

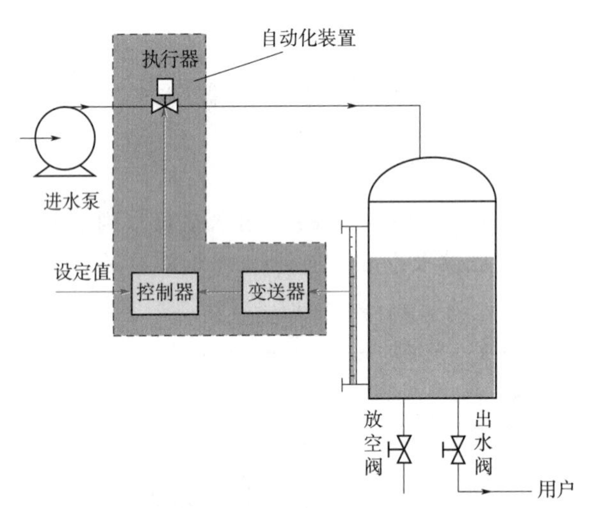

图 1-2　水槽液位的自动控制原理

3 个仪表的功能如下:

①变送器:代替人眼自动检测液位,并转换成标准信号传送给控制器。

②控制器:代替人脑自动判断/运算控制值,并换成标准信号传送给执行器。

③执行器:代替人手自动调节进水阀开度,从而改变进水流量、恒定水槽液位。

水槽液位的自动控制方法具有普遍意义,是过程控制的一般原理,即采用自动化仪表代替人工实现对生产过程(设备)的自动控制。它由 3 个步骤组成:先检测变量,再运算方法,最后执行命令。

说明:①过程控制是自动控制学科的一个重要分支,一般是指石油、化工、冶金、建材、轻工、制药、电力生产等工业生产中连续的或按一定程序周期进行的生产过程的自动控制。电力拖动及电机运转等过程的自动控制一般不包括在内。②控制系统形式多种多样，但结构上可划分成3个部分：检测部分、控制部分和执行部分。最简单的过程控制系统就是由3个自动化仪表组成，也称单回路控制系统。

三、电加热锅炉的控制方案分析

1. 问题引出

电加热锅炉是大家较为熟悉的供热设备，其基本结构如图1-3所示。压力容器的下部存有一定量的水，电加热器对水进行加热而产生蒸汽，并由上部的供汽管输送给广大用户。为维护锅炉的正常工作，锅炉有一进水管及时补充蒸汽消耗的水量。试拟定一个自动控制方案，满足：①供汽压力应保持恒定。②锅炉运行要保证安全。

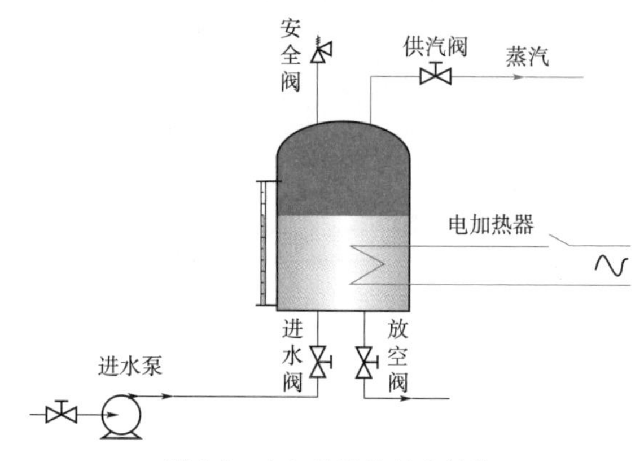

图1-3　电加热锅炉基本结构

2. 问题分析

如何保持供汽压力恒定？实际应用中用汽量是随时变化的，如果蒸汽的产生量恒定不变，必然会造成蒸汽压力时高时低，从而影响供汽质量。因此，如何保持供汽压力恒定是电加热锅炉正常运行的关键之一。从蒸汽产生的机理可知，一定量的电加热功率就产生一定量的蒸汽。因此，要保持供汽压力恒定，必然要求电加热功率应根据蒸汽压力变化合理供给：当供汽压力变高，说明产生的蒸汽过多，这时应及时降低电加热功率；当供汽压力降低，说明产生的蒸汽过少，这时应及时提高电加热功率。而这正好得到了保持供汽压力恒定的自动控制方法——**根据蒸汽压力的变化自动控制电加热功率**。

如何保证锅炉运行安全？锅炉运行中蒸汽用量会发生变化，如果供水量恒定不变，就可能出现供水量过多或过少的情况。当供水量过多时，供给的蒸汽中就可能带水，甚至会产生锅炉运行的危险状况；而供水量过少，就可能出现锅炉的干烧情况，这会影响锅炉使用寿命。因此，保证供水量始终满足锅炉正常运行的需要，是锅炉安全运行的关键之一。稍加分析可以知道，反映锅炉供水量多少的最直接参数是锅炉液位，因此，**根据锅炉液位的变化自动控制供水量**，必然是保证锅炉安全运行的有效方法。

3. 控制方案

由以上分析可知，要满足锅炉正常运行的两项工艺要求，自动控制系统必须具备：根据蒸汽压力的变化自动控制电加热功率和根据锅炉液位的变化自动控制供水量的功能。结合简单控制系统的组成原理，得到图1-4所示的电加热锅炉自动控制原理图。它由两个简单控制系统组成：一个是液位定值控制系统，一个是压力定值控制系统。两个控制系统的结构完全相同,即都是由检测仪表、控制仪表和执行仪表3部分组成。但实际仪表有所不同,前者的检测仪表是液位变送器、执行仪表是调节阀;后者的检测仪表是压力变送器、执行仪表是调功器。需要说明的是通过调节电加热功率使蒸汽产生量发生变化,从而改变蒸汽压力,这样的锅炉蒸汽压力调节方法,是目前工程上常用的。

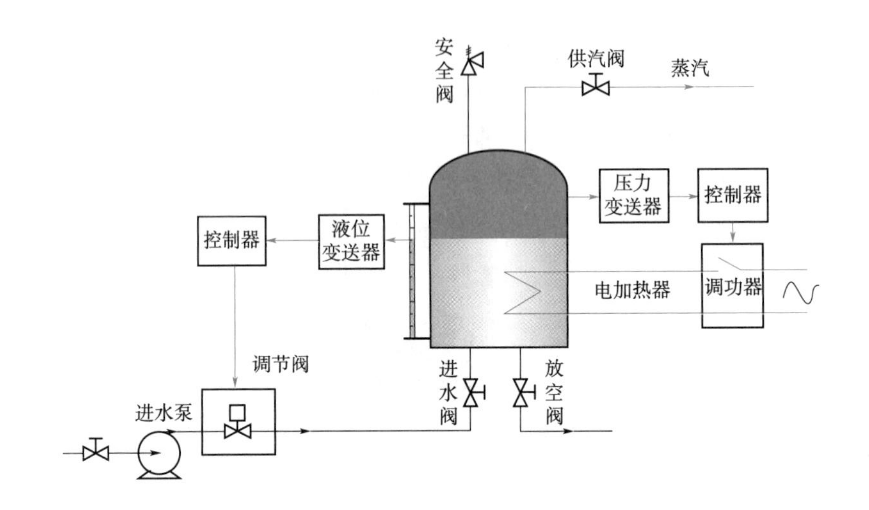

图 1-4　电加热锅炉自动控制原理图

任务2　控制系统的图形化表示

图形是工程师语言。前面的自动控制方案都采用了"文字 + 方框"的表达形式,这种方法工程上也常用,具有表示方便、意义明确等特点。但略显烦琐,且不便统一与交流等,特别在复杂控制系统的表示时问题更为突出。对此,介绍两种自动控制系统图形表示方法:带控制点的流程图和控制系统方框图。

一、带控制点的流程图

带控制点流程图是用文字符号和图形符号在工艺流程图上描述生产过程自动控制的原理图,是工程应用中最为常用的图形化表示方式,必须掌握好。

(一)常用图形及文字代号规定

参照GB/T　2625—1981《过程检测和控制流程图用图形符号和文字代号》国家标准,化工自控常用图形及文字代号规定如下。

1. 图形符号

仪表图形由3项内容组成:测量点、连接线图形符号和仪表图形符号,具体图形符号表示方法如图1-5所示。

测量点是由过程设备或管道符号引到仪表圆圈的连接引线的起点,一般无特定的图形符号。若测量点位于设备中,可在引线的起点加一个直径为2 mm的小圆符号或加虚线。

连接线图形符号是仪表圆圈与过程测量点的连接引线,常用的符号是细实线。当有必要标注仪表信号能源时，可采用相应的缩写标注在信号线符号之上。如 AS-0.14 为0.14 MPa的空气源，ES-24 DC 为 24 V 的直流电源。

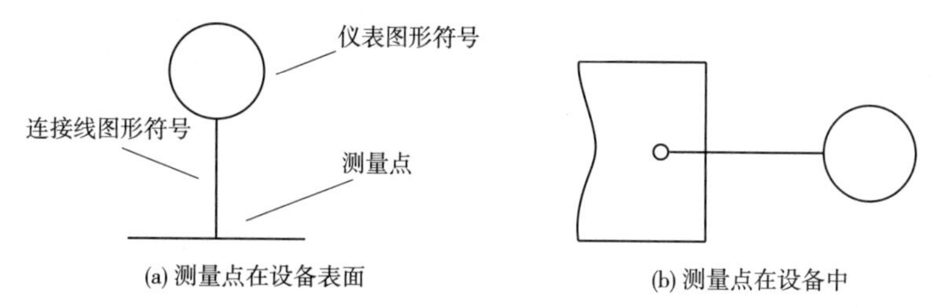

图 1-5 图形符号表示方法

仪表图形符号表示方法如图 1-6 所示。常规仪表图形符号是直径 12 mm（或 10 mm）的细实线圆圈；集散控制系统仪表图形符号是细实线圆圈 + 相切方框；处理两个或多个变量，或处理一个变量但有多个功能的复式仪表，可用相切的仪表圆圈表示。

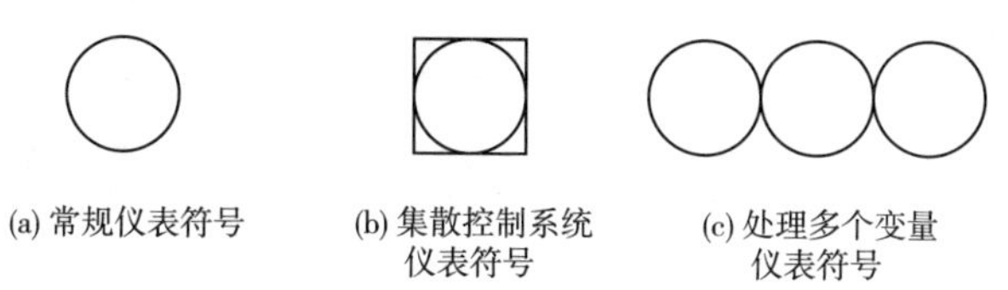

图 1-6 仪表图形符号表示方法

2. 字母代号

字母代号表示被测变量和仪表功能，第 1 位字母表示被测变量，第 2 位字母及后面的字母表示仪表功能，一般由 3 位字母组成，最多 4 位字母。被测变量和仪表功能的字母代号如表 1-1 所示。

表 1-1 被测变量和仪表功能的字母代号

字母	第 1 位字母		后继字母		
	被测变量	修饰词	读出功能	输出功能	修饰词
A	分析	—	报警	报警	—
B	烧嘴、火焰	—	供选用	供选用	供选用
C	电导率	—	—	控制	—
D	密度	差	—	—	—
E	电压（电动势）	—	检测元件	—	—
F	流量	比（分数）	—	—	—
G	供选用	—	视镜、观察	—	—
H	手动	—	—	—	高
I	电流	—	—	指示	—
J	功率	扫描	—	—	—
K	时间、时间程序	变化速率	—	操作器	—
L	物位	—	灯	—	低
M	水分或湿度	瞬动	—	—	中、中间
N	供选用	—	供选用	供选用	供选用

续 表

字母	第1位字母		后继字母		
	被测变量	修饰词	读出功能	输出功能	修饰词
O	供选用	—	节流孔	—	—
P	压力、真空	—	连接点、测试点	—	—
Q	数量或件数	积算、累计	—	—	—
R	核辐射	—	—	记录	—
S	速度、频率	安全	—	开关、联锁	—
T	温度	—	—	传送	—
U	多变量	—	多功能	多功能	多功能
V	振动、机械监视	—	—	阀、风门、百叶窗	—
W	重量、力	—	—	套管	—
X	未分类	X轴	未分类	未分类	未分类
Y	事件、状态	Y轴	—	继动器、计算器、转换器	—
Z	位置、尺寸	Z轴	—	驱动器、执行机构或未分类的终端执行机构	—

第1位字母常用的有4个被测变量，分别是：流量F、物位L、压力P、温度T，后续功能字母常用的也是4个输出功能：控制C、指示I、记录R、传送T，它们实质是英文单词的第一字母。例如：PT表示压力变送器，PIT表示有压力显示与变送功能的仪表；而TIC表示温度显示与控制功能的仪表等。

3. 仪表位号

在检测、控制系统中，构成一个回路的每个仪表（或元件），都应有自己的仪表位号。仪表位号由字母代号组合和回路编号两部分组成，第1位字母表示被测变量，后续字母表示仪表的功能；回路编号可以按装置或工段（区域）进行编制，一般用3位至5位数字表示。仪表位号表示方法如图1-7所示。

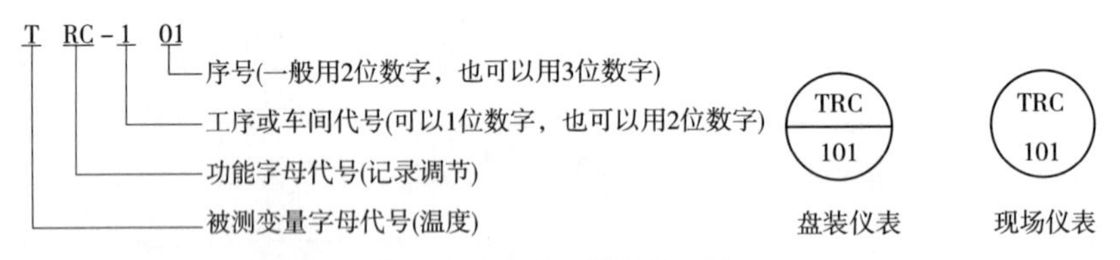

图1-7 仪表位号表示方法

仪表位号表示方法是：字母代号填写在圆圈上半圈中，回路编号填写在圆圈下半圈中。表示集中仪表或盘面安装仪表时，圆圈中有一横线，就地安装仪表中间没有横线。

（二）应用分析

1. 水槽液位控制

应用以上知识，可以画出液位定值控制系统的带控制点流程图。根据图1-2水槽液位的自动控制原理得知：测量仪表对液位进行测量与传送，应用“圆圈+LT”表示；

控制器则对液位信号进行判断与运算，应用“圆圈 + LC”表示；执行器用来改变进水阀开度（调节流量），应用“圆圈 + FV”表示。同时，根据信号传递关系，用连接线相连就组成了图 1-8 所示的水槽液位的带控制点流程图。

需要说明的是，在图 1-8（b）中，执行器的图形符号并没有画出。这是因为当执行器采用规定的图形绘制时，其仪表图形符号可以省略。

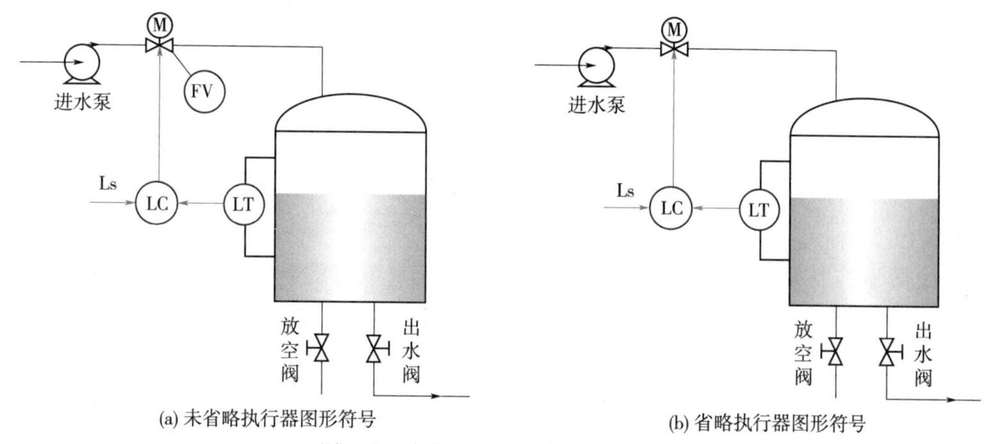

图 1-8　水槽液位的带控制点流程图

2. 热交换器控制

工业上广泛应用热交换器，其中，壳管式热交换器的基本结构如图 1-9 所示：需要加热的物料从左端流入，被加热后从右端流出；加热蒸汽从上部流入容器，经热交换冷凝成液体后从下部流出。工艺要求：被加热后的物料温度应保持恒定，试拟定一个合理的自动控制方案，并用带控制点的流程图表示。

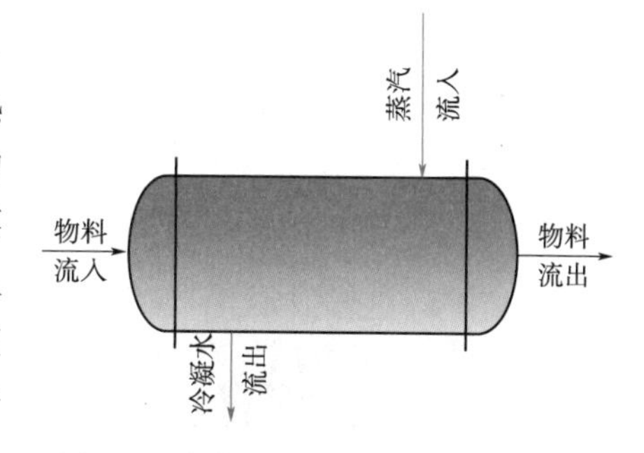

图 1-9　壳管式热交换器的基本结构

简单控制系统关键是两点：确定出合理的被控变量和操纵变量。现工艺要求是被加热后的物料温度保持恒定，自然选择物料的出口温度作为被控变量。但是，操纵变量如何选择，即调节什么参量可以使物料的出口温度及时发生变化？这里有两种可行方案。一是选择物料作为操纵变量，如图 1-10（a）所示。可以设想：当物料温度过高时，可以通过增大物料量来降低出口温度；而当物料温度过低时，可以通过减少物料量来提高出口温度。但是，这种方案存在明显不足：生产量受到影响，物料会时大时小，生产不能满负荷运行。另一种方案是选择蒸汽作为操纵变量，如图 1-10（b）所示：当物料温度过高时，减少蒸汽供应量使加热量减小，自然物料温度下降；而当物料温度过低时，增大蒸汽供应量。这种方法不会影响生产，且调节及时、响应快，是较为合理的控制方案。基于以上分析，得到图 1-10（b）所示的带控制点流程图。

3. 流量控制

现有一水泵供水系统，实际运行中发现因进水压力时常波动而造成出水流量变化较大。现工艺要求拟定一个合理的自动控制方案，保证供水流量恒定，并用带控制点的流程图表示。

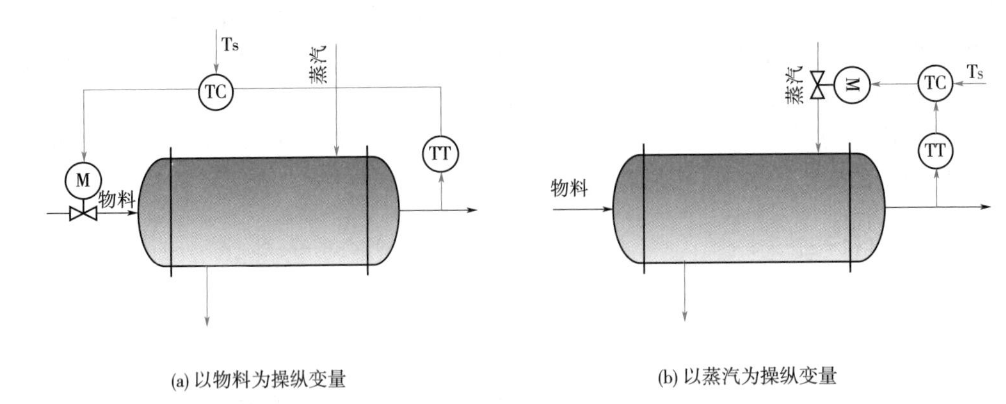

图 1-10　热交换器的带控制点流程图

由简单控制系统原理不难得知,要保证供水流量恒定就需要选择供水流量为被控变量,而操纵变量的选择,即调节什么变量才能控制好水泵出口流量,有两种可行方案:一是在水泵的出口管路上安装调节阀,由调节阀控制出口水流量;二是用变频器调节水泵转速从而控制出口水流量。两种控制方法在工业上都有一定的应用,特别是后者在目前的恒压供水中应用十分普遍。根据以上分析,可以得到图 1-11 所示的两种流量控制方案。

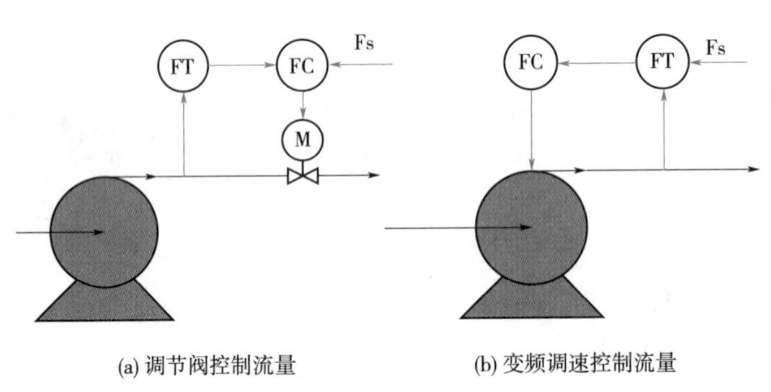

图 1-11　水泵流量的带控制点流程图

二、控制系统方框图

控制系统的性能指标能否从理论上进行分析或数值运算,这是人们十分关心的问题。如果可能的话,必然对在线系统的性能完善、控制系统的方案优化与结果预测等,带来极大帮助。这就需要学习控制系统的另一种表达方式——控制系统的框图表示。

液位定值控制系统的方框图如图 1-12 所示,它是根据信号流的关系将各环节依次排列,各个环节的输入/输出信号流表示了输入变量与输出变量之间的影响关系。方框图能清晰地表达出各环节的相互作用机理和信号流关系。例如:方框图中清楚地显示,测量反馈信号与设定值信号相比较后得到偏差值 e;而影响被控对象的因素,不仅有操纵变量,还有外部干扰作用 f。另外,方框图中不仅可以用文字、字母表示,更可以赋予数值,而这就可以应用自动控制理论对控制系统的性能指标进行分析与运算,从而使控制系统的改造与设计等工作更具科学性和有效性。

绘制方框图时,需要注意常用名词和术语的意义:

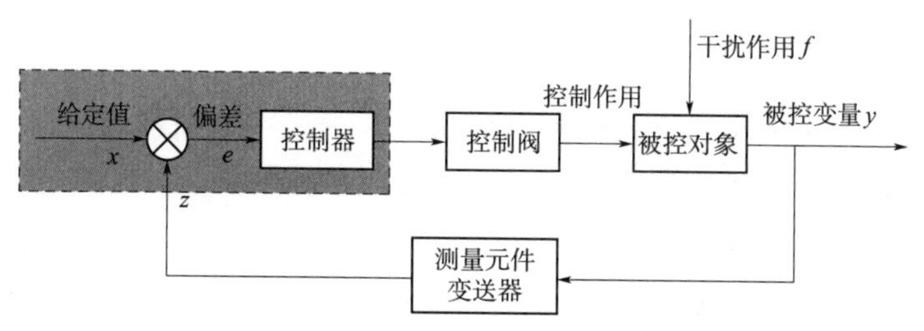

图 1-12　液位定值控制系统的框图

被控对象:需要实现控制的设备或生产过程。

被控变量:对象内要求保持设定值的物理量。

操纵变量:用以使被控变量保持设定值的物理量或能量。

干扰/扰动:除操作纵变量外,能引起被控变量变化的因素。

设定值:被控变量的目标值。

偏差:被控变量的设定值与实际值之差。

注意:在工程应用上,偏差一般指被控变量的实际测量值与设定值之差。

任务3　仪表联络方式分析

有了合理的控制方案,就可以选择相应的控制仪表进行系统集成。但是,控制系统集成不是简单的线路连接,须遵循一定的原则。在成套仪表系统中,仪表之间都由统一的联络信号进行信号传输。采用统一的联络信号,不仅可使同一系列的各类仪表组成系统,还可以通过各种转换器,将不同系列的仪表连接起来,混合使用,从而扩大了仪表的使用范围。此外,由于各种变量被转换为统一信号,因此能够较为方便地实现各类仪表同工业控制机等先进技术工具配合使用。

一、联络信号特点

控制仪表和装置常使用两类联络信号:气压信号和电信号。气动控制仪表,国际上已统一使用 20 ~ 100 kPa 气压信号作为仪表之间的联络信号。电动控制仪表,其联络信号一般有三种:模拟信号、数字信号和频率信号。模拟信号和数字信号是自动化仪表及装置所采用的主要联络信号。本书着重讨论电模拟信号的传输问题。

电模拟信号主要以直流电流或直流电压作为统一联络信号。信号的取值范围主要有两类:一类是下限值从零开始,另一类是下限值从某个确定值开始。而信号上限值有高有低、各不相同。不同的仪表系列,所取信号的上、下限值是不同的。例如,DDZ-Ⅱ型仪表采用 0 ~ 10 mA 直流电流作为统一联络信号;DDZ-Ⅲ型仪表采用 4 ~ 20 mA直流电流和 1 ~ 5 V 直流电压作为统一联络信号;有些仪表则采用 0 ~ 5 V 或0 ~ 10 V 直流电压作为联络信号,并在装置中考虑了电压信号与电流信号的相互转换问题。

目前,国际电工委员会(IEC)将电流信号 4 ~ 20 mA(DC)和电压信号 1 ~ 5 V(DC)确定为过程控制系统电模拟信号的统一标准。

二、电信号传输方式

电信号传输是指电流信号传输和电压信号传输。电流信号传输时，仪表是串联的；电压信号传输时，仪表是并联的。

（一）电流信号传输

电流信号传输时仪表连接方式如图 1-13 所示，一台发送仪表的输出电流同时传输给几台接收仪表，所有这些仪表应当串联。

电流信号传输的优点：连接导线的长度在一定范围内变化时，仍能保证信号的传输精度，因此电流信号适合于远距离传输。此外，对于要求电压输入的仪表，可在电流回路中串联一个电阻，从电阻两端引出电压，供给接收仪表，所以电流信号应用也较为灵活。

电流信号传输的不足：由于接收仪表是串联工作的，当一台仪表出现故障时，将影响其他仪表的正常工作。而且，各台接收仪表一般皆应浮空工作，若要使各台仪表皆有自己的接地点，则应在仪表的输入、输出之间采取直流隔离措施。这就对仪表的设计和应用在技术上提出了更高的要求。

（二）电压信号传输

电压信号传输时仪表连接方式如图 1-14 所示，一台发送仪表的输出电压同时传输给几台接收仪表，这些仪表应当并联。

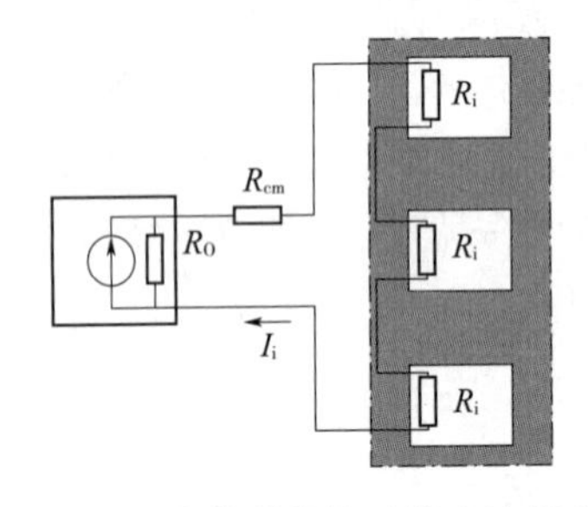

图 1-13　电流信号传输时仪表连接方式

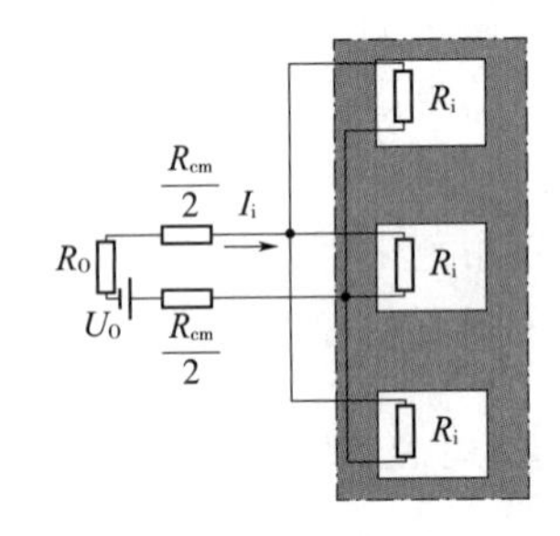

图 1-14　电压信号传输时仪表连接方式

电压传输的特点：由于接收仪表是并联的，增加或减少某个仪表不会影响其他仪表的正常工作，而且这些仪表也可设置公共接地点，因此设计与安装比较简单。但是，并联的各接收仪表，输入电阻皆较高，易于引入干扰，所以电压信号不适合远距离传输。

三、变送器与控制室仪表间的信号传输

变送器是现场仪表，其输出信号送至控制室中，但它的供电又来自控制室。变送器的信号传送和供电方式通常有如下两种。

（一）四线制传输

供电电源和输出信号分别用两根导线传输，如图 1-15 所示，图中的变送器称为四线制变送器。由于电源与信号分别传送，因此对电流信号的零点及元器件的功耗无严格要求。

（二）二线制传输

供电电源和输出信号共用两根导线传输，如图 1-16 所示，图中的变送器称为二线制变送器。采用二线制变送器不仅可节省大量电缆和安装费用，而且有利于安全防爆。因此，这种变送器目前应用最为广泛。

注：要实现二线制变送器，必须采用活零点的电流信号。由于电源线和信号线公用，电源供给变送器的功率是通过信号电流提供的。在变送器输出电流为下限值时，应保证它内部的半导体器件仍能正常工作。因此，信号电流的下限值不能过低（更不能为零）。国际统一信号电流采用 4 ~ 20 mA（DC），为二线制变送器的生产与使用创造了条件。

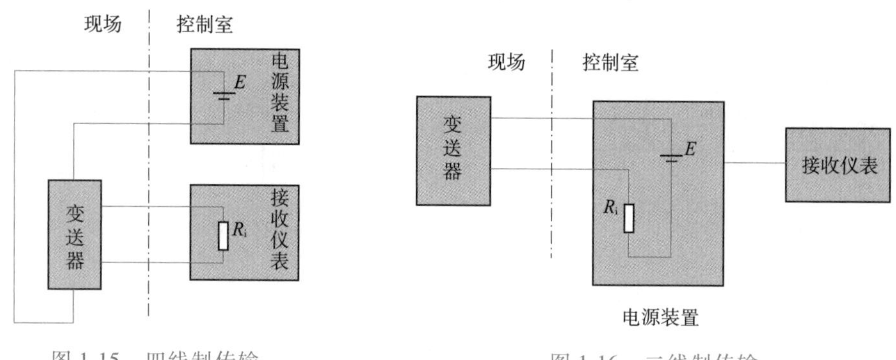

图 1-15　四线制传输　　　图 1-16　二线制传输

四、应用分析

图 1-17 是液位控制系统的接线原理图。其信号传输方式如下：系统采用二线制变送器，将液位信号以 4 ~ 20 mA（DC）电流信号传输到控制室内，再经 250 Ω 电阻的电流/电压转换后，以 1 ~ 5 V（DC）的电压信号输入给控制器，控制器又以 4 ~ 20 mA（DC）电流信号传输给现场调节阀。图中还显示，液位测量回路是采用 24 V 直流电压供电，而电源装置、控制器和调节阀的工作电压都采用 220 V 交流电供电。

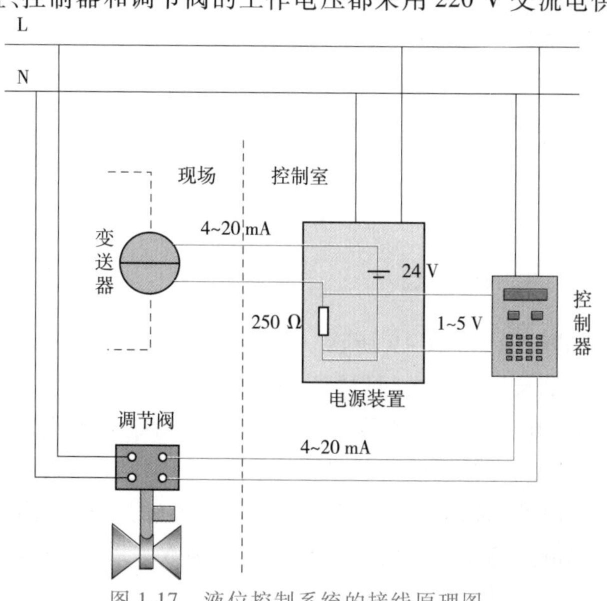

图 1-17　液位控制系统的接线原理图

知识拓展 控制系统类型

控制系统的形式多种多样,性能差异也很大。但是,熟悉控制系统的基本形式及其主要特征,是本课程所要求的。

一、控制系统的基本类型

控制系统的最基本形式是开环控制系统和闭环控制系统,如图1-18所示。

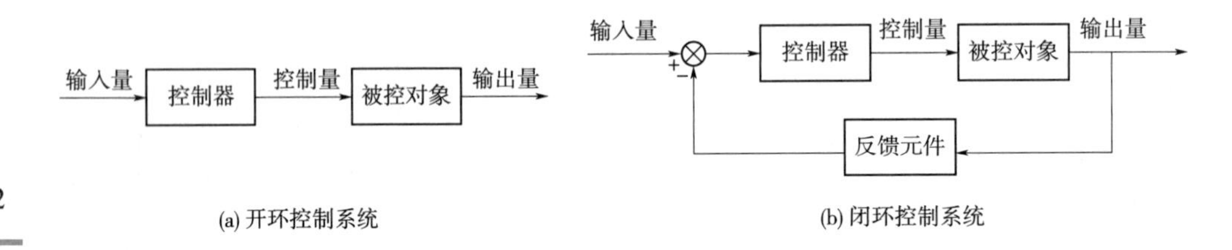

图1-18 控制系统的基本类型

(一)开环控制系统

开环控制系统的控制量与输出量之间仅有前向通路,没有反馈通路,输出量不能对控制量产生影响。它的优点:系统结构简单、维护容易、成本低、不存在稳定性问题。不足之处:控制精度取决于组成系统的元件精度,因此对元器件的要求比较高。且输出量受扰动信号的影响比较大,系统抗干扰能力差。根据上述特点,开环控制方式一般用于输入量已知、控制精度要求不高、扰动作用不大的情况。

(二)闭环控制系统

闭环控制系统的输入端与输出端之间不仅有前向通路,还有一条从输出端到输入端的反馈通路。输出量通过一个测量变送元件反馈到输入端,与输入信号比较后得到偏差信号来作为控制器的输入,因此也称反馈控制。显然,利用偏差信号实现对输出量的控制,可使系统的输出量自动地跟踪给定量,提高控制精度,抑制扰动信号的影响。

二、开环控制系统的类型

开环控制系统的类型如图1-19所示。开环控制系统可分为两类:一类是按设定值进行控制,即控制量与设定值之间保持一定的函数关系,当设定值变化时,操纵变量也随之改变,如图1-19(a)的蒸汽加热器中,蒸汽的调节是根据设定值而改变的;另一类是按扰动量进行控制,即控制量与扰动量之间保持一定的函数关系,当扰动量变化时,操纵变量也随之改变,常称前馈控制,如图1-19(b)的蒸汽加热器中,若负荷为主要干扰,如果使蒸汽流量与冷流体流量保持一定的函数关系,当扰动出现时,操纵变量就会随之改变。

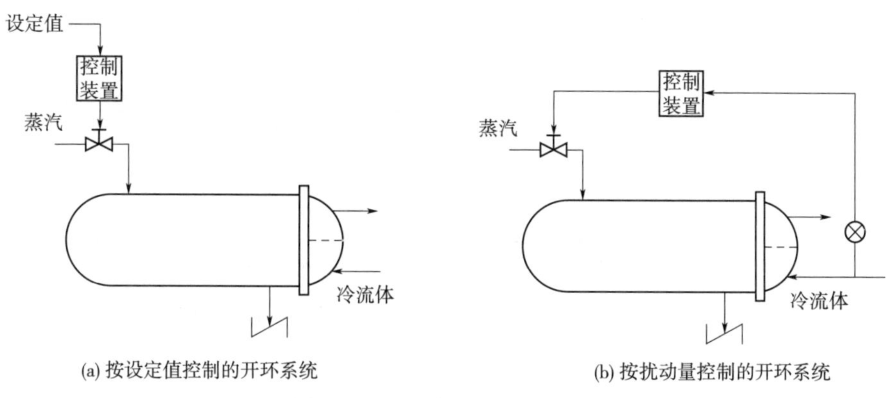

图 1-19　开环控制系统的类型

三、闭环控制系统的类型

根据设定值的性质，闭环控制系统可分为 3 类：定值控制系统、程序控制系统和随动控制系统。

（一）定值控制系统

定值控制系统的设定值是恒定不变的。如水槽液位控制系统中，要求液位按给定值保持不变，因而是一个定值控制系统。定值控制系统的基本任务是克服扰动对被控变量的影响，即在扰动作用下仍能使被控变量保持在给定值上或在允许范围内。

（二）程序控制系统

程序控制系统的设定值是时间的函数，即设定值按一定的时间顺序变化。如在金属材料热处理中，加热过程都要按照一定的热工制度进行——升温速度、保温时间和降温速度均有严格的要求。这时，温度设定值就是时间的函数，而操纵变量也按要求随时间变化。金属热处理的程序控制系统如图 1-20 所示。

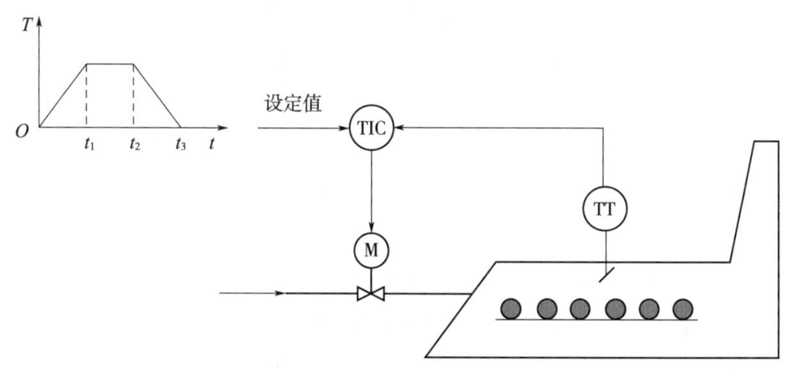

图 1-20　金属热处理的程序控制系统

（三）随动控制系统

随动控制系统的设定值是一个未知的变化量。控制系统的主要任务，是使被控变量能够尽快地、准确无误地跟踪设定值的变化，而不考虑扰动对被控变量的影响。如在燃烧控制中，为保证燃烧效率，燃料量与空气量之间应保持合理的配比——空气设定值要按燃料值而确定。由于燃料的供给是根据炉温来调节的，是一个变化量，因此

空气给定值就要及时地跟踪燃料量的变化。空燃比的随动控制系统如图 1-21 所示。

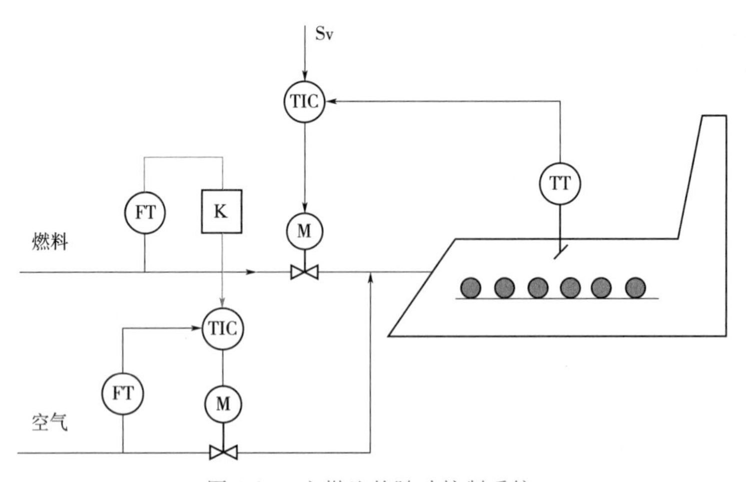

图 1-21　空燃比的随动控制系统

习题

1.1　图 1-22 是加热炉控制系统流程图,请说明图中所示符号的含义。

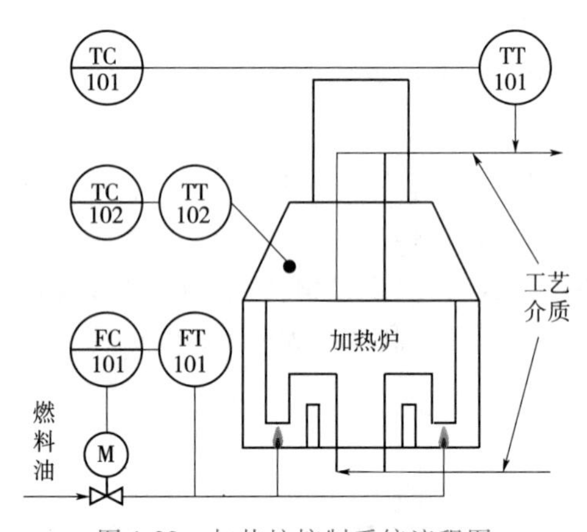

图 1-22　加热炉控制系统流程图

1.2　说明下列名词术语的含义:被控对象、被控变量、操纵变量、扰动(干扰)量、设定值、偏差。

1.3　什么是开环自动控制? 什么是闭环自动控制?

1.4　下列控制系统中,哪些是开环控制,哪些是闭环控制?(　　)

A. 定值控制　　B. 随动控制　　C. 前馈控制　　D. 程序控制

1.5　乙炔发生器是利用电石和水来产生乙炔气的装置。图 1-23 是乙炔发生器温度控制系统,工艺要求发生器温度控制在(80 ± 1)℃。请画出该控制系统的方框图,并指出被控变量、操纵变量以及可能存在的扰动。

1.6　什么是反馈? 什么是正反馈和负反馈?

1.7　图 1-24 所示是换热器控制系统,工艺要求出口温度保持恒定。经分析在蒸汽流量基本恒定的前提下,保持物料入口流量基本不变,则温度的波动将会减小到工艺允许的误差范围之内。现设计了物料入口流量控制系统,以保持出口物料温度的恒定。

(1)请画出对出口物料温度的控制系统方框图。

(2)指出该系统是开环控制系统还是闭环控制系统,并说明理由。

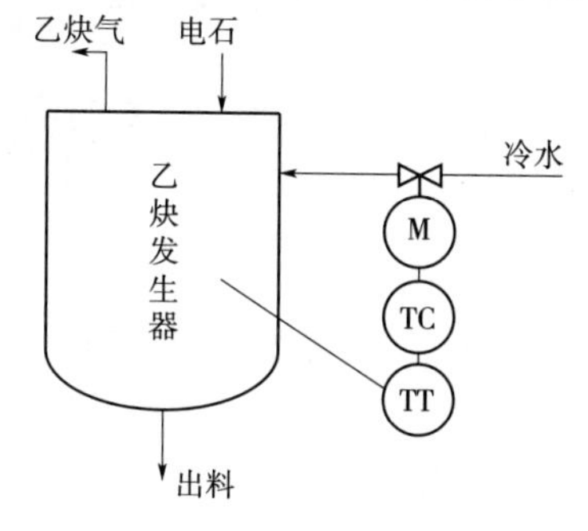

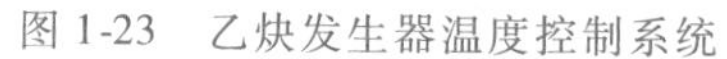

图 1-23　乙炔发生器温度控制系统

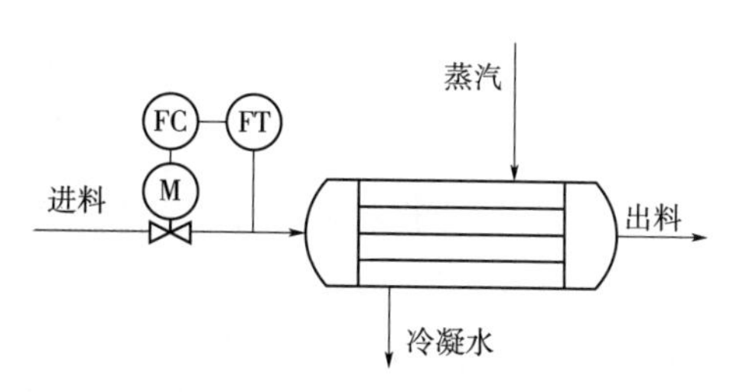

图 1-24　换热器控制系统

模块二 变送器使用

根据控制方案组成控制系统是控制工程实施的关键,而这就要掌握控制仪表的使用方法,它包括仪表的安装、单体调试、系统联调等工作。本模块以变送器的使用为目标,详细讨论仪表的工作原理和使用方法,以期达到学习目标。

1. 会变送器工作原理分析;
2. 会电容式差压变送器的使用。

任务1 变送器工作原理分析

在过程控制系统中,变送器承担着检测变量、将检测变量转换成标准信号而传送两大功能。不同变量的检测/变送一般都有相应仪表,如温度变送器、压力变送器、液位变送器、流量变送器等,典型变送器外观图如图2-1所示。与检测仪表相比较,变送器多了一个标准信号输出功能。那么如何正确使用变送器呢?这要熟悉变送器的工作原理及不同仪表的操作方法。

(a) 温度变送器

(b) 压力变送器

(c) 流量变送器

图2-1 典型变送器外观图

一、结构原理

变送器是基于负反馈原理工作的,其结构原理如图2-2所示,它包括测量部分、放大器和反馈部分。

测量部分用以检测被测变量 x,并将其转换成能被放大器接受的输入信号 z_i(一般为电信号);反馈部分则把变送器的输出信号 y 转换成反馈信号 z_f,再送回至输入端。输入信号 z_i 与调零信号 z_0、反馈信号 z_f 进行比较,其差值 ε 送入放大器进行放大,并转换成标准信号 y。由图2-2(a)可以求得变送器的输出与输入之间关系为

$$y=\frac{K}{1+KF}(Dx+z_0) \tag{2-1}$$

式中：D——测量机构的转换系数；

K——放大器的放大系数；

F——反馈机构的反馈系数；

x——被测变量；

y——输出信号；

z_0——零点调整信号。

当满足深度负反馈的条件，即 $KF\gg1$ 时，式(2-1)变为

$$y=\frac{1}{F}(Dx+z_0) \tag{2-2}$$

式(2-2)对变送器的合理应用，具有重要意义。它表明在 $KF\gg1$ 的条件下，如果转换系数 D、反馈系数 F 为常数时，输出 y 与输入 x 之间将保持良好的线性关系。

理想的变送器输入/输出特性如图 2-2(b)所示，图中显示：当输入 x 为下限值 x_{min} 时，输出 y 也是下限值 y_{min}(标准 4 mA)；而当输入 x 为上限值 x_{max} 时，输出 y 也是上限值 y_{max}(标准 20 mA)。

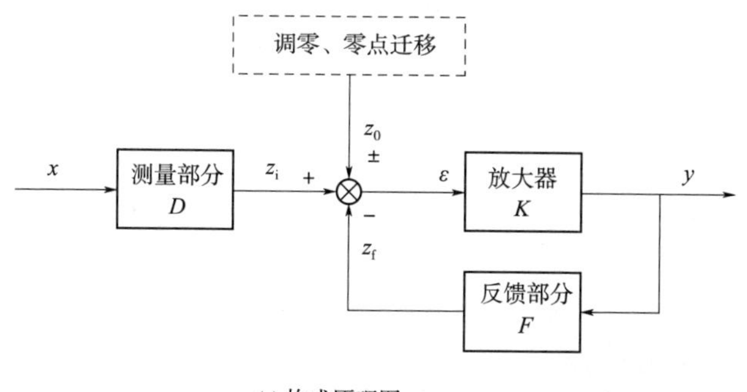

(a) 构成原理图

(b) 理想变送器输入/输出特性

图 2-2　变送器的结构原理

二、零点调整

我们已经知道，理想的变送器输入/输出关系应当上、下限值相对应，即 x_{min} 与 y_{min}、x_{max} 与 y_{max} 相对应。但是，在实际使用时可能会产生变化，造成两者之间的对应关系不相一致，这就要对变送器进行调整。其中，使 x_{min} 与 y_{min} 相对应的调整工作，称为零点调整。变送器零点调整后输入/输出关系分为三种情况：零点调整、正迁移、负迁移，如图 2-3 所示。

在 $x_{min}=0$ 时的输入/输出关系调整为零点调整；在 $x_{min}\neq0$ 时的输入/输出关系调整为零点迁移。其中，将测量起始点由零迁移到某一正值时，为正迁移；而将测量起始点由零迁移到某一负值时，为负迁移。

由图 2-3 可以看出，零点迁移后，变送器的输入/输出特性沿 x 坐标平移了一段距离，但其斜率没有改变，说明变送器的量程不变。

由式(2-2)可知，变送器零点调整和零点迁移可通过改变调零信号 z_0 的大小来实现：当 z_0 为负时可实现正迁移；而当 z_0 为正时可实现负迁移。

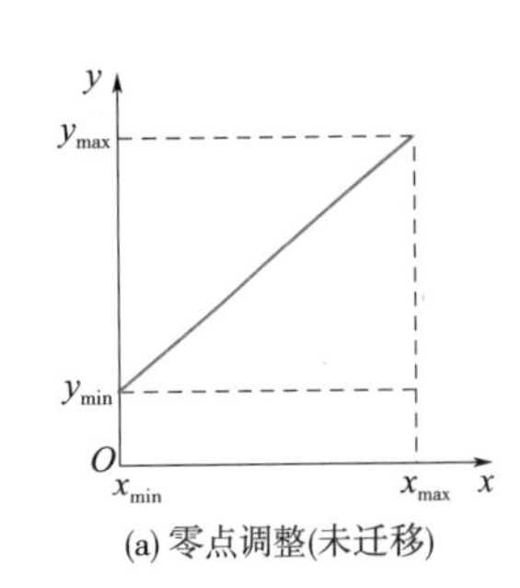

(a) 零点调整(未迁移)

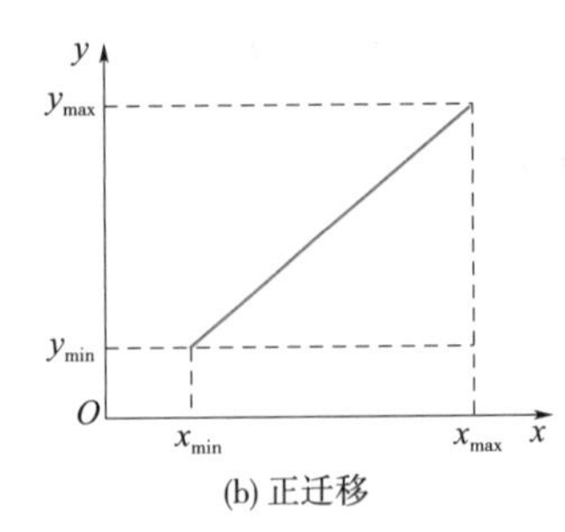

(b) 正迁移

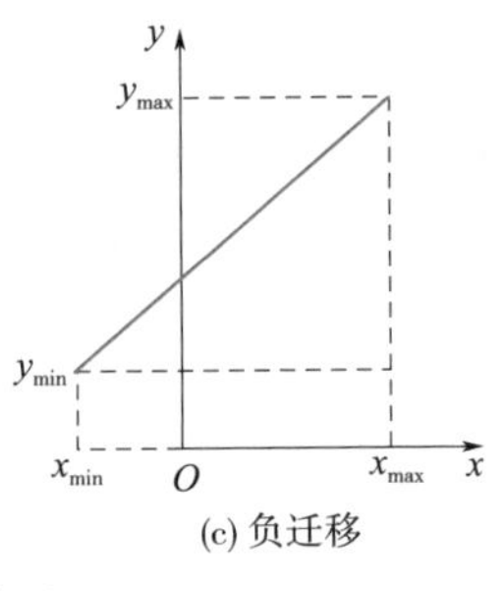

(c) 负迁移

图 2-3　变送器零点调整后输入/输出关系

三、量程调整

实际使用中,常常会遇到变送器的量程与被测变量的测量范围不相一致的情况。两者相差过大或过小,会使变送器的使用性能受到影响。这时就要进行量程调整工作,使变送器输出信号的上限值 y_{max} 与测量信号的上限值 x_{max} 相对应。

图 2-4 所示为变送器量程调整前后的输入/输出特性。由图可见,量程调整相当于改变输入/输出特性的斜率,也就是改变变送器输出信号 y 与被测变量 x 之间的比例关系。

由式(2-2)可知,量程调整可以通过改变反馈系数 F 的大小来实现。F 越大,测量量程 Δx 越大;F 越小,测量量程 Δx 越小。

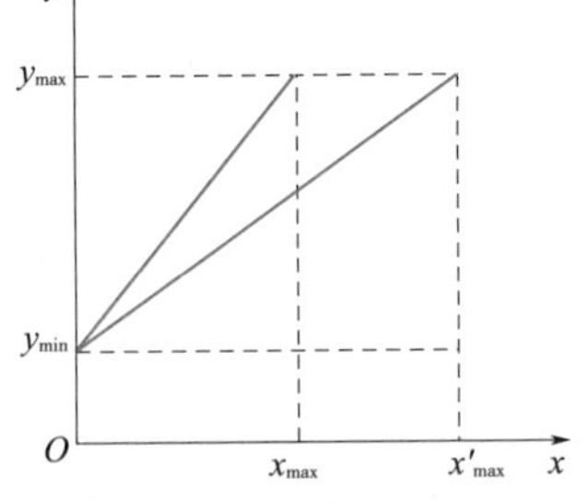

图 2-4　变送器量程调整前后的输入/输出特性

任务 2　电容式差压变送器的使用

在工程实际中,电容式差压变送器的应用极为广泛,可测量压力、液位和流量。它采用差动电容作为检测元件,并用全封闭焊接的方式将测量部分进行固体化。整个仪表结构简单,整机性能稳定、可靠,且具有较高的精度。

变送器的主要性能指标:

基本误差:±0.25%、±0.35% 和 ±0.5% 三种;

负载电阻:0 ~ 600 Ω(在 24 V 直流供电时)、0 ~ 1 650 Ω(在 45 V 直流供电时);

信号传输:4 ~ 20 mA(DC)两线制;

电源电压:12 ~ 45 V(DC),一般为 24 V(DC)。

一、组成原理

图 2-5 所示是电容式差压变送器的工作原理图,它由测量部分和转换放大部分组成。输入差压 Δp 作用于测量部件的感压膜片,使其产生位移,从而使感压膜片(即可动电极)与两固定电极所组成的差动电容器之电容量发生变化。此电容变化量由电容—电流转换电路转换成直流电流信号,电流信号与调零信号的代数和同反馈信号进行比较,其差值送入放大电路,经放大得到整机的输出电流 I_y。

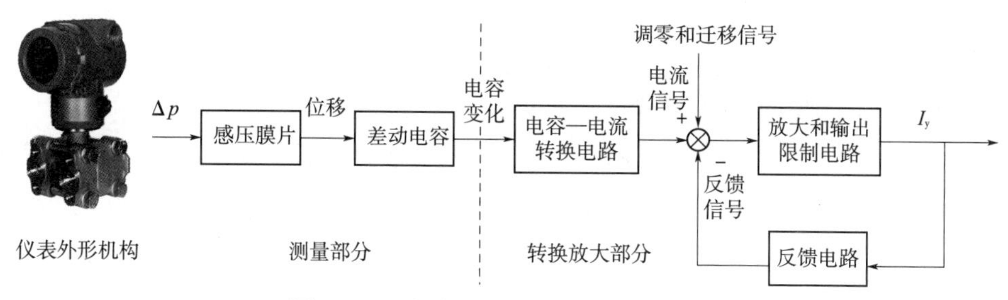

图 2-5　电容式差压变送器的工作原理图

二、测量部件

(一)测量头

测量头的作用是将被测差压转换成电容量的变化,电容式差压变送器的测量头结构如图 2-6 所示。它由高、低压测量室和差动电容膜盒组成,用螺栓固定在一起。核心部件是一个球面状的电容器,如图 2-6(b)所示——由两个刚性绝缘体和一个中心测量膜片,组成了两个可变电容器。

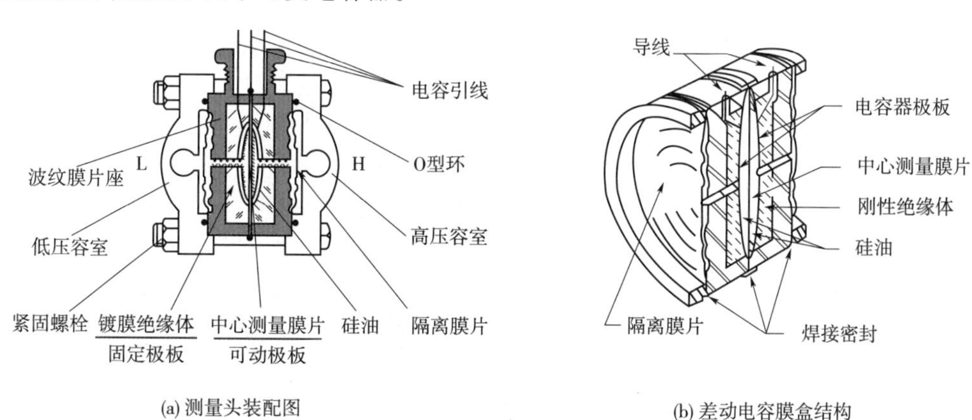

图 2-6　电容式差压变送器的测量头结构

图 2-6 显示:中心测量膜片的左右室中充满硅油,当隔离膜片分别承受高、低压力后,硅油便在差压 Δp 作用下发生流动,并将差压传递到测量膜片的左右面上。若差压 $\Delta p=0$,中心测量膜片就保持在中间初始位置而使左右二个电容器的电容值相等;当差压 $\Delta p>0$,中心测量膜片就会向低压侧方向变形,使左右电容器的电容值不等。分析表明:电容差值与被测压差 Δp 存在函数关系。因此,只要测量出电容器的电容差值,就可得到被测差压值。

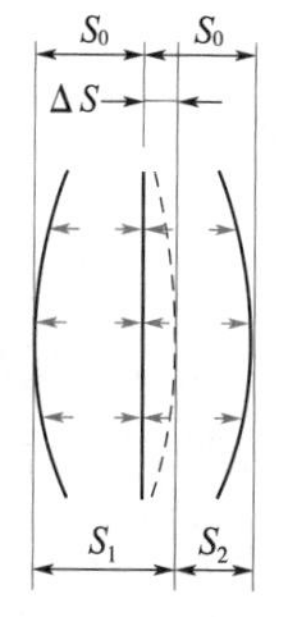

图 2-7　差动电容变化示意图

(二)差动电容

差动电容的工作原理可用图 2-7 分析。两个固定极板和一个可动极板近似组成了两个平板电容器。由于可动极板在差压 Δp 作用下的位移量 ΔS 很小,二者之间就有如下关系

$$\Delta S = K_1 \Delta p \tag{2-3}$$

其中 K_1 是由膜片材料特性和电容结构等决定的。

无差压时,可动极板处于中间位置,它与两个固定极板间的距离

相等，设其间距为 S_0。

有差压时，可动极板会产生位移变形 ΔS。如设中心膜片与两个固定极板间的距离分别为 S_1、S_2，则有如下关系式

$$S_1 = S_0 + \Delta S \qquad\qquad S_2 = S_0 - \Delta S \tag{2-4}$$

根据电工学知识可知，两个平板电容器的电容量应为

$$C_1 = \frac{\varepsilon A}{S_1} = \frac{\varepsilon A}{S_0 + \Delta S} \tag{2-5}$$

$$C_2 = \frac{\varepsilon A}{S_2} = \frac{\varepsilon A}{S_0 - \Delta S} \tag{2-6}$$

式中：ε——极板间的介电常数；

A——固定极板的面积。

二电容器之差为：

$$\Delta C = C_2 - C_1 = \varepsilon A\left(\frac{1}{S_0 - \Delta S} - \frac{1}{S_0 + \Delta S}\right) \tag{2-7}$$

式(2-7)表达式比较复杂，现对其进行简化，取二电容之差与二电容之和的比值，则有

$$\frac{C_2 - C_1}{C_2 + C_1} = \frac{\varepsilon A\left(\frac{1}{S_0 - \Delta S} - \frac{1}{S_0 + \Delta S}\right)}{\varepsilon A\left(\frac{1}{S_0 - \Delta S} + \frac{1}{S_0 + \Delta S}\right)} = \frac{\Delta S}{S_0}$$

$$\frac{C_2 - C_1}{C_2 + C_1} = K_2 \Delta S \tag{2-8}$$

式中：$K_2 = \frac{1}{S_0}$。

式(2-8)表明：

①差动电容的相对变化值$\frac{C_2 - C_1}{C_2 + C_1}$与 ΔS 呈线性关系，因此转换放大部分应将这一相对变化值变换成直流电流信号。

②$\frac{C_2 - C_1}{C_2 + C_1}$与介电常数 ε 无关。这一点非常重要，因为 ε 是随温度变化的，ε 不出现在式中，无疑可大大减少温度对变送器的影响。

③$\frac{C_2 - C_1}{C_2 + C_1}$的大小与 S_0 有关。S_0 愈小，差动电容的相对变化量愈大，即灵敏度愈高。

三、液位测量原理

差压变送器常用来与节流装置配合测量液体、蒸汽和气体的流量，或用来测量液位、液体分界面及差压等参数。其基本原理具有共性，现以液位测量为例说明差压变送器的应用。

（一）差压法液位测量原理

差压变送器都有一个差压测量机构，由它测量出液柱产生的静压大小。由于液柱

静压与液柱高度存在对应关系，因此可用液柱静压来表征液位高度。其原理可用差压式液位计加以说明，差压式液位计原理如图 2-8 所示。

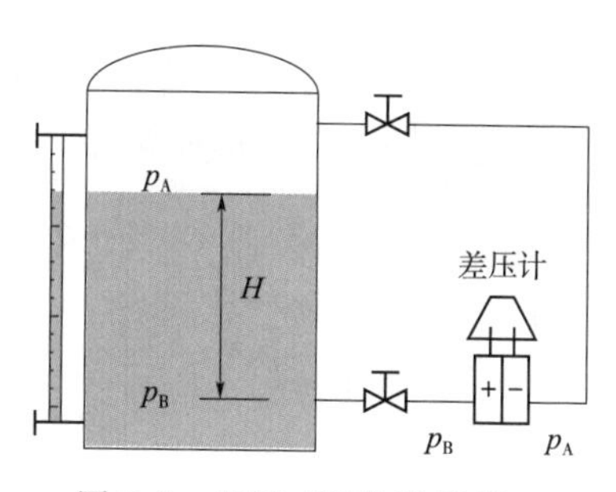

图 2-8　差压式液位计原理

当差压计的一端接液相，另一端接气相时，根据流体静力学原理，有

$$p_B = p_A + H\rho g \tag{2-9}$$

差压计两端差压

$$\Delta p = p_B - p_A = H\rho g \tag{2-10}$$

式中：p_A、p_B——A、B 两处的压力；

H——液位高度；

ρ——介质密度；

g——重力加速度。

对具体介质而言，ρ、g 都为常数，因此有如下结论：差压计的两端差压 Δp 与液位高度 H 成正比。表明：①测量出由液柱产生的静压，就可测量出液柱高度；②同样的压力对于不同的介质，所产生的液柱高度是不同的。因此，差压计使用时，要注意其适用介质。

（二）液位测量的零点调整/迁移问题

在液位测量中，差压变送器可能有 3 种安装情况。

情况 1：调零安装方式，如图 2-9 所示。变送器的引压口与测量起始点刚好重合，变送器的差压为 $\Delta p = H\rho g$。因此理论上，变送器输出信号的下限值 y_{min} 与测量信号的下限值 x_{min} 相对应。实际使用中可能会出现零点偏移现象，此时就应对变送器进行调整，以使 y_{min} 与 x_{min} 相对应，即为零点调整。

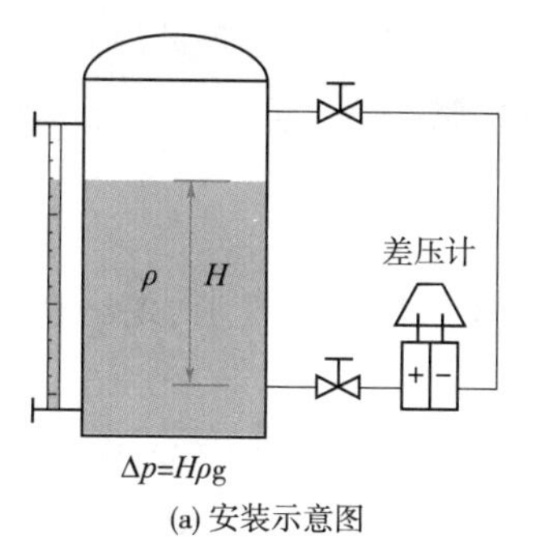

(a) 安装示意图

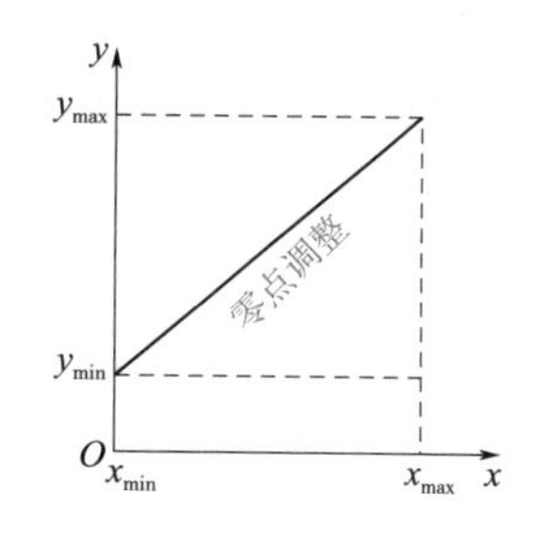

(b) 输入/输出关系

图 2-9　调零安装方式

情况 2：正迁移安装方式，如图 2-10 所示。引压口低于测量起始点 h，变送器的差压为 $\Delta p = H\rho g + h\rho g$。显然，对应于测量信号下限值 x_{min}，输出信号 y 必然高于输出信号的下限值 y_{min}，高出部分的数值就是由 $h\rho g$ 的液柱压力引起的。因此，必须将 $h\rho g$ 的液柱压力迁移掉，以保证在 H 测量范围内输入/输出的下限值相对应，即为正迁移。

情况 3：负迁移安装方式，如图 2-11 所示。变送器的差压为 $\Delta p = H\rho_1 g - (h_2 - h_1)\rho_2 g$。显然，对应于测量信号下限值 x_{min}，输出信号 y 必然低于输出信号的下限值 y_{min}，实际是在（x_{min} ~ 0）的测量区间内变送器保持输出信号 y_{min} 不变，低于部分的数值就是

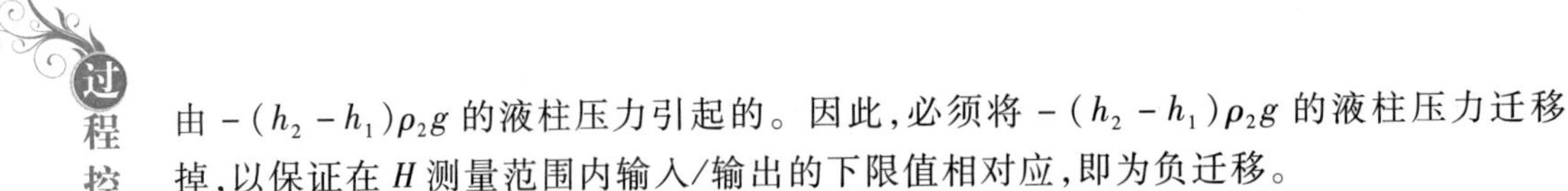

由 $-(h_2-h_1)\rho_2 g$ 的液柱压力引起的。因此，必须将 $-(h_2-h_1)\rho_2 g$ 的液柱压力迁移掉，以保证在 H 测量范围内输入/输出的下限值相对应，即为负迁移。

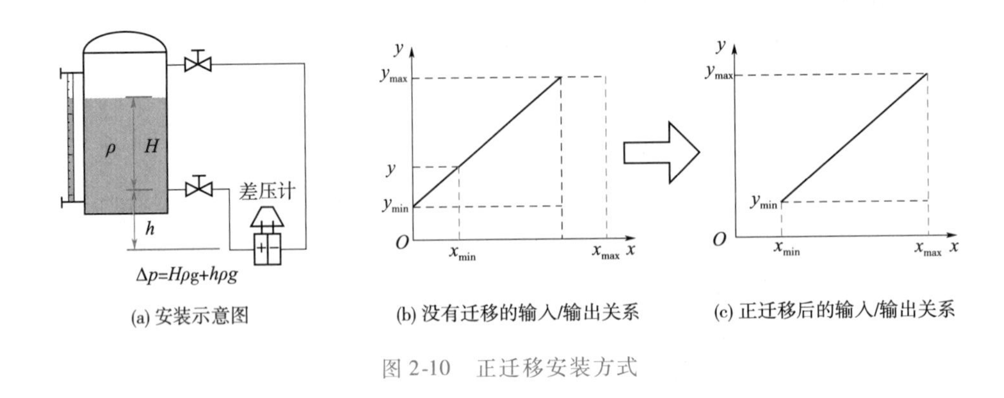

(a) 安装示意图　　(b) 没有迁移的输入/输出关系　　(c) 正迁移后的输入/输出关系

图 2-10　正迁移安装方式

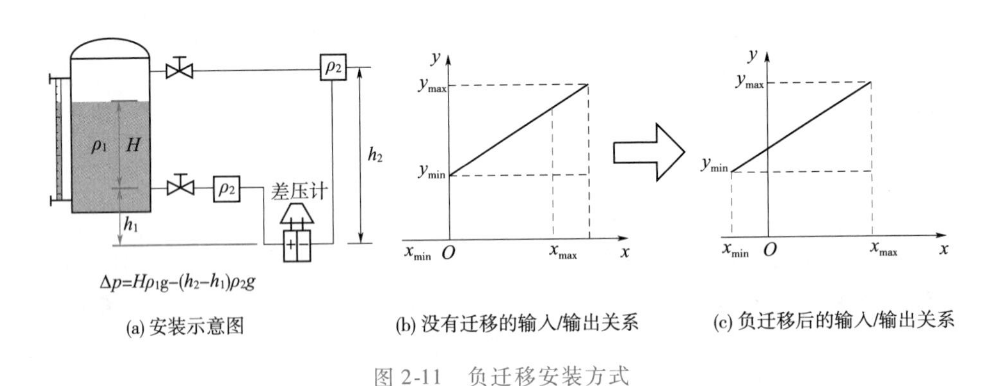

(a) 安装示意图　　(b) 没有迁移的输入/输出关系　　(c) 负迁移后的输入/输出关系

图 2-11　负迁移安装方式

注：变送器零点迁移后，可能会出现输出上限值 y_{max} 与测量信号的上限值 x_{max} 不相一致的情况，这时还要对变送器的量程进行调整。

四、使用方法

变送器的使用主要有 4 项内容：安装、连线、校验和维护，现结合《1151 差压变送器使用说明书》，说明如下。

1151 差压变送器有 4 种规格的变送器——*DP*、*HP*、*DP* $\sqrt{\Delta P}$ 和 *DR*，其外形结构如图 2-12 所示。变送器下半部分是测量机构：左右两个压力容室和一个差动电容测量室，用 4 个螺栓固定在一起。压力容室的正面分别设有高、低压入口，3 个侧面还设有排气/排液阀等装置；上半部分是信号转换机构：前端盖是指示表头，后端盖是产品铭牌，移开后端盖就是调零、调量程装置。

(一) 安装方法

变送器安装形式——可直接安装在测量点处、墙上或者使用安装板夹拼在 2″的管道上，安装支架一般有 3 种(B1、B2、B3)可供选择，如图 2-13 所示。

引压连接接头——变送器压力容室上的导压管连接孔为 NPT1/4 螺纹孔，而引压接头的导压连接孔有两种形式：NPT1/2 锥管牙和 M20×1.5 螺纹，如图 2-14 所示。前者连接时应采用 1/2NPT 过渡接头，后者连接时应采用 M20×1.5 的球形接头。

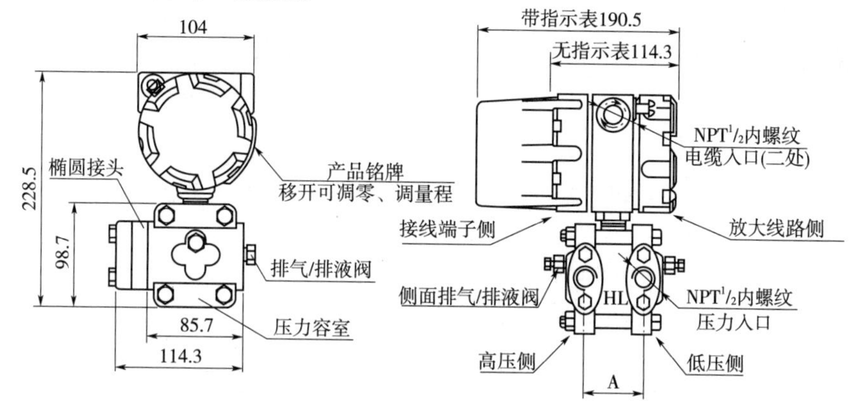

图 2-12　1151 差压变送器外形图

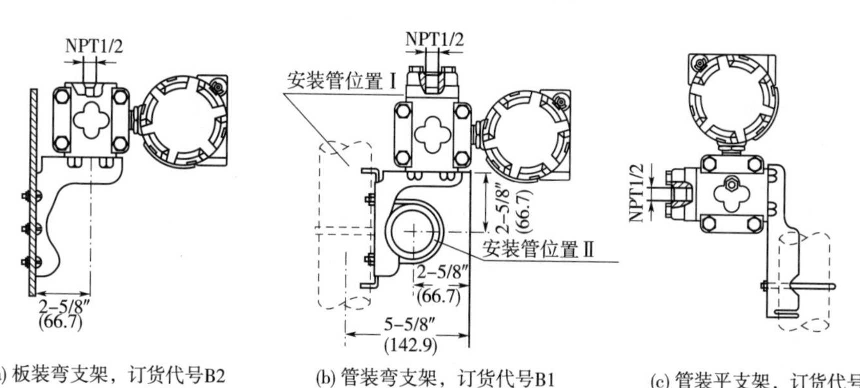

(a) 板装弯支架，订货代号B2　(b) 管装弯支架，订货代号B1　(c) 管装平支架，订货代号B3

图 2-13　变送器安装形式

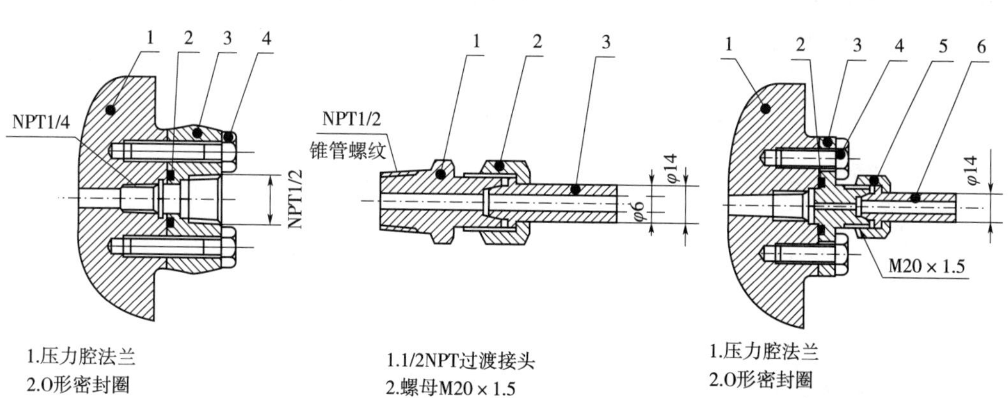

1.压力腔法兰
2.O形密封圈
3.M20×1.5螺纹接头
4.螺栓
NPT1/4接头供用户直接引压管用

1.1/2NPT过渡接头
2.螺母M20×1.5
3.球形接头(φ14处可与引压管焊接)

1.压力腔法兰
2.O形密封圈
3.M20×1.5螺纹接头
4.螺栓
5.螺母M20×1.5
6.球形接头(φ14处可与引压管焊接)

图 2-14　引压连接接头

(二)电气接线

变送器接线图如图 2-15 所示。信号端子设置在电气盒的一个独立舱内,接线时可拧下接线侧的表盖。上面的端子是信号端子,下面的端子是指示表连接端子。下面

端子上的电流和信号端子上的电流一样，都是 4 ~ 20 mA(DC)。因此，下面的端子可用来连接指示表头，不接指示表头时，下面的端子应用短线短接，否则无输出(不同产品的使用方法可能不同)。

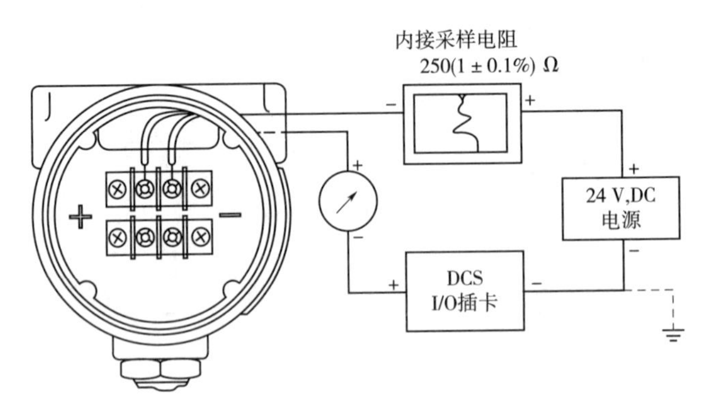

图 2-15　变送器接线图

(三)仪表校验

1. 量程调整方法

所有的 HR-1151/3051 系列变送器的量程，都可在最大量程和最小量程的 1/6 范围内连续调整，即量程比为 6:1。例如，量程为 0 ~ 37.4 kPa 的变送器，其量程连续可调的范围可减小到 0 ~ 6.2 kPa。

2. 零点迁移方法

所有的 HR-1151/3051 系列变送器的零点输出，可以进行 500% 的正迁移或 600% 的负迁移，如图 2-16 所示。但是零位正、负迁移后所校验的测量范围不能超过变送器的测量范围的极限值。

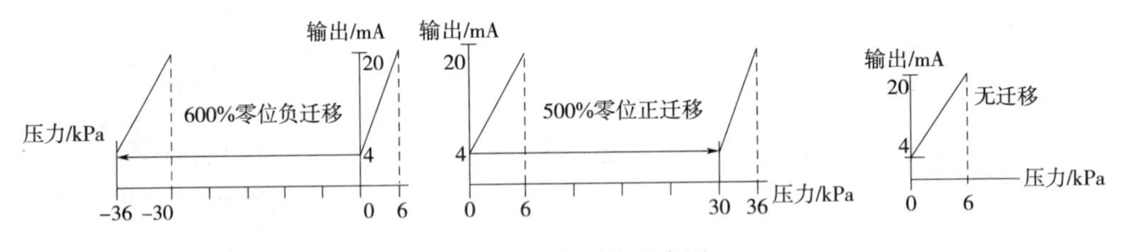

图 2-16　零点迁移示意图

要得到较大的正负迁移量，必须改变放大电路板元器件一侧跨接件的位置，如图 2-17所示。它有个三位插座，中间位置是无迁移的位置。要得到较大的正负迁移量，则可将跨接件插到“正迁移”(SZ)或“负迁移”(EZ)的位置上。但此时对变送器的线性度有轻微的影响，可通过调整线性电位器来校正。

3. 调校步骤

零位和量程调节螺钉装在电气壳体铭牌的后面，如图 2-18 所示，移开铭牌就可以进行调节。顺时针旋转调节螺钉，变送器的输出将增大(不同产品的使用方法可能不同)。

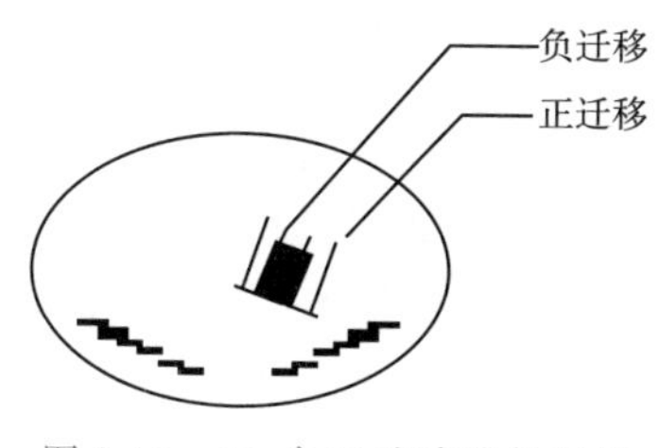

图 2-17　正、负迁移跨接件设定

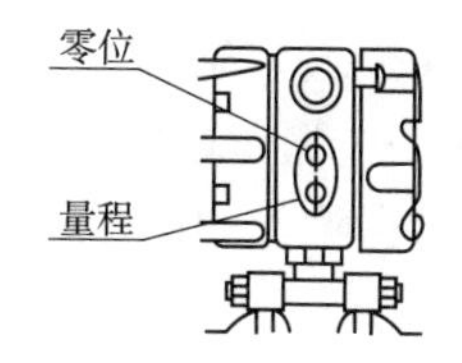

图 2-18　零点和量程调整螺钉

假设所要校验的量程为 0 ~ 25 kPa,具体调整方法如下:

①调整零位。输入变送器的压力信号为0(即 Δp = 0 kPa),调整零位调节螺钉,直到变送器的输出为 4 mA。

②调整量程。在变送器的高压侧输入压力信号 25 kPa(即 Δp = 25 kPa),调整量程调节螺钉,直到变送器的输出约为 20 mA。

③撤除输入压力(即 Δp = 0 kPa),调整零位调节螺钉,直到变送器的输出为 4 mA。

④再从高压侧输入压力信号 25 kPa。如果此时输出读数大于 20 mA,则将差值乘以 0.25 系数,再调整量程使输出达到 20 mA 加上述结果的值。

⑤撤除输入压力,再调整零位。

⑥输入量程的 100% (Δp = 25 kPa),重复步骤③ ~ ④的过程,直到输出满刻度值为(20 ± 0.032) mA。

任务 3　EJA 智能变送器的使用

随着微电子技术的发展,性能优越的智能变送器已得到普遍应用。其中,以日本横河株式会社开发的 EJA 智能变送器,是目前国内应用最为广泛的变送器。EJA 智能变送器的主要特点如下:

①世界首创单晶硅谐振传感器。

②采用微电子机械加工高新技术(MEMS)。

③传感器直接输出频率信号,简化了与数字系统的接口。

④高精度,一般为 ±0.075%,连续十万次过压试验后影响量≤0.03% /16 MPa。

⑤高稳定性和可靠性,连续工作五年不需要调校零点。

⑥BRAIN/HART/FF 现场总线三种通信协议供选择。

⑦完善的自诊断及远程设定通信功能。

⑧可无须三阀组而直接安装使用。

一、组成原理分析

EJA 智能变送器由膜盒组件和智能转换部件两部分组成,如图 2-19 所示。

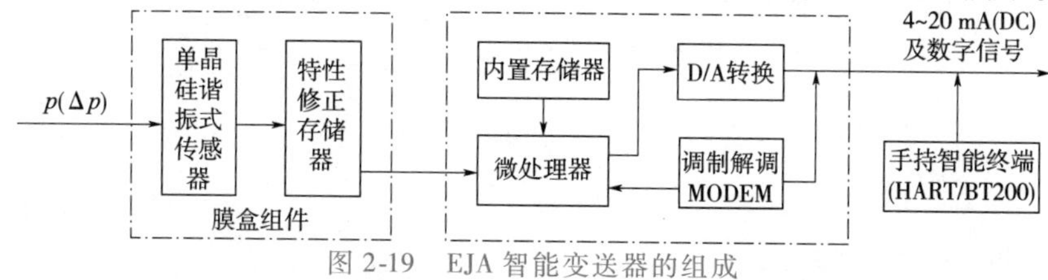

图 2-19　EJA 智能变送器的组成

（一）膜片组件

膜片组件由谐振式传感器和特性参数存储器两部分组成。谐振式传感器（见图 2-20所示）是在一个周边固定的单晶硅圆形膜片上，利用微机械加工技术制作两个特性相同的 H 型谐振梁作为感压元件，其中一个在膜片的中心位置，另一个在膜片的边缘。谐振传感器的起振原理示意图如图 2-21 所示。H 型谐振梁处于永久磁铁提供的磁场中，与变送器、放大器等组成一个正反馈回路，使谐振梁在回路中产生振荡。当激振电流注入 H 型谐振梁时，谐振梁受磁场作用而振动，于是谐振梁切割磁感线产生感应电动势，电动势的频率与梁的振动频率相同。感应电动势经放大后，一方面输出，另一方面经正反馈提供梁的激振电流，以维持梁的等幅振动。

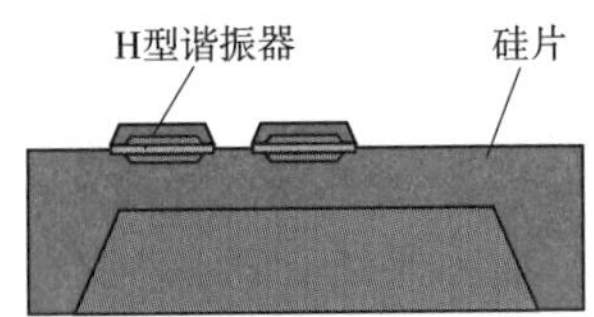

图 2-20　谐振式传感器结构示意图

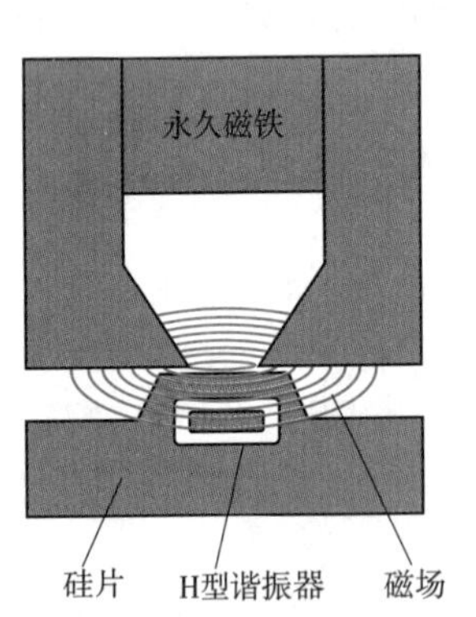

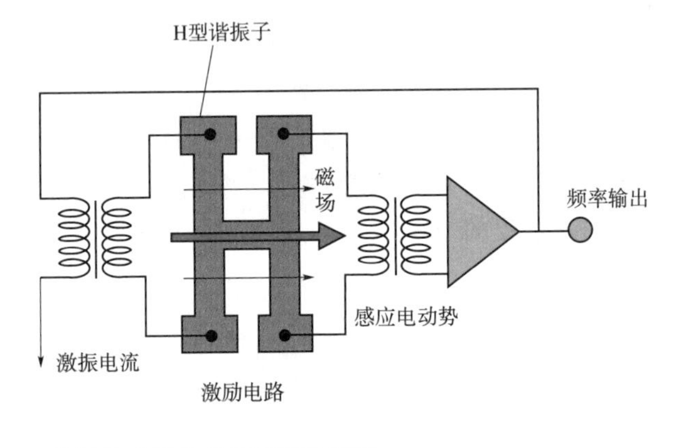

图 2-21　谐振传感器的起振原理示意图

由谐振式传感器的工作原理可知，当被测差压 $\Delta p=0$ 时，谐振梁的振动频率等于谐振梁力学系统的固有频率 f_0。当 $\Delta p\neq 0$ 时，处于膜片中心位置的谐振梁由于受到压缩力作用，其振动频率减小，而处于膜片边缘位置的谐振梁由于受到张力作用，其振动频率增加，差压与梁的振动频率关系如图 2-22 所示。两谐振梁的振动频率之差值 $\Delta f=f_1-f_2$ 即为传感器的输出信号，Δf 与被测差压（压力）成正比。

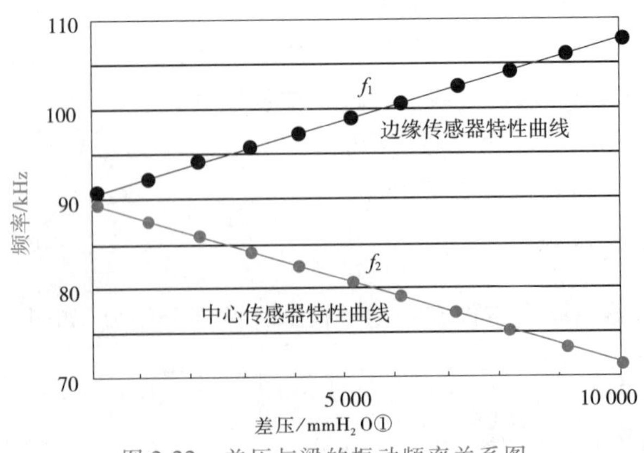

图 2-22　差压与梁的振动频率关系图

① 1 mmH$_2$O = 9.806 65 Pa。

特性修正存储器存储经过三维标定的传感器的差压、温度、静压，以及传感器的输入/输出特性修正数据，在测量过程中，经微处理器按照一定的规律进行运算或数据融合，从而消除了交叉灵敏度的影响，提高了变送器的精度、稳定性和可靠性。

（二）智能转换部件

该部分的核心是微处理器（CPU）。首先，CPU 在规定的时间内对 Δf 进行计数，将频率信号 Δf 转换成数字量，然后根据预先存储于特性修正存储器内的数据对传感器的输入/输出特性进行修正，从而得到代表被测差压（压力）的精确数字量，一方面经 D/A 转换器输出 4 ~ 20 mA（DC）统一标准信号；另一方面经调制解调器（Modem）输出一个符合 HART 协议的数字信号叠加在 4 ~ 20 mA（DC）信号之上，作为数字通信之用。数字通信时，频率信号不会对 4 ~ 20 mA（DC）信号产生任何扰动影响。

二、EJA 智能变送器的组态

组态是对 EJA 智能变送器如何运行工作的一系列参数设定。由于 EJA 智能变送器具有强大的通讯功能，利用智能终端 BT200 可在控制室、现场及回路的任何一点处与变送器通信，实现在线调零、量程范围设定、显示模式设定及自诊监控等。因此，掌握 BT200 的基本操作是 EJA 智能变送器使用的前提。

（一）电气连接

按照图 2-23 连接电气线路。注意，电源线的正、负极性接在变送器的“SUPPLY”的 +、- 端子上。BT200 与变送器的连接，既可在变送器接线盒里连接，也可以通过中继端子板传输线连接（用 BT200 的挂钩连接）。通讯线应使用 250 ~ 600 Ω 回联电阻的电缆，满足这一条件非常重要，否则，容易引起通信故障。

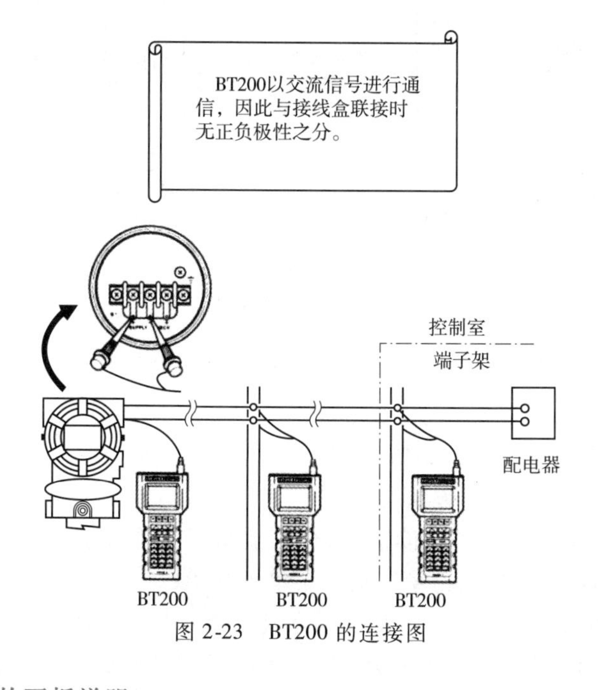

图 2-23　BT200 的连接图

（二）BT200 的面板说明

BT200 的面板布置如图 2-24 所示。上部的 LCD 屏幕显示操作信息，典型画面如

图 2-25 所示：左主部显示页主题，中部是具体信息，底部是四个功能命令。四个功能命令与下方的四个功能键相对应，如果要对某条信息进行有关操作，只要根据功能命令选择对应的功能键就可以进入相应的菜单界。

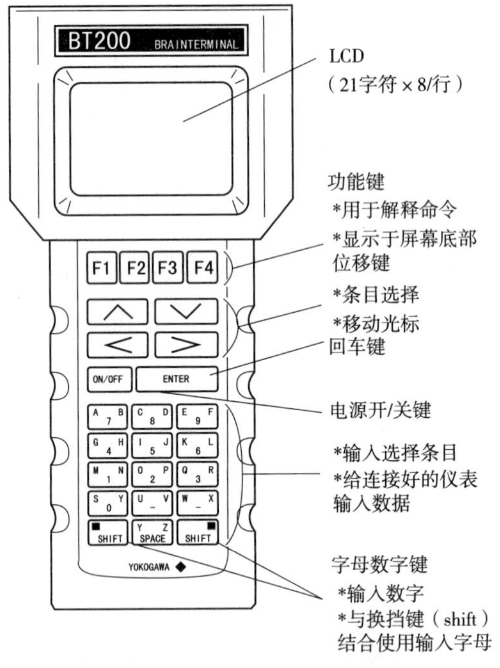

图 2-24　BT200 的面板布置图

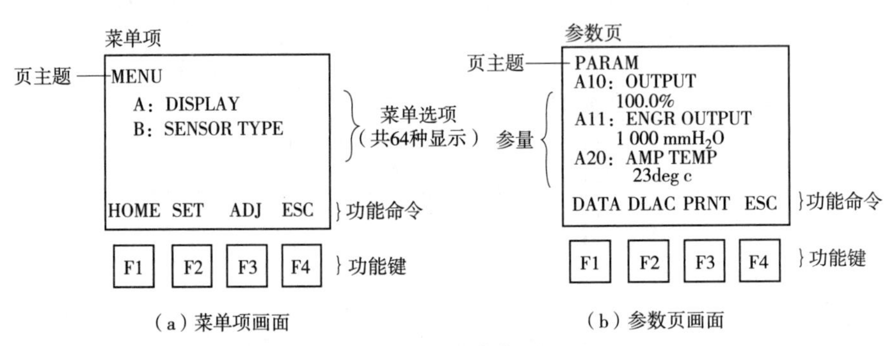

（a）菜单项画面　　（b）参数页画面

图 2-25　LCD 屏幕典型画面

BT200 的最下部是字母数字键区，用于文字、数据的输入。

（三）BT200 的显示状态

BT200 的操作方法如下图 2-26 所示。

由图 2-26 的 BT200 操作方法可知：

（1）刚开始的 1、2 两页是只读信息，分别显示了操作器和变送器的型号、规格等基本信息，实际的组态操作是由第三页的菜单页开始；

（2）根据功能的不同，操作参数总体分成三类：只读参数、设置参数、调整参数。只读参数包括 A、B 二类参数，通过功能键“HOME”就可显示其相关信息；设置参数包括 C、D、E、H 四类参数，通过功能键“SET”就可进入相关菜单页；调整参数包括 J、K、M、P 四类参数，由功能键“ADJ”控制；

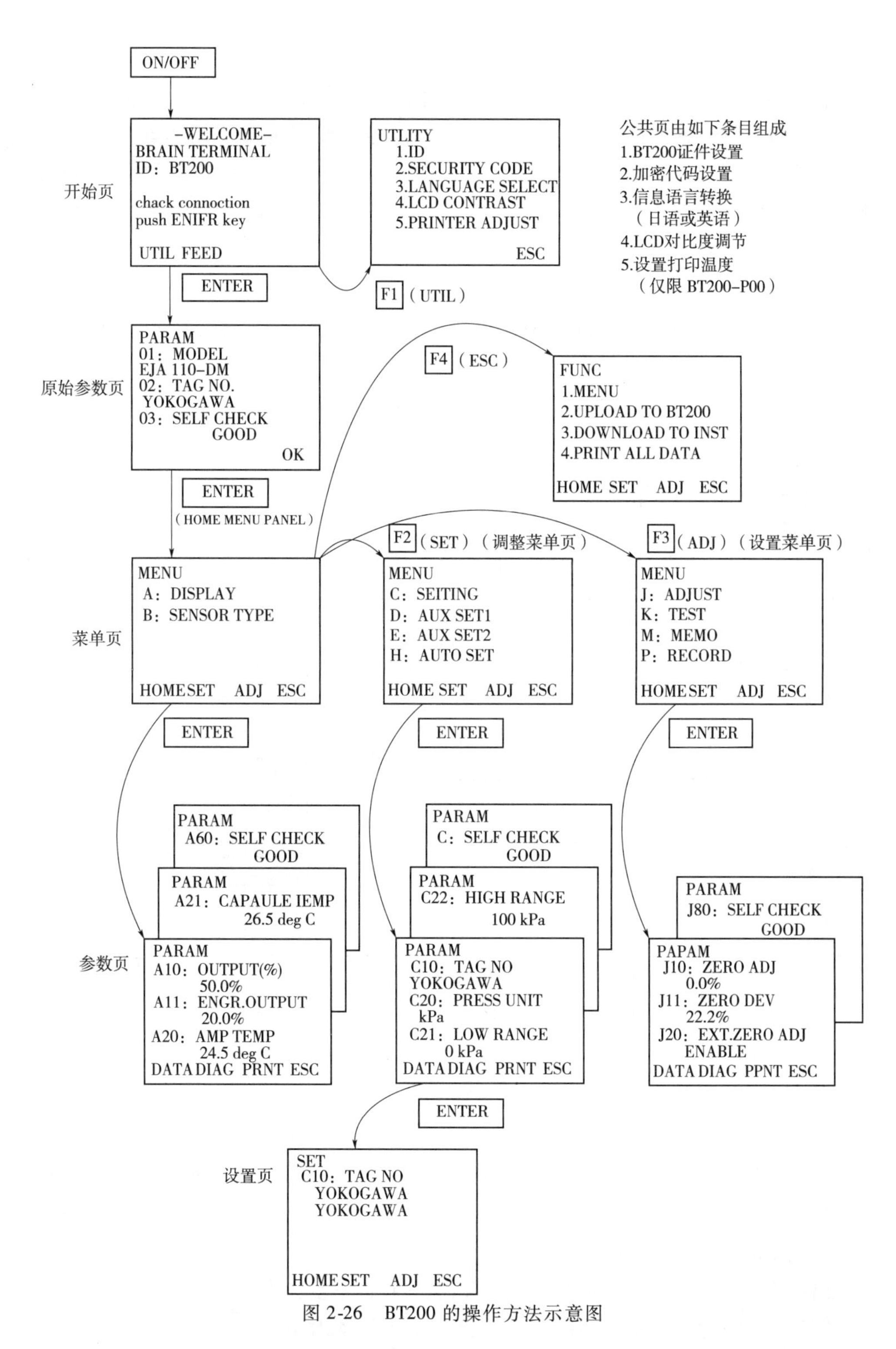

图 2-26　BT200 的操作方法示意图

（3）设置参数和调整参数的可操作方法，应结合功能键的亮暗信息进行操作，一般均可进行显示、设置与调整操作。

通过以上分析可知，组态操作时要搞清楚二个问题：一是什么参数，以便选择相应功能键进入操作菜单页；二是要进行什么操作，以便选择功能键实施相应的操作。

（四）组态操作

为熟悉智能变送器的组态方法，现以 EJA100A 差压变送器为例介绍如何利用 BT200 进行零点调整与量程调整等常用操作。需要说明，这里介绍的零点调整与量程调整方法实质是零点设置与量程设置，真正的零点调整与量程调整必须建立校验系统、并按规程进行调校。另外，有关 EJA 智能变送器更多使用知识，请参见《横河 EJA100A 差压变送器用户手册》。

1. 位号设置（C10：TAG NO）

仪表在出厂之前，仪表位号 TAG NO 已按订货要求进行了设置，需要时，可按以下方法改变位号。

例 1：Tag NO 设置为 FIC-1a，操作步骤如图 2-27 所示。

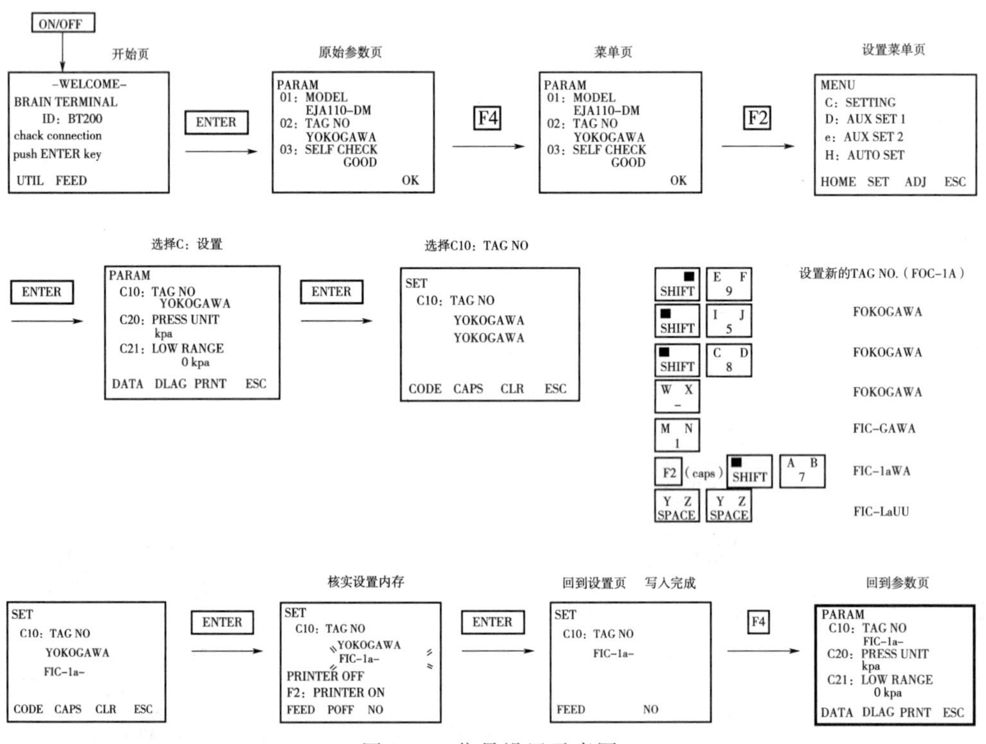

图 2-27　位号设置示意图

注：参数设置要二次“ENTER”+“F4”才能确认与完成。另外，为简化步骤、避免重复，下面介绍的测量范围设置和零点调整操作方法中省略了参数选择的操作步骤。

2. 测量范围设置

（1）测量单位（C20：PRESS UNIT）

出厂前已按订货要求将单位预置，需要时，可按以下步骤改变单位。

例 2：将“mmH_2O”换成“MPa”，操作步骤如图 2-28 所示。

（2）设置测量范围的上下限（C21：下限值；C22：上限值）

测量量程 = 上限值 - 下限值。上下限值在仪表出厂之前，已按订货要求预置，需要时，可按以下步骤改变设定值。

例 3：将当前 0 ~ 30 kPa 的下限值改设为 0.5 kPa，操作步骤如图 2-29 所示。

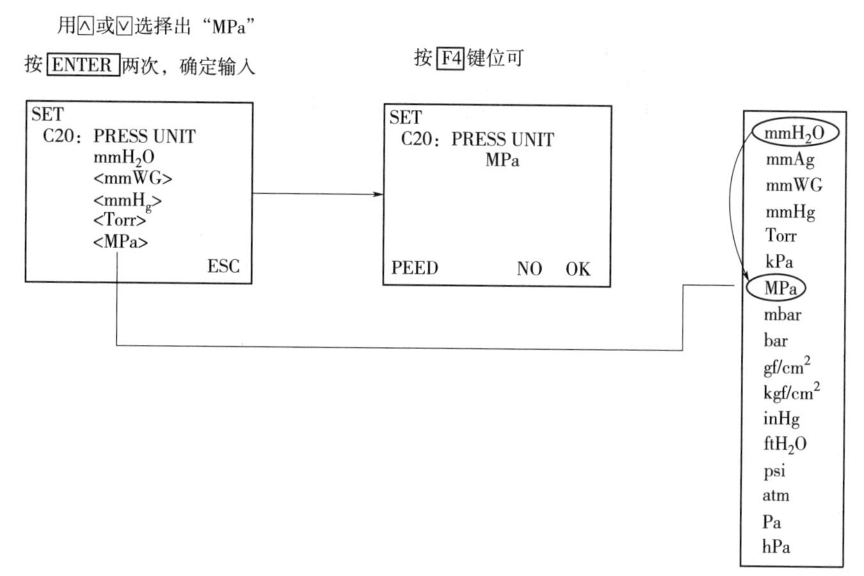

图 2-28　测量单位设置示意图

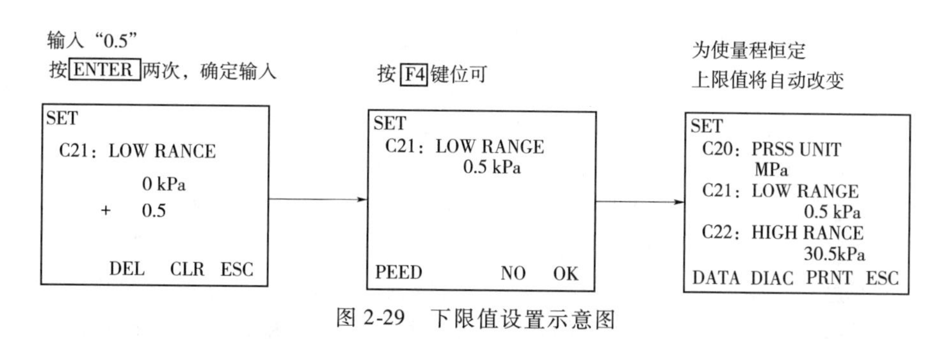

图 2-29　下限值设置示意图

例 4:将当前 0 ~ 30 kPa 的上限值改设为 10 kPa,操作步骤如图 2-30 所示。

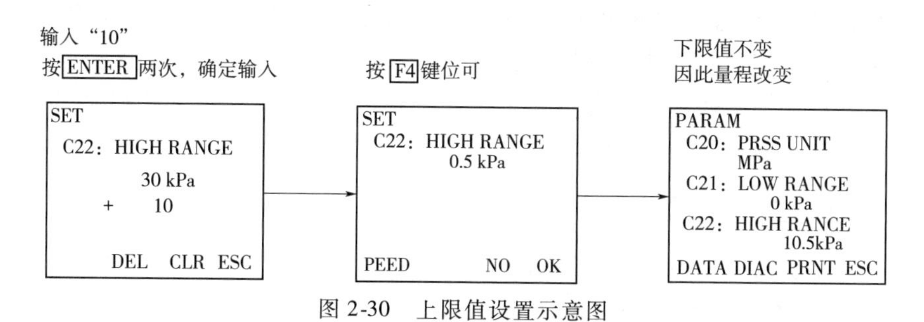

图 2-30　上限值设置示意图

◆此仪表中,改变下限值,上限值将自动改变,以保持量程恒定。

◆此仪表中,上限值变化不影响下限值,因此改变上限值,量程随之改变。

◆调校范围的上、下限值在 -32000 ~ 32000 内,多达 5 位数(小数点除外)。

3. 零点调整

EJA 支持多种零点调整方法,这里仅介绍用 BT200 进行调零,其它方法请参阅《横河 EJA100A 差压变送器用户手册》。按如图 2-31 所示步骤可将当前输出设置为 0% (4 mA)。

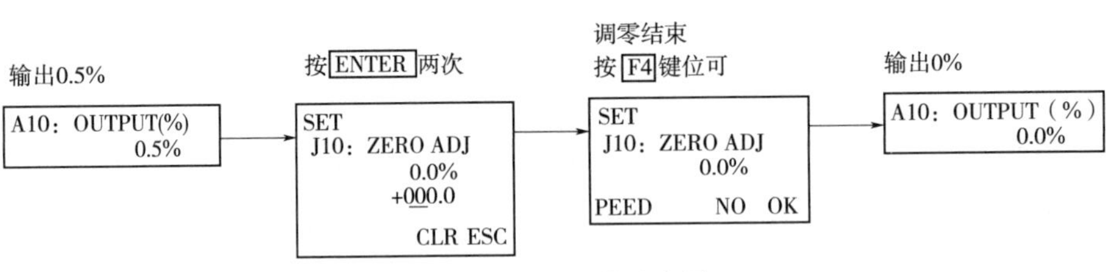

图 2-31　零点调整示意图

（五）BT200 的参数总表

BT200 的参数见表 2-1，它适用以下仪表：

适用仪表：

F：差压变送器——EJA110A、EJA120A、EJA130A

P：压力变送器——EJA310A、EJA430A、EJA440A、EJA510A、EJA530A

L：液位变送器——EJA210A、EJA220A

知识拓展　自动化仪表的发展与分类

自动化仪表是实现生产过程自动化的重要工具，是对生产过程工艺变量进行检测、显示、控制、执行等仪表的总称，因此，也称过程控制仪表。

自动化仪表不仅能提高劳动生产率，而且能促进生产技术发生变革。早在机械化时代，人们用机械代替体力劳动，就开始有了自动化仪表。当时发明的锅炉水位调节器和蒸汽机离心式调速器曾促进和推动了第一次革命。随后，人们为了减轻体力劳动，逐步研制出各种检测控制仪表作为“耳目”与“手足”，帮助人们观察和操纵生产设备，使生产过程逐步实现自动化，从而进入了自动化时代。随着电子技术和计算机技术的迅速发展，人们又研制出能够模仿“头脑”、并具有记忆和分析判断能力的“智能”仪表，这样不仅延伸和扩展了人的“耳目”和“手足”的功能，还减轻并代替了人的部分脑力劳动，从而开始进入智能化时代。因此，熟悉并掌握好过程控制仪表的使用知识是自动化技术工作者的一项重要技能。

考虑到过程检测技术一般在相关课程进行专门介绍，为避免重复和突出重点，本书围绕着过程控制系统，对变送器、调节器、执行器等仪表进行讨论、分析。

一、过程控制仪表的发展

过程控制仪表的主体是气动控制仪表和电动控制仪表，它们的产生和发展分别经历了基地式、单元组合式（Ⅰ型、Ⅱ型、Ⅲ型）、组装式及数字智能式等几个阶段。

在 20 世纪 60 年代初，工业生产的不断发展，尤其是石油与化学工业的发展，对过程控制和自动化仪表提出了新的要求，在过程控制仪表方面，开始大量采用单元组合式仪表。当时国内使用的单元组合式仪表是气动放大元件的 QDZ-Ⅰ型仪表和以电子管为放大元件的 DDZ-Ⅰ型仪表。同时开始研制以晶体管为放大元件的 DDZ-Ⅱ型仪表并投入使用，从而将过程控制仪表逐步推向成熟阶段，使自动化水平不断提高。

20 世纪 70 年代中期，以集成运算放大器为主要放大元件、具有国际标准信号制（4 ~20 mA(DC)，1 ~5 V(DC)）和安全防爆功能的 DDZ-Ⅲ型仪表试制成功，并开始投入使用。同时 QDZ-Ⅰ型仪表也发展到Ⅱ型、Ⅲ型阶段。所以 DDZ-Ⅱ型、Ⅲ型仪表和 QDZ-Ⅱ型、

表 2-1　BT200 的参数总表

编号	项目	说明	可否重写	备注	出厂设置	适用范围 F	适用范围 P	适用范围 L
01	MODEL	型号 + 膜盒型号				○	○	○
02	TAG NO.	位号		16 个字母(大写),数字正常/故障		○	○	○
03	SELF CHECK	自诊断结果				○	○	○
A	DISPLAY	测量数据显示		菜单式		○	○	○
				-5% ~110%　＊3				
				-19999 ~ 19999				
				D30 项所列单位				
				D30 项所列单位				
				D31 项所列单位　＊1				
				-32000 ~ 32000				
A10	OUTPUT(%)	输出%		正常/故障		○	○	○
A11	ENGR OUTPUT	工作单位输出		膜盒型号错误		○	○	○
A20	AMP TEMP	放大器温度		放大组件错误		○	○	○
A21	CAPSULE TEMP	膜盒温度		超测量范围		○	-	○
A30	STATIC PRESS	静压		静压超出　＊1		○	○	○
A40	INPUT	工程单位输入		超温(膜盒)		○	○	○
A60	SELF CHECK	自诊信息		超温(放大器)		○	○	○
				输出超界				
				显示超界				
				下限越界				
				上限越界				
				量程越界				
				零点调最大				
B	SENSOR TYPE	传感器型号	-	菜单名		○	○	○

续上表

编号	项目	说明	可否重写	备注	出厂设置	适用范围 F	适用范围 P	适用范围 L
B10	MODEL	型号 + 量程	–	16 个字母(大写)数字		○	○	○
B11	STYLE NO.	版本	–			○	○	○
B20	LRL	测量范围下极限值	–	-32000 ~ 32000		○	○	○
B21	URL	测量范围上极限值	–	-32000 ~ 32000		○	○	○
B30	MIN SPAN	最小量程	–	-32000 ~ 32000		○	○	○
B40	MAX STAT. P	最大静压 * 4				○	–	○
B60	SELF CHECK	自诊信息		同 A60				
C	SETTING	数据设置		菜单名				
C10	TAG. NO	位号	○	16 个字母(大写)数字		○	○	○
C20	PRESS UNIT	测量范围单位	○	任选:mmH_2O,mmAq mmWG,mmHg Torr,KPa,MPa mbar,bar,gf/cm^2 kgf/cm^2,inH_2O inHg,ftH_2O,Psi, atm,Pa,hPa	按订货要求设置	○	○	○
C21	LOW RANGE	实际测量范围下限值	○	-32000 ~ 32000 (在测量范围内)	按订货要求设置	○	○	○
C22	HIGH RANGE	实际测量范围上限值	○	-32000 ~ 32000 (在测量范围内)	按订货要求设置	○	○	○
C30	AMP DAMPING	阻尼时间常数	○	任选:0.2.0.5.1.0.2.0.4.0. 8.0.16.0.32.0.64.0 秒	2 秒	○	○	○
C40	OUTPUT MODE	输出及内藏指示计显示方式	○	输出:比例,显示:比例 输出:比例,显示:平方根 输出:平方根,显示:平方根	无要求时: 输出:比例,显示:比例	○	–	–
C60	SELF CHECK	自诊信息	○	同 A60		○	○	○

续上表

编号	项目	说明	可否重写	备注	出厂设置	适用范围		
						F	P	L
D	AUX SET1	辅助设置 1	-	菜单名		○	○	○
D10	LOW CUT	低截止	○	0.0～20.0%	10%	○	○	○
D11	LOW CUTMODE	低截止模式	○	线性/归零	线性	○	○	○
D20	DISP SELECT	内藏指示计显示选择	○	常态%/用户设置 USER(用户)&/INP－PRES (输入压力) PRES(压力)&%	按订货要求设置	○	○	○
D21	DISR UNIT	工程单位显示设置	○	8 个大写字母		○	○	○
D22	DISP LRV	设置工程显示范围下限	○	－19999～19999	按订货要求设置	○	○	○
D23	DISP HRV	设置工程显示范围上限	○	－19999～19999	按订货要求设置	○	○	○
D30	TEMP UNIT	温度单位显示设置	○	℃/F	℃	○	○	○
D31	STAT. P. UNIT	静压单位显示设置	○	任选：mmH_2O，mmAq mmWG， mmHg Torr，KPa，MPa mbar，bar，gf/cm^2 kgf/cm^2，inH_2O inHg，ftH_2O，Psi， atm，Pa，hPa	无要求时： Mpa	○	○	○
D40	REV OUTPUT	输出方向	○	正向/逆向	正向	○	○	○
D45	H/L SWAP	引压方向	○	正向/逆向　* 4	正向	○	○	○
D52	BURN OUT	CPU 异常时，输出状态	○	高/低	高	○	○	○
D53	ERROR OUT	硬件异常时，输出状态	○	保持/高/低，－5～110%　* 3	高	○	○	○
D60	SELF CHECK	自诊信息	○	同 A60		○	○	○

续上表

编号	项目	说明	可否重写	备注	出厂设置	适用范围		
						F	P	L
E	AUX SET2	辅助设置	-	菜单名		○	○	○
E30	BIDIRE MODE	双向流体测量	○	关/开	关	○	○	○
E60	SELF CHECK	自诊信息	○	同 A60		○	○	○
H	AUTO SET	自动设置				○	○	○
H10	AUTO LRV	自动设置测量范围下限制	○	-32000 ~ 32000		○	○	○
H11	AUTO HRV	自动设置测量范围上限制	○	-32000 ~ 32000		○	○	○
H60	SELF CHECK	自诊信息		同 A60				
J	ADJUST	调校调零	-	菜单名	显示同 C21	○	○	○
J10	ZERO ADJ	自动调零	○	-5 ~ 110.0% * 3	显示同 C22	○	○	○
J11	ZERO DEV	手动调零	○			○	○	○
J20	EXT ZERO ADJ	外部调零许可	○	允许/禁止		○	○	○
J60	SELF CHECK	自诊信息	○	同 A60		○	○	○
K	TEST	测试	-	菜单名		○	○	○

续上表

编号	项目	说明	可否重写	备注	出厂设置	适用范围		
						F	P	L
K10	OUTPUT X%	%输出测试		-5-110.0% *3 测试时,显示“ACTIVE”		○	○	○
K60	SELF CHECK	自诊信息		同 A60		○	○	○
M	MEMO	储存	-	菜单名		○	○	○
M10	MEM01	储存区	○	8个大写字母		○	○	○
M20	MEM02	用户区	○	8个大写字母		○	○	○
M30	MEM03	用户区	○	8个大写字母		○	○	○
M40	MEM04	用户区	○	8个大写字母		○	○	○
M50	MEM05	用户区	○	8个大写字母		○	○	○
M60	SELF CHECK	自诊信息	-	同 A60		○	○	○
P	RECORD	出错记录	○	菜单名		○	○	○
P10	ERROR REC1	最近一次出错记录	○	错误显示		○	○	○
P11	ERROR REC2	最近二次出错记录	○	错误显示		○	○	○
P12	ERROR REC3	最近三次出错记录	○	错误显示		○	○	○
P13	ERROR REC4	最近四次出错记录	○	错误显示		○	○	○
P60	SELF CHECK	自诊信息	○	同 A60		○	○	○

Ⅲ型仪表同时并存了二十几年，它们为我国工业生产自动化起到了有力的促进作用。

20 世纪 80 年代以来，由于各种高新技术的飞速发展，开始引进和生产以微型计算机为核心、控制功能分散、显示操纵集中的集散型综合控制系统（DCS），从而将过程控制仪表及装置推向高级段。这一阶段世界各国的过程控制仪表及装置的生产厂家竞争激烈，纷纷推出功能繁多、系列齐全、配接灵活、扩展方便的先进控制装置（DCS）和智能自动化系统。随着微处理器芯片价格的不断下降，以致用它来构成控制一个回路的微机化控制仪表的成本和常规模拟控制仪表的价格比较接近，从而诞生了单回路可编程调节器，并进一步系列化后发展成智能式单元组合仪表（如 DDZ－S 系列仪表），它是常规单元组合仪表向微机化仪表发展的产物。为了获得较高的性能价格比，近几年国内一些厂家在权衡了仪表的性能、可靠性和价格后，研制出了 2～4 回路的可编程调节器。

二十几年来，现场变送器方面也有了突飞猛进的发展，它经历了双杠杆式、矢量机构式、微位移式（电容式、扩散硅式、电感式、振弦式）、智能式几个阶段，使过程检测的可靠性、稳定性、精度都有很大的提高，为过程控制提供了更可靠的保证。可以断定，以微处理器为基础的数字式智能仪表或装置，是过程控制仪表或装置的发展方向。

二、过程控制仪表的分类

过程控制仪表可按能源形式、信号类型和结构形式来分类。

（一）按能源形式分类

过程控制仪表按能源形式可分为气动、电动、液动等几类。工业上通常使用气动控制仪表和电动控制仪表。

气动控制仪表的发展和应用已有数十年的历史，20 世纪 40 年代起就已广泛应用于工业生产。它的特点是：结构简单、性能稳定、可靠性高、价格便宜，且在本质上是安全方便的，特别适用于石油、化工等有危险的场所。

电动控制仪表的出现要晚些，但由于其信号传输、放大、变换处理比气动仪表容易得多，又便于实现远距离监视和操纵，还易于与计算机等现代化技术工具联用，因而这类仪表的应用更为广泛。电动控制仪表的防爆问题，由于采取了安全火花防爆措施，也得到了很好的解决，它同样能应用于易燃易爆的危险场所。鉴于电动控制仪表及装置的迅速发展与大量使用，本书重点予以介绍。

（二）按信息类型分类

过程控制仪表按信息类型可分为模拟式和数字式两大类。

模拟式控制仪表的传输信号通常为连续变化的模拟量。这类仪表线路较简单、操作方便、价格较低，在中国已经经历多次升级换代，在设计、制造、使用上均有较成熟的经验。长期以来，它广泛地应用于各工业部门。

数字式控制仪表的传输信号通常为断续变化的数字量。近 20 年来，随着微电子技术、计算机技术和网络通信技术的迅速发展，数字式控制仪表和新型计算机控制装置相继问世，并越来越多地应用于生产过程自动化中。这些仪表和装置以微型计算机为核心，其功能完善，性能优越，它能解决模拟式仪表难以解决的问题，满足现代化生产过程的高质量控制要求。

（三）按结构形式分类

过程控制仪表按结构形式可分基地式控制仪表、单元组合式控制仪表、组装式综合控制装置、集散控制系统，以及现场总线控制系统。

1. 基地式控制仪表

它是以指示、记录为主体，附加控制机构而组成。它不仅能对某变量进行指示或记录，还具有控制功能。由于基地式仪表结构比较简单，价格便宜，又能一机多用，常用于单机自动化系统。我国生产的 XCT 系列控制仪表和 TA 系列电子调节器均属于基地式控制仪表。

2. 单元组合式控制仪表

它是根据控制系统中各个组成环节的不同功能和使用要求，将整套仪表划分成能独立实现某种功能的若干单元，各单元之间用统一的标准信号来联系。将这些单元进行不同的组合，可构成多种多样的、复杂程度各异的自动检测和控制系统。

我国生产的电动单元组合仪表（DDZ）和气动单元组合仪表（QDZ）经历了Ⅰ型、Ⅱ型、Ⅲ型 3 个发展阶段，以后又推出了较为先进的数字化的 DDZ-S 系列仪表。这类仪表使用灵活，通用性强，适用于中、小型企业的自动化系统。过去的数十年，单元组合仪表在实现我国中、小型企业的生产过程自动化中发挥了重要作用。

3. 组装式综合控制装置

它是在单元组合仪表的基础上发展起来的一种功能分离、结构组件化的成套仪表装置。它包括控制机柜和显示操作盘两部分，控制机柜的组件箱内插有若干功能组件板，且采用高密度安装，结构十分紧凑。工作人员利用屏幕显示、操作装置实现对生产过程的集中显示和操作。在控制箱中各组件之间的信息联系采用矩阵端子接线方式，接线工作在矩阵端子接线箱中进行。

组装式仪表以模拟器件为主，兼用了模拟技术和数字技术，可与工业控制机、程控装置、图像显示等新技术工具配合使用。适用于效率高的大型设备的自动化。随着数字仪表和集散控制系统的兴起，目前组装式仪表在工程实际中已很少使用。

4. 数字控制仪表

它是以数字计算机为核心的数字控制仪表。随着微处理器的出现，数字计算机趋于微型化，使得以计算机技术为核心的数字调节装置装入普通仪表壳内的愿望得以实现。在 20 世纪 80 年代初期，各仪表生产厂家竞相推出了以微处理器为核心部件的数字控制仪表，从而使数字计算机参与生产过程控制的规模达到了前所未有的程度。

在工业上使用较多的数字控制仪表有可编程调节器和可编程控制器。可编程调节器的外形结构、面板布置保留了模拟式仪表的一些特征，但其运算、控制功能更为丰富，通过组态可完成各种运算处理和复杂控制。可编程控制器以开关量控制为主，也可实现对模拟量的控制，并具备反馈控制功能和数据处理能力。它具有多种功能模块，配接方便。这两类控制仪表均有通信接口，可和计算机配合使用，以构成不同规模的分级控制系统。

应用数字控制仪表能够组成集散型控制系统，即可将集中一台过程控制计算机完成的任务分派给各个微型过程控制计算机，再配上数字总线以及过程控制计算机，就能够组成各种各样的、能适应于不同过程的积木式分级分布计算机控制系统。它将生产过程分成许多小系统，以专用微型计算机进行现场或设备的各种有效控制，实现了“控制分散”或“危险分散”，但整个控制系统的管理高度集中，因此称集中分散型控制系统，简称集散型控制系统(DCS)。

20 世纪 90 年代发展起来的现场总线控制系统(FCS)是新一代工业控制系统。它是计算机网络技术、通信技术、控制技术和现代仪器仪表技术的最新发展成果。现场总线的出现引起了传统控制系统结构和设备的根本性变革，它将具有数字通信能力的现场智能仪表连成网络系统，并同监控级、管理级联系起来成为全分布式的新型控制网络。

现场总线控制系统的基本特征是其结构的网络化和全分散性，系统的开放性，现场仪表的互可操作性和功能自治性，以及对环境的适应性。FCS 无论在性能上或功能上均比传统控制系统更优越，随着现场总线技术的不断完善，FCS 将越来越多地应用于工业自动化系统中，并将逐步取代传统的控制系统。

习题

2.1　利用差压式液位计测量液位时，为什么有时要进行正迁移或负迁移的矫正？

2.2　根据图 2-32 所示特性说明各直线所表示的迁移情况以及迁移量相对值为多少？(1 mm H_2O = 9.806 65 Pa)。

2.3　有一台差压变送器，其测量范围为 0 ~ 10 000 Pa，在该仪表的说明书中规定可实现的负迁移为 100%(最大迁移量 -100%)，试问该表的最大迁移量是多少？

2.4　如图 2-33 所示已知被测的最低液位到最高液位的垂直距离 H = 2 540 mm，被测液体的密度 ρ = 1.1 g/cm³，试确定变送器的压力测量范围。

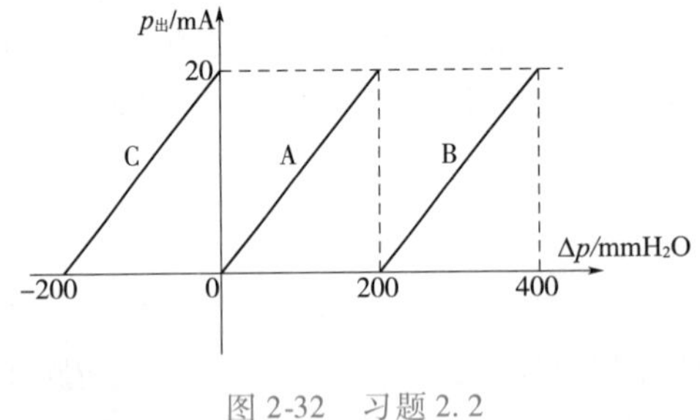

图 2-32　习题 2.2

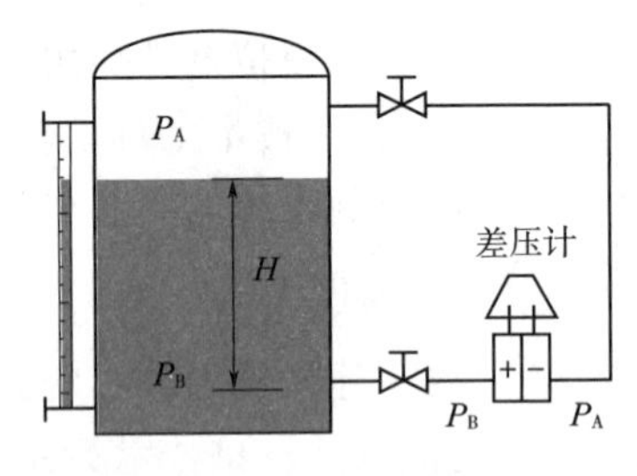

图 2-33　习题 2.4

2.5　如何对 1151 差压变送器调零、调量程？

2.6　一台安装在设备内最低液位下方的压力式液位变送器，为了测量准确，压力变送器必须进行(　　)。

A. 正迁移　　B. 负迁移　　C. 无迁移　　D. 说不清

2.7　用差压法测量容器液位时，液位的高低取决于(　　)。

A. 容器上、下两点的压力差和容器截面

B. 压力差、容器截面和介质密度

C. 压力差、介质密度和取压点位置

D. 容器截面和介质密度

2.8　图 2-34 所示是压力变送器的接线图。

(1)记录仪接收的是(　　)信号。

A. 电压　　B. 电流

C. 电阻　　D. 电容

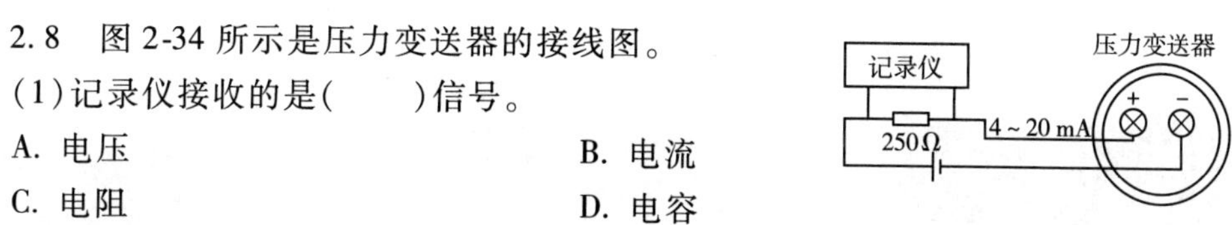

图 2-34　习题 2.8

(2)若满量程的电流为 20 mA,则压力为 25% 时的电流为(　　)。

A. 12 mA　　B. 6 mA　　C. 8 mA　　D. 20 mA

模块三 调节器使用

调节器又称控制器，是控制系统的核心，由它协调/指挥系统各部分正常工作。本模块以智能调节器为重点，介绍 PID 控制规律、典型调节器使用等内容，以期达到学习目标。

1. 会 PID 控制规律选用；
2. 会智能调节器使用。

任务 1　控制规律分析

调节器的功能可用图 3-1 来说明：先比较偏差。将测量信号 z_f 与给定信号 x 相比较，得到偏差 e；再按一定的控制规律对偏差进行运算，产生一个能使偏差至零或很小的控制值 Δu；后传送指令。将控制值 Δu 转换成标准信号（4 ~ 20 mA）传送给执行器。显然，调节器的控制规律对控制系统的品质至关重要，它实质是调节器的输入 $e(t)$ 与输出 $\Delta u(t)$ 之间的函数关系，即

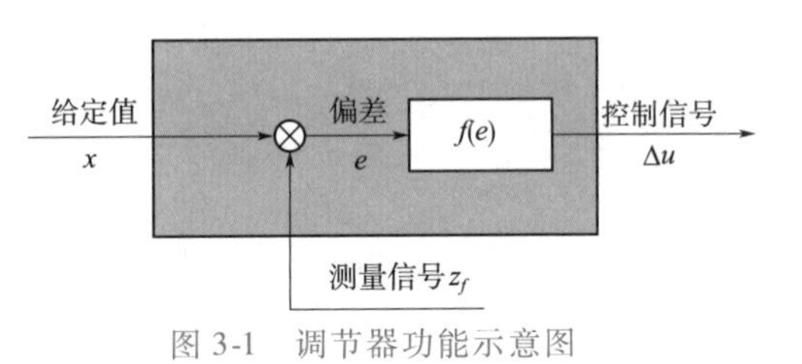

图 3-1　调节器功能示意图

$$\Delta u(t) = \pm f[e(t)] \tag{3-1}$$

在过程控制中，最基本的控制规律是位式控制和 PID 控制。

这里有两点需要说明：

①在控制值运算时，输出信号通常指的是变化量 Δu。而对输入偏差 e 来说，其初始值为零，因此 e 就是变化量。

②调节器作用有正、反之分。如 $e>0$ 时，对应的输出信号变化量 $\Delta u>0$，则为正作用；如 $e<0$ 时，对应的输出信号变化量 $\Delta u>0$，则为反作用。

一、位式控制规律

位式控制是最简单的控制规律，其典型特性如图 3-2（a）所示。当被控变量上升时，在测量值高于给定值某一数值后就有输出 u_{max}；而当被控变量下降时，在测量值低于给定值某一数值后就有输出 u_{min}。在中间区域，输出 u 保持不变。偏差 e 与输出 u 间的关系为

当 $e>A$（或 $e<A$）时，$u=u_{max}$；

当 $e<B$（或 $e>B$）时，$u=u_{min}$。

图 3-2(b)给出了具有中间区的双位控制过程，图中左边的曲线是控制器输出（例如通过电磁阀的流体流量）与时间 t 的关系；右边的曲线是被控变量（如液位）在中间区内随时间变化的曲线。当液位低于下限值时，电磁阀是开的，流体流入量大于流出的流体流量，故液位上升。当上升到上限值时，阀门关闭，流体停止流入。由于此时流体仍在流出，故液位下降，直到液位下降至下限值时，电磁阀才重新开启，液位又开始上升。因此，带中间区的双位控制过程是被控变量在它的上限值与下限值之间的等幅振荡过程。

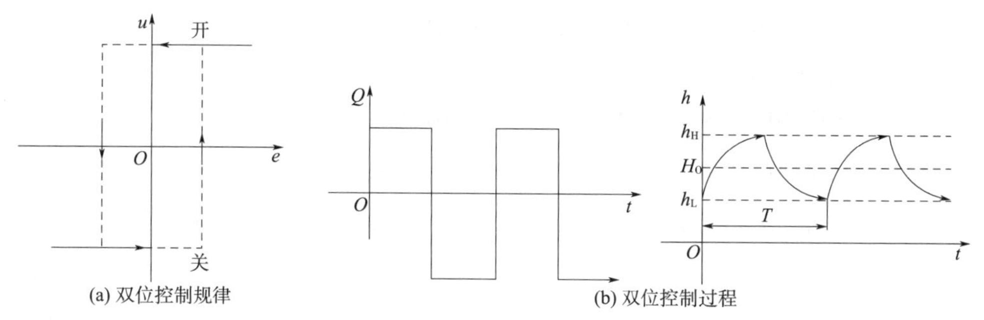

(a) 双位控制规律　(b) 双位控制过程

图 3-2　带中间区的双位控制

对于双位控制过程，一般均采用振幅与周期作为品质指标。如图 3-2(b)中振幅为(h_H-h_L)，周期为 T。如果生产工艺允许被控变量在一个较宽的范围内波动，控制器的中间区就可以适当设计得大一些，这样振荡周期就较长，可使系统中的控制元件、调节阀的动作次数减少，可动部件就不易磨损，减少维修工作量，有利于生产。对于同一个双位控制系统来说，过渡过程的振幅与周期是有矛盾的。若要求振幅小，则周期必然短；若要求周期长，则振幅必然大。然而，通过合理地选择中间区，可以使两者得到兼顾。在设计双位控制系统时，应该使振幅在允许的偏差范围内，尽可能地使周期延长。

位式控制实际有多种形式，除了上面介绍的带中间区的双位控制，还有三位控制、四位控制等，但总体而言结构简单、成本较低、易于实现，因此应用很普遍。在工业生产中，如对控制质量要求不高，且允许进行位式控制时，可采用带中间区的双位控制器构成双位控制系统。如空气压缩机贮罐的压力控制，恒温箱、电烘箱、管式加热炉的温度控制等就常采用双位控制系统。常见的双位控制器有带电触点的压力表、带电触点的水银温度计、双金属片温度计、双位指示调节仪表等，如图 3-3 所示。

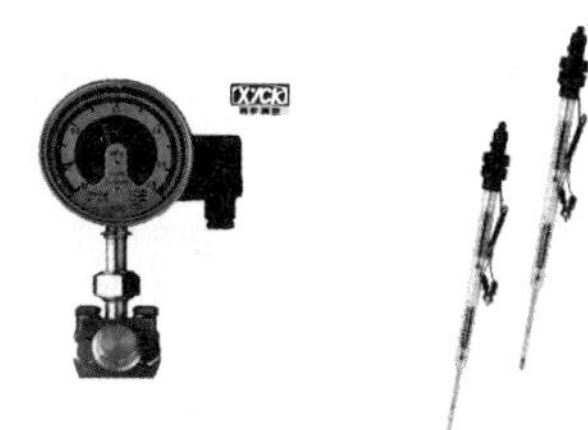

(a) 电触点压力表　(b) 电触点水银温度计　(c) 双金属片温度计　(d) 温度指示调节仪表

图 3-3　常用双位控制器外观

二、PID 控制规律

在过程控制中,PID 控制算法的应用最为广泛,其基本表达式如下

$$\Delta u = K_{\mathrm{p}}\left(e + \frac{1}{T_{\mathrm{I}}}\int_0^t e\mathrm{d}t + T_{\mathrm{D}}\frac{\mathrm{d}e}{\mathrm{d}t}\right) \tag{3-2}$$

也可用传递函数表示为

$$G(s) = \frac{\Delta U(s)}{E(s)} = K_{\mathrm{P}}\left(1 + \frac{1}{T_{\mathrm{I}}s} + T_{\mathrm{D}}s\right) \tag{3-3}$$

式中:K_{P}——调节器的比例增益;

T_{I}——调节器的积分时间,以秒或分为单位;

T_{D}——调节器的微分时间,以秒或分为单位。

式(3-2)表明,PID 控制规律由 3 部分组成:

①与 e 成比例的分量,称为比例(P)控制作用 u_{P}。

②与 e 对时间的积分 $\int_0^t e\mathrm{d}t$ 成比例的分量,称为积分(I)控制作用 u_{I}。

③与 e 对时间的导数 $\mathrm{d}e/\mathrm{d}t$ 成比例的分量,称为微分(D)控制作用 u_{D}。

(一)比例(P)控制算法

只有比例控制规律的调节器,为 P 调节器。对 PID 调节器而言,当积分时间 $T_{\mathrm{I}}\to\infty$,微分时间 $T_{\mathrm{D}}\to 0$,调节器呈 P 调节特性。P 调节器输出与输入的关系式为

$$\Delta u = K_{\mathrm{P}}e \tag{3-4}$$

或

$$G(s) = K_{\mathrm{P}} \tag{3-5}$$

由式(3-4)可以看出,比例控制器的输出变化量与输入偏差成正比,在时间上是没有延滞的。或者说,比例控制器的输出是与输入一一对应的。比例控制规律如图 3-4所示。

为了研究调节器特性,往往需要知道,在一定输入偏差信号下,调节器输出信号的变化规律。最典型的偏差信号是阶跃偏差信号,图 3-5 所示是比例控制器在阶跃偏差信号作用下的输出响应特性。

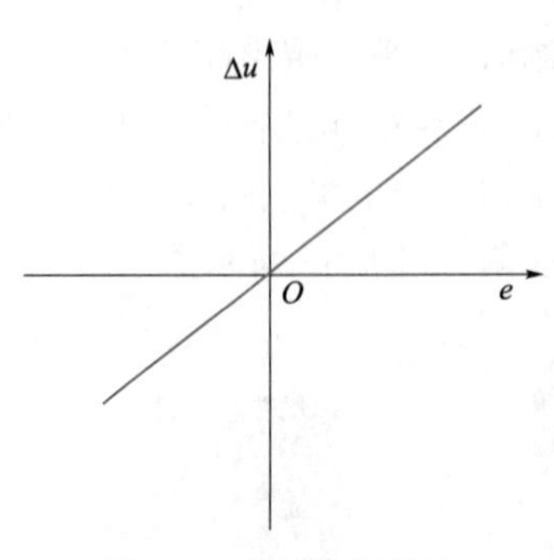

图 3-4 比例控制规律

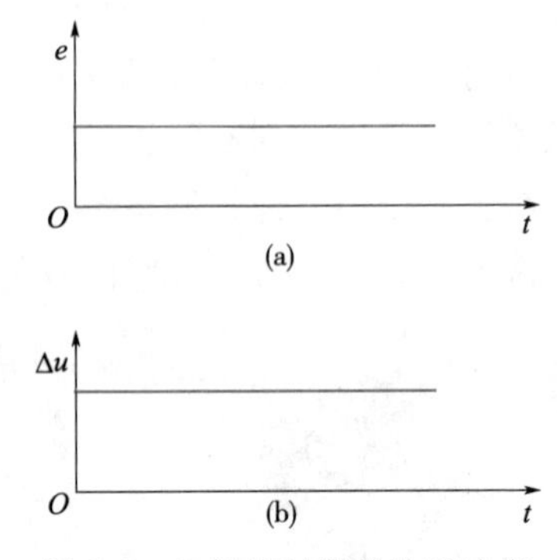

图 3-5 比例控制器的阶跃响应

1. 比例调节器特点

①作用及时迅速。由图 3-5 可知,只要有偏差存在,调节器的输出立刻与偏差成

比例的变化，因此比例调节作用及时迅速。

②作用大小可调。比例放大系数 K_P 是可调的，因此比例调节器实际上是一个放大系数可调的放大器。K_P 愈大，在同样的偏差输入时，调节器的输出愈大，比例控制作用就愈强；反之，K_P 愈小，比例控制作用就愈弱。

③系统存在余差。对于纯比例控制的系统，当被控变量受干扰影响而偏离给定值后，不可能再回到原先数值上。因为如果被控变量值和给定值之间的偏差为零，调节器的输出不会发生变化，系统也就无法保持平衡。

2. 比例度概念

比例放大系数 K_P 值的大小，可以反映比例作用的情况。但对于使用在不同情况下的比例调节器，由于输入与输出是不同的物理量，因而 K_P 的量纲是不同的。这样就不能直接根据 K_P 数值的大小来判断调节器比例作用的强弱。工业生产上所用的调节器，一般都用比例度 δ 来表示比例作用的强弱。

比例度是调节器输入的相对变化量与相应的输出变化量之比的百分数。数学表达式为

$$\delta=\frac{\dfrac{e}{(z_{max}-z_{min})}}{\dfrac{\Delta u}{u_{max}-u_{min}}}\times 100\% \tag{3-6}$$

式中：$z_{max}-z_{min}$——调节器输入的变化范围，即测量仪表的量程；

$u_{max}-u_{min}$——调节器输出的变化范围。

由式(3-6)看出，调节器的比例度 δ 可理解为：要使输出信号作全范围的变化，输入信号必须改变全量程的百分数。对式(3-6)作变换，比例度 δ 与比例放大系数 K_P 存在如下关系：

$$\delta=\frac{\dfrac{e}{(z_{max}-z_{min})}}{\dfrac{\Delta u}{u_{max}-u_{min}}}\times 100\% =\frac{\left(\dfrac{u_{max}-u_{min}}{z_{max}-z_{min}}\right)}{\dfrac{\Delta u}{e}}\times 100\% =\frac{K}{K_P}$$

即

$$\delta=\frac{K}{K_P} \tag{3-7}$$

式中：$K=\dfrac{u_{max}-u_{min}}{z_{max}-z_{min}}$。

由于 K 为常数，因此调节器的比例度 δ 与比例放大系数 K_P 成反比关系。比例度 δ 越小，则放大系数 K_P 越大，比例控制作用越强；反之，当比例度 δ 越大时，表示比例控制作用越弱。

注意：在单元组合仪表中，调节器的输入信号和输出信号都是统一的标准信号，因此常数 $K=1$。所以在单元组合仪表中，δ 与 K_P 成互为倒数关系，即

$$\delta=\frac{1}{K_P}\times 100\% \tag{3-8}$$

（二）PI 控制算法

具有比例积分运算规律的调节器为 PI 调节器。对 PID 调节器而言，当微分时间

$T_D=0$ 时，调节器呈 PI 调节特性。其表达式为

$$\Delta u = K_P\left(e+\frac{1}{T_I}\int_0^t e\mathrm{d}t\right) \tag{3-9}$$

或

$$G(s)=K_P\left(1+\frac{1}{T_I s}\right) \tag{3-10}$$

调节器的输出 Δu 可表示为比例作用的输出 Δu_P 与积分作用的输出 Δu_I 之和

$$\Delta u=\Delta u_P+\Delta u_I$$

式中：$\Delta u_P = K_P e$；$\Delta u_I = \frac{K_P}{T_I}\int_0^t e\mathrm{d}t$。

积分输出项表明，只要偏差存在，积分作用的输出就会随时间不断变化，直到偏差消除，调节器的输出才稳定下来。因此积分作用能消除余差。式(3-9)还表明，积分作用输出变化的快慢与输入偏差 e 的大小成正比，而与积分时间 T_I 成反比。T_I 愈小，积分速度愈快，积分作用就愈强。

由于积分输出是随时间积累而逐渐增大的，故调节动作缓慢，这样会造成调节不及时，使系统稳定裕度下降。因此积分作用一般不单独使用，而是与比例作用组合起来构成 PI 调节器，用于控制系统中。

对于比例积分(PI)调节器，当输入偏差是一幅值为 A 的阶跃变化时，其输出是比例和积分两部分之和，其特性如图 3-6 所示。由图可以看出，Δu 的变化开始是一阶跃变化，其值为 K_PA(比例作用)，然后随时间逐渐上升(积分作用)。比例作用是即时的、快速的，而积分作用是缓慢的、渐变的。

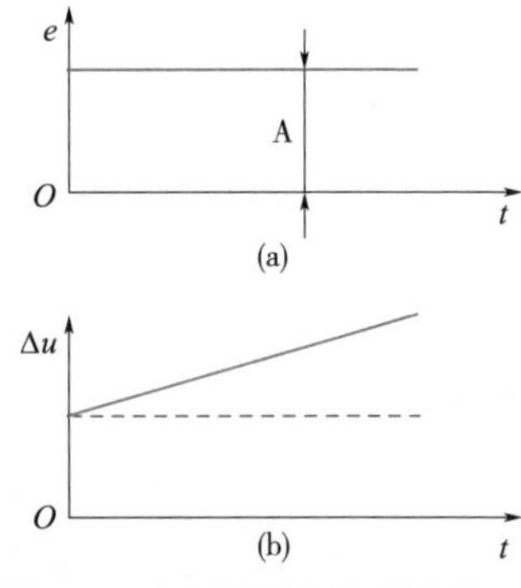

图 3-6　比例积分调节器特性

比例积分控制规律是在比例控制的基础上加上积分控制，它具有以下特点：

①既具有比例控制作用及时、快速的特点，又具有积分控制能消除余差的性能。因此是生产上常用的控制规律。

②会恶化动态品质。对于比例积分调节器而言，在比例作用基础上添加积分作用，总会使控制作用增强，再加上积分作用的滞后性，因此会造成系统的动态品质恶化——使工作频率降低，稳定性变差。所以，积分作用的引入一定要恰当，在应用章节中会重点讨论。

(三)PD 控制算法

具有比例微分控制规律的调节器为 PD 调节器。对 PID 调节器而言，当积分时间 $T_I\to\infty$ 时，调节器呈 PD 调节特性。其表达式为

$$\Delta u=K_P\left(e+T_D\frac{\mathrm{d}e}{\mathrm{d}t}\right) \tag{3-11}$$

或

$$G(s)=K_P(1+T_D s) \tag{3-12}$$

式(3-11)包括比例作用的输出和微分作用的输出两部分。微分输出的大小与偏差变化速度及微分时间 T_D 成正比。微分时间愈长，微分作用就愈强。总之，微分作用是根

据偏差变化速度进行调节的。即使 e 很小，只要出现变化趋势，就有调节作用输出，故有超前调节之称。在温度、成分等控制系统中，往往引入微分作用，以改善控制过程的动态特性，不过在偏差恒定不变时，微分作用输出为零，故微分作用也不能单独使用。

对于比例微分(PD)调节器，当输入偏差是一幅值为 A 的阶跃变化时，其输出是比例和微分两部分之和，理想比例微分调节器特性如图 3-7 所示。由图可以看出，在 e 变化的瞬间，输出 Δu 为一幅值为 ∞ 的脉冲信号，这是微分作用的结果。输出脉冲信号瞬间降至 $K_P A$ 值并保持不变，这是比例作用的结果。因此，理论上 PD 调节器控制作用迅速、无滞后，并有很强地抑制动态偏差过大的性能。

理想的比例微分控制规律缺乏抗干扰能力，如果偏差信号中含有高频干扰时，则输出会有大幅度的变化，这样容易引起执行器的误动作。因此，理想的比例微分控制规律在实际的比例微分调节器中是不存在的，实际的比例微分调节器中都要限制微分环节输出的幅度，使之具有饱和特性。

实际比例微分控制规律的传递函数为

$$G(s)=\frac{K_P(1+T_D s)}{1+\frac{T_D}{K_D}s} \tag{3-13}$$

式中：T_D——微分时间；

K_D——微分增益。

当输入偏差 e 为一幅值为 A 的阶跃信号时，其输入/输出特性曲线如图 3-8 所示。图中显示，微分作用具有饱和特性，其作用时间也拉长了，因此不仅对高频信号干扰受到了抑制，同时改善了调节器的控制质量。

实际的比例微分调节器，其比例放大系数 K_P 及微分时间 T_D 都是可以调整的。微分控制的“超前”作用，能够增加系统的稳定性，改善控制系统的品质指标。对于一些滞后较大的对象(如温度等)特别适用。但是，由于微分作用对高频信号特别敏感，因此，在噪声比较严重的系统中，采用微分作用要特别慎重。

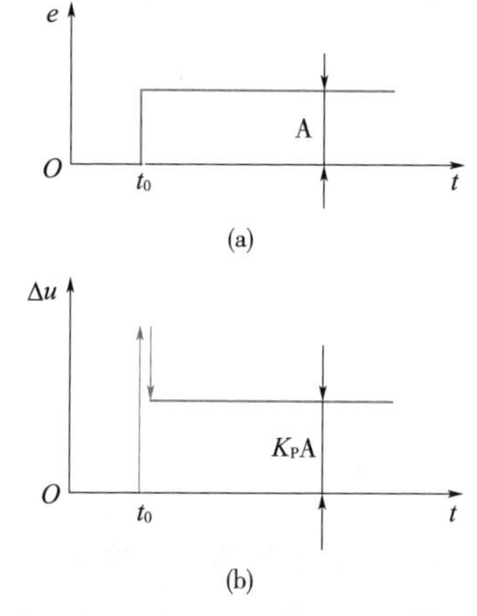

图 3-7　理想比例微分调节器特性

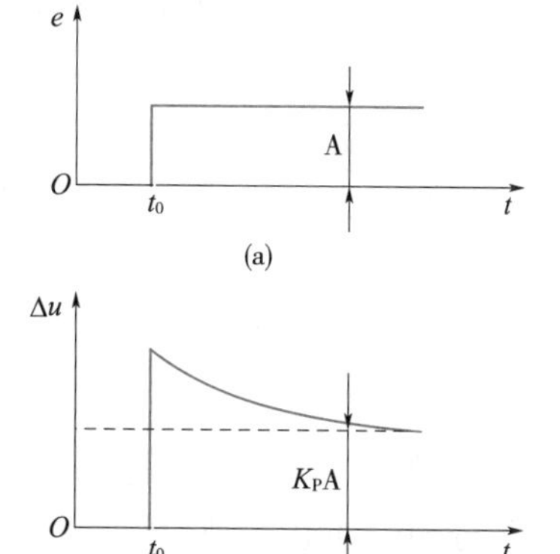

图 3-8　实际比例微分调节器特性

(四)PID 控制算法

比例积分微分控制规律(PID)的输入/输出关系可用式(3-14)表示

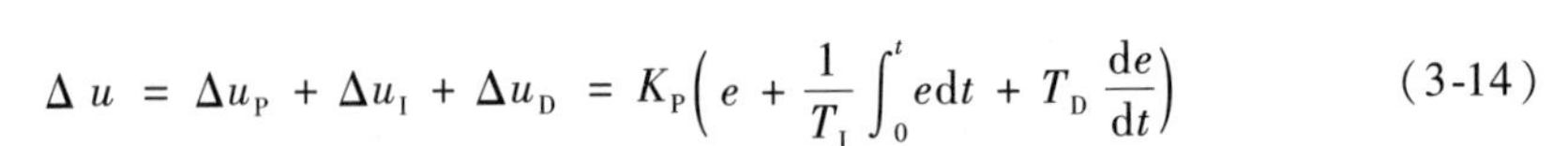

$$\Delta u = \Delta u_P + \Delta u_I + \Delta u_D = K_P\left(e + \frac{1}{T_I}\int_0^t e\mathrm{d}t + T_D\frac{\mathrm{d}e}{\mathrm{d}t}\right) \tag{3-14}$$

由式(3-14)可见，PID 控制作用的输出分别是比例、积分和微分三种控制作用的叠加。

当输入偏差 e 为一幅值为 A 的阶跃信号时，实际 PID 调节器的输出特性如图 3-9 所示。图中显示，PID 调节器在阶跃输入下，开始时微分作用的输出变化最大，使总的输出大幅度地变化，产生强烈的“超前”控制作用，这种控制作用可看成为“预调”。然后微分作用逐渐消失，积分作用的输出逐渐占主导地位，只要余差存在，积分输出就不断增加，这种控制作用可看成为“细调”，直到余差完全消失，积分作用才有可能停止。而 PID 调节器的输出中，比例作用的输出是自始至终与偏差相对应的，它一直是一种最基本的控制作用。在实际 PID 调节器中，微分环节和积分环节都具有饱和特性。

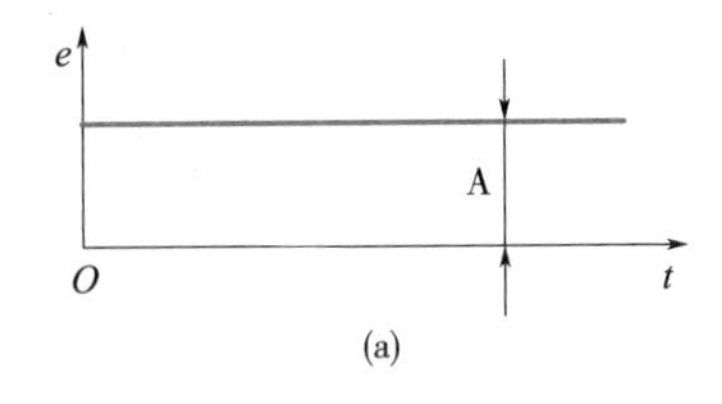

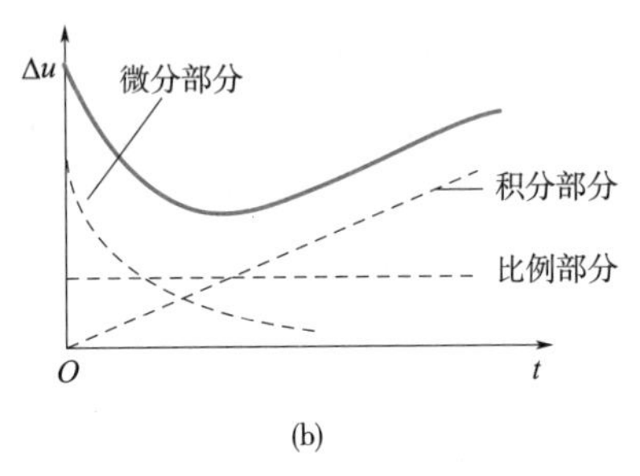

图 3-9　PID 调节器的输出特性

PID 调节器可以调整的参数是 K_P、T_I、T_D。适当选取这三个参数的数值，可以获得较好的控制质量。由于 PID 控制规律综合了比例、积分、微分三种控制规律的优点，具有较好的控制性能，因而应用范围更广，在温度和成分控制系统中得到更为广泛的应用。

表 3-1 给出了各种控制规律的特点及适用范围，以供比较选用。

任务 2　智能调节器分析

自动控制系统的结构和形式有多种，关键在于采用了不同的调节器为核心的控制仪表。以调节器为核心的过程控制仪表主要分为两大类：模拟式控制仪表和数字式控制仪表。随着计算机控制技术的普及应用，目前模拟式控制仪表已经很少使用，而在小型自动控制系统中智能调节器的应用最为广泛，它们的结构、功能、使用方法等相当类似。为此，本书以智能调节器为例，介绍调节器的结构原理及使用方法。

一、结构原理

通常，智能调节器由硬件和软件两大部分组成。

硬件部分包括主机电路、输入/输出电路、接口电路、人机对话部件和串行数据通信接口等，如图 3-10 所示。输入信号先在输入电路中进行变换、放大、整形等处理，再通过接口电路保存输入数据；然后由 CPU 对输入数据进行加工处理、计算分析等，并将运算结果存储在数据存储器。同时，可通过相关接口进行数据显示或实现数据通信等工作；而必要的参数、命令则由键盘输入，存入可读写的数据存储器中。

表 3-1　各种控制规律的特点及适用范围

控制规律	输入 e 与输出 Δu 的关系式	阶跃作用下的响应（阶跃幅值为 A）	优　缺　点	适　用　场　合
位式	$\Delta u = u_{max}(e>0)$ $\Delta u = u_{min}(e<0)$		结构简单，价格便宜；控制质量不高，被控变量会振荡	对象容量大，负荷变化小，控制质量要求不高，允许等幅振荡
比例 （P）	$\Delta u = K_P e$	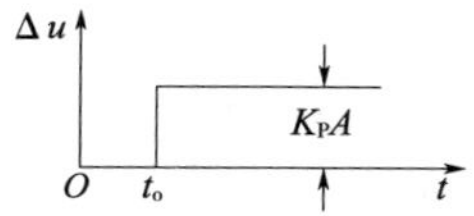	结构简单，控制及时，参数整定方便；控制结果有余差	对象容量大，负荷变化不大、纯滞后小，允许有余差存在，常用于塔釜液位、贮槽液位、冷凝液位和次要的蒸汽压力等控制系统
比例积分 （PI）	$\Delta u = K_P\left(e + \frac{1}{T_I}\int e\mathrm{d}t\right)$	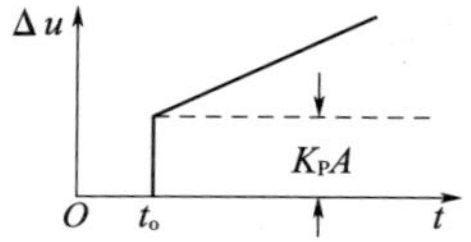	能消除余差；积分作用控制慢，会使系统稳定性变差	对象滞后较大，负荷变化较大，但变化缓慢，要求控制结果无余差。广泛用于压力、流量、液位和那些没有大的时间滞后的具体对象
比例微分 （PD）	$\Delta u = K_P\left(e + T_D\frac{\mathrm{d}e}{\mathrm{d}t}\right)$	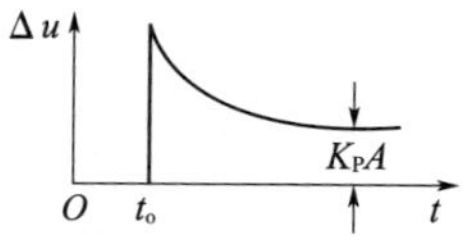	响应快、偏差小、能增加系统稳定性，有超前控制作用，可以克服对象的惯性；但控制作用差	对象滞后大，负荷变化不大，被控变量变化不频繁，控制结果允许有余差存在
比例积分微分 （PID）	$\Delta u = K_P\left(e + \frac{1}{T_I}\int e\mathrm{d}t + T_D\frac{\mathrm{d}e}{\mathrm{d}t}\right)$	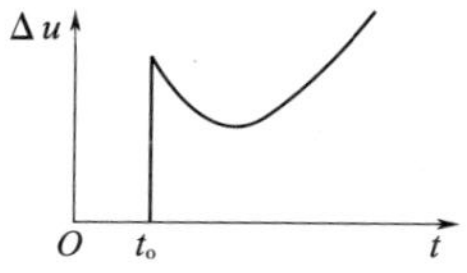	控制质量最高，无余差；但参数整定较麻烦	对象滞后大，负荷变化较大，但不是很频繁；对控制质量要求高。常用于精馏塔、反应器、加热炉等温度控制系统及某些成分控制系统

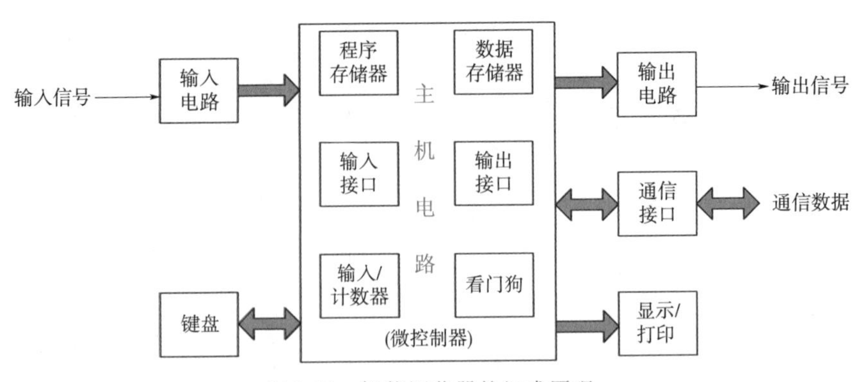

图 3-10　智能调节器的组成原理

智能调节器的整体工作是在软件控制下进行的,其软件通常有监控程序、中断程序以及实现各种算法的功能模块。监控程序是仪表软件的核心,它接受和分析各种命令,管理和协调全部程序的执行;中断程序是在人机对话部件或其他外围设备提出中断申请,并为主机响应后直接转去执行的程序,以便及时完成实时处理任务;功能模块用来实现仪表的数据处理和控制功能,包括各种测量算法(如数字滤波、标度变换、非线性校正等)和控制算法(PID 控制、模糊控制、智能控制等)。系统程序的基本组成如图 3-11 所示。

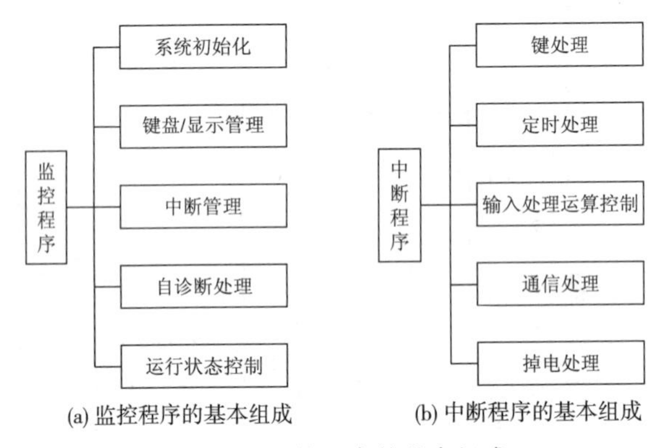

图 3-11　系统程序的基本组成

智能调节器的工作流程如图 3-12 所示。启动后,首先执行初始化程序,此时调节器的输入/输出接口与显示器等都处于初始工作状态。当中断产生时,调节器停止执行主程序,转向执行中断程序。中断时间即调节器的运行周期,都可设置,一般为 200 ms至几分钟。执行中断时先进行输入处理,然后按组态要求进行运算和控制处理,并从输出接口输出,最后进行中断返回。调节器继续执行主程序,这时先对键扫描及进行有关的键处理,然后进入显示子程序、自诊断子程序及通信程序,最后返回,继续执行调节器主程序。当中断信号再次产生时,主程序又被中断,再次执行中断程序,如此周而复始地运行。

注意:不同的调节器其软件结构和功能有所不同,不能生搬硬套。

二、典型仪表

智能调节仪表种类众多,但结构、功能、操作等大致类似。在此,以福建宇光的

《AI 人工智能工业调节器使用说明书》为例，讨论调节器的基本使用。其中 AI 智能调节器如图 3-13 所示。

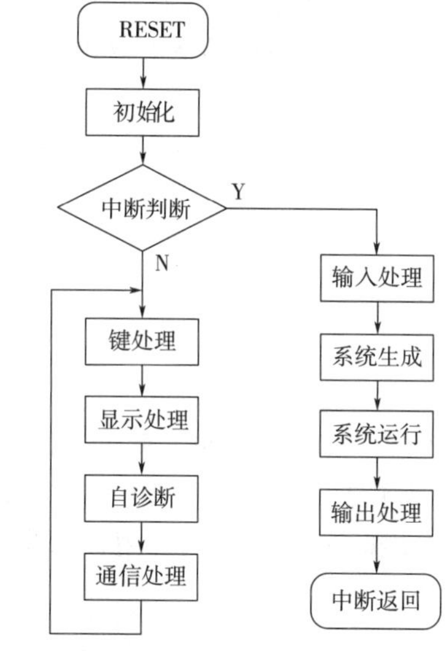

图 3-12　智能调节器的工作流程

图 3-13　AI 智能调节器

AI 系列仪表硬件采用了先进的模块化设计。基本型仪表最多允许安装 4 个模块，使用增强型侧板后，则最多可安装 5 个模块，模块种类多达十几种，部分模块还具有两种功能，并可为特殊要求的用户快速定制特殊功能的模块。仪表的输入方式可自由设置为热电偶、热电阻和线性电压（电流），输出及辅助功能采用模块，模块可以与仪表分别购买，自由组合。

一、主要特点

①输入采用数字校正系统，内置常用热电偶和热电阻非线性校正表格，测量精度高达 0.2 级。

②采用先进的 AI 人工智能调节算法，无超调，具备自整定（AT）功能。

③采用先进的模块化结构，提供丰富的输出规格，能广泛满足各种应用场合的需要，交货迅速且维护方便。

④人性化设计的操作方法，易学易用。

⑤全球通用的 100 ~ 240 V（AC）输入范围开关电源或 24 V（DC）电源供电，并具备多种外形尺寸供客户选择。

二、注意事项

①本说明介绍的是 V6.0 的 AI 系列人工智能工业调节器/温度控制器。本说明

书介绍的功能有部分可能不适合其他版本仪表。仪表的型号及软件版本号在仪表上电时会在显示器上显示出来,用户使用时应注意不同型号和版本仪表之间的区别。务请用户仔细阅读本说明书,以正确使用及充分发挥本仪表的功能。

②AI 仪表在使用前应对输入、输出规格及功能要求来正确设置参数,只有配置好参数的仪表才能投入使用。

③对于使用 V5. X 或更早版本的老客户,请注意 CtrL 和 oP1 参数含义发生的变化。

三、技术规格

①输入规格(一台仪表即可兼容)。

热电偶:K、S、R、E、J、T、B、N;

热电阻:Cu50、Pt100;

线性电压:0 ~ 5 V、1 ~ 5 V、0 ~ 1 V、0 ~ 100 mV、0 ~ 20 mV 等;

线性电流(需外接分流电阻):0 ~ 10 mA、0 ~ 20 mA、4 ~ 20 mA 等;

扩充规格:在保留上述输入规格基础上,允许用户指定一种额外输入规格(可能需要提供分度表)。

②测量范围。

K (-50 ~ 1 300) ℃、S (-50 ~ 1 700) ℃、R (-50 ~ 1 650) ℃、T (-200 ~ 350) ℃

E(0 ~ 800) ℃、J (0 ~ 1 000) ℃、B (0 ~ 1 800) ℃、N (0 ~ 1 300) ℃;

Cu50 (-50 ~ 150) ℃、Pt100 (-200 ~ 600) ℃;

线性输入: -1 999 ~ +9 999 由用户定义。

③测量精度

0. 2 级(热电阻、线性电压、线性电流及热电偶输入且采用铜电阻补偿或冰点补偿冷端时);

0. 2% FS ±2. 0 ℃(热电偶输入且采用仪表内部元件测温补偿冷端时);

0. 5 级(仅 AI -708T 型)。

④响应时间: <0. 5 s,(设置数字滤波参数 dL =0 时)。

注:仪表对 B 分度号热电偶在 0 ~ 600 ℃范围时可进行测量,但测量精度无法达到 0. 2 级,在 600 ~ 1 800 ℃范围可保证 0. 2 级测量精度。

⑤调节方式。

位式调节方式(回差可调);

AI 人工智能调节,包含模块逻辑 PID 调节及参数自整定功能的先进控制算法(708J 除外)。

⑥输出规格(模块化)。

继电器触点开关输出(常开 + 常闭):264 V(AC)/1 A 或 30 V(DC)/1 A;

晶闸管无触点开关输出(常开或常闭):85 ~ 264 V(AC)/0. 2 A(持续),2 A(20 ms瞬时,重复周期大于 5 s);

SSR 电压输出:12 V(DC)/30 mA(用于驱动 SSR 固态继电器);

晶闸管触发输出:可触发 5 ~ 500 A 的双向晶闸管、2 个单向晶闸管并联连接或晶闸管功率模块;

线性电流输出:0 ~ 10 mA 或 4 ~ 20 mA 可定义(输出电压 >11V)。

⑦报警功能:上限、下限、正偏差、负偏差等 4 种方式。

⑧报警输出:2 路模块化输出。

⑨手动功能:自动/手动双向无扰动切换(仅 AI-808 系列具备此功能)。

⑩电源:85 ~ 264 V(AC)/50 ~ 60 Hz。

⑪电源消耗: <5 W。

⑫环境温度:0 ~ 50 ℃。

⑬面板尺寸:96 × 96 mm、160 × 80 mm、80 × 160 mm、48 × 96 mm、96 × 48 mm 可选。

⑭开口尺寸:92 × 92 mm、152 × 76 mm、76 × 152 mm、45 × 92 mm、92 × 45 mm 可选。

四、仪表接线

仪表端子图如图 3-14 所示。

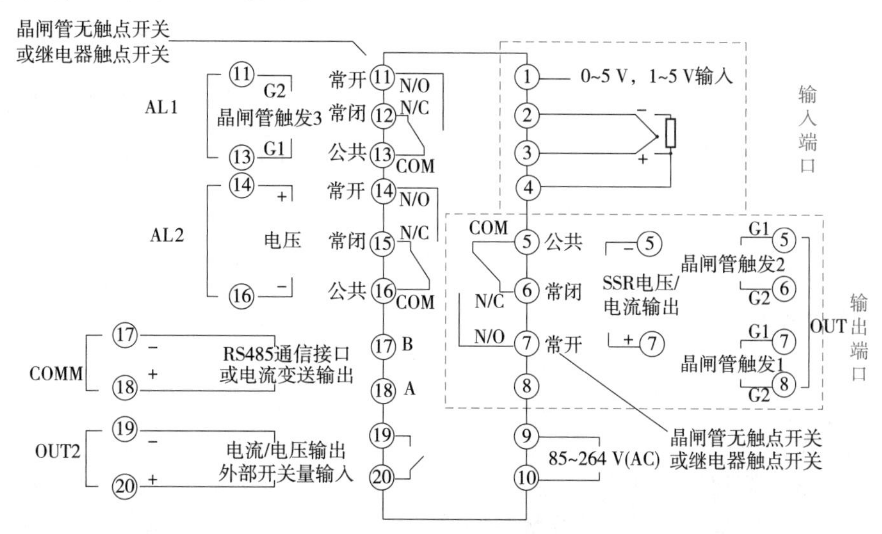

注：线性电压量程在1 V以下的由3、2端输入，0~5 V及1~5 V的信号由1、2端输入。4~20 mA线性电流输入可分别用250 Ω或50 Ω电阻变为1~5 V或0.2~1 V电压信号，然后从1、2端或3、2端输入。

图 3-14　仪表端子图

五、面板说明及操作说明

(一)面板说明

仪表面板如图 3-15 所示。

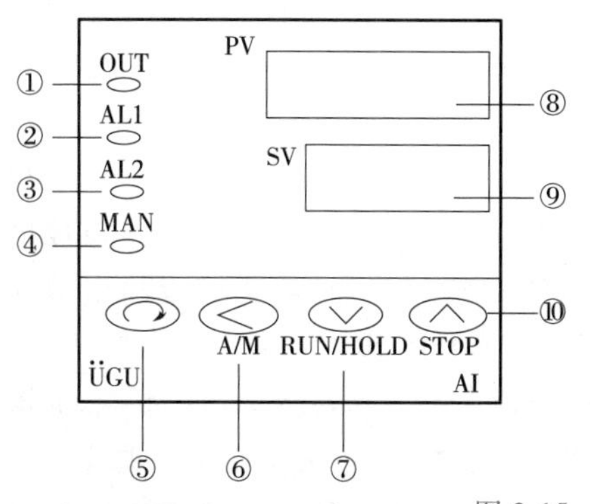

①—输出指示灯

②—报警1指示灯

③—报警2指示灯

④—手动调节指示灯

⑤—显示转换(兼参数设置进入)

⑥—数据移位(兼手动/自动切换及程序设置进入)

⑦—数据减少键(兼程序运行/暂停操作)

⑧—数据增加键(兼程序停止操作)

⑨—给定值显示窗

⑩—测量值显示窗

图 3-15　仪表面板

（二）显示状态

仪表操作方法示意图如图 3-16 所示。

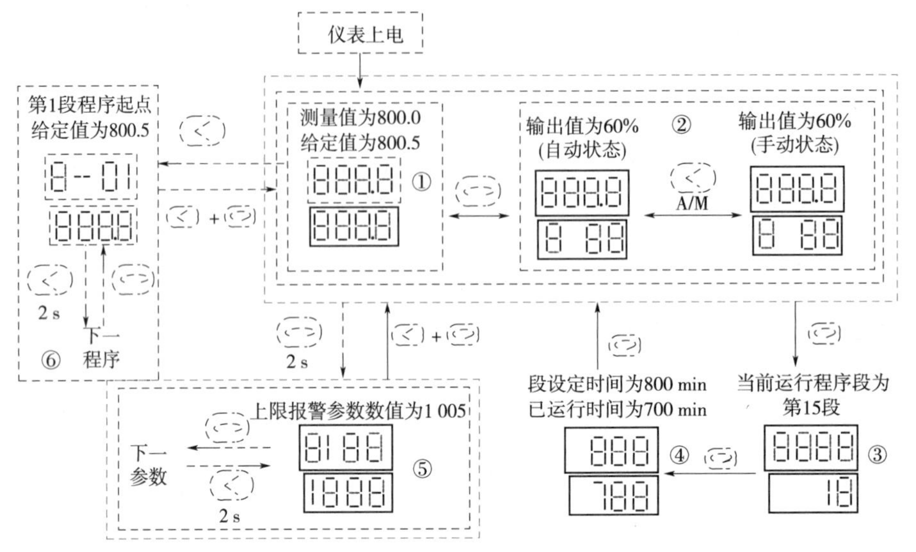

图 3-16　仪表操作方法示意图

注意：不是所有型号仪表都有图 3-14 中描述的显示状态，依据功能不同，AI-708 只有①、⑤两种状态，AI-808 有①、②、⑤三种显示状态，AI-708P 有①、③、④、⑤、⑥五种状态，而 AI-808P 则具备以上所有显示状态。

仪表上电后，将进入显示状态①，此时仪表上显示窗口显示测量值（PV），下显示窗口显示给定值（SV）。对于 AI-808/808P 型仪表，按Ⓠ键可切换到显示状态②，此时下显示窗显示输出值。状态①、②同为仪表的基本状态，在基本状态下，SV 窗口能用交替显示的字符来表示系统某些状态，如下：

闪动显示“orAL”：表示输入的测量信号超出量程（因传感器规格设置错误、输入断线或短路均可能引起）。此时仪表将自动停止控制，并将输出设置为 0。

闪动显示 HIAL、LoAL、dHAL 或 dLAL：分别表示发生了上限报警、下限报警、正偏差报警和负偏差报警。报警闪动的功能是可以关闭的（参见表 3-2 中 CF 参数的设置），将报警作为控制时，可关闭报警字符闪动功能以避免过多的闪动。

（三）基本使用操作

显示切换：按Ⓠ键可以切换不同的显示状态。AI-808 可在①、②两种状态下切换，AI-708P 可在①、③、④3 种状态下切换，AI-808P 可在①、②、③、④4 种状态下切换，AI-708 只有显示状态①，无须切换。

修改数据：如果参数锁没有锁上，仪表下显示窗口显示的数值除 AI-808/808P 的自动输出值及 AI-708P/808P 的已运行时间和给定值不可直接修改外，其余数据均可通过按◁、▽或△键来修改下显示窗口显示的数值。例如：需要设置给定值时（AI-708/808 型），可将仪表切换到显示状态①，即可通过按◁、▽或△键来修改给定值。AI 仪表同时具备数据快速增减法和小数点移位法。按▽键减小数据，按△键增加数据，可修改数值位的小数点同时闪动（如同光标）。按键并保持不放，可以快速地增加/减少数值，并且速度会随小数点右移自动加快（3 级速度）。而按◁键则可直接移动修改数据的位置(光标),操作快捷。

设置参数:在基本状态(显示状态①或②)下按◎键并保持约 2 s,即进入参数设置状态(显示状态⑤)。在参数设置状态下按◎键,仪表将依次显示各参数,例如上限报警值 HIAL、参数锁 Loc 等等,对于配置好并锁上参数锁的仪表,只出现操作工需要用到的参数(现场参数)。用◁、▽、△等键可修改参数值。按◁键并保持不放,可返回显示上一参数。先按◁键不放接着再按◎键可退出设置参数状态。如果没有按键操作,约 30 s 后会自动退出设置参数状态。如果参数被锁上,则只能显示被 EP 参数定义的现场参数(可由用户定义的、工作现场经常需要使用的参数及程序),而无法看到其他的参数。不过,至少能看到 Loc 参数显示出来。

六、参数表及功能

AI 系列仪表通过参数来定义仪表的输入、输出、报警、通信及控制方式。表 3-2 为参数功能表。

表 3-2 参数功能表

参数代号	参数含义	说明	设置范围
HIAL	上限报警	测量值大于 HIAL + dF 值时仪表将产生上限报警。测量值小于 HIAL-dF 值时,仪表将解除上限报警。设置 HIAL 到其最大值(9 999)可避免产生报警作用。 每种报警可自由定义为控制报警 1(AL1)、报警 2(AL2)或辅助输出(OUT2)动作(参见后文参数 ALP 的说明)	-1 999 ~ 9 999 ℃ 或 1 定义单位
LoAL	下限报警	当测量值小于 LoAL - dF 时产生下限报警,当测量值大于 LoAL + dF 时下限报警解除。设置 LoAL 到其最小值(-1 999)可避免产生报警作用	-1 999 ~ 9 999 ℃ 或 1 定义单位
dHAL	正偏差报警	采用 AI 人工智能调节时,当偏差(测量值 PV 减给定值 SV)大于 dHAL + dF 时产生正偏差报警。当偏差小于 dHAL - dF 时正偏差报警解除。设置 dHAL = 9 999(温度时为 999.9 ℃)时,正偏差报警功能被取消。 采用位式调节时,则 dHAL 和 dLAL 分别作为第二个上限和下限绝对值报警	0 ~ 999.9 ℃或 0 ~ 9 999 定义单位
dLAL	负偏差报警	采用 AI 人工智能调节时,当偏差(给定值 SV 减测量值 PV)大于 dLAL + dF 时产生负偏差报警。当偏差小于 dLAL - dF 时负偏差报警解除。设置 dLAL = 9 999(温度时为 999.9 ℃)时,负偏差报警功能被取消	0 ~ 999.9 ℃或 0 ~ 9 999 定义单位
CtrL	控制方式	CtrL = 0,采用位式调节(ON - OFF),只适合要求不高的场合进行控制时采用。 CtrL = 1,采用 AI 人工智能调节/PID 调节,该设置下,允许从面板启动执行自整定功能。 CtrL = 2,启动自整定参数功能,自整定结束后会自动设置为 3 或 4。 CtrL = 3,采用 AI 人工智能调节,自整定结束后,仪表自动进入该设置,该设置下不允许从面板启动自整定参数功能。以防止误操作重复启动自整定。	0 ~ 5

续　表

<table>
<tr><th>参数代号</th><th>参数含义</th><th>说　　明</th><th>设置范围</th></tr>
<tr><td>CtrL</td><td>控制方式</td><td>CtrL = 4，该方式下与 CtrL = 3 时基本相同，但其 P 参数定义为原来的 10 倍，即在 CtrL = 3 时，P = 5，则 CtrL = 4 时，设置 P = 50 时二者有相同的控制结果。在对极快速变化的温度（每秒变化 200 ℃ 以上），或快速变化的压力、流量的控制，还有变频调速器控制水压等控制场合，在 CtrL = 1 和 CtrL = 3 时，其 P 值很小，有时甚至要小于 1 才能满足控制需要，此时如果设置 CtrL = 4，则可将 P 参数放大 10 倍，获得更精细的控制。
CtrL = 5（仅适用 AI-808），仪表将测量值直接作为输出值输出，可作为手动操作器或伺服放大器使用</td><td>0 ~ 5</td></tr>
<tr><td>Sn</td><td>输入规格</td><td>Sn 用于选择输入规格，其数值对应的输入规格如下（括号内为 AI-708T 输入）：
<table>
<tr><th>Sn</th><th>输入规格</th><th>Sn</th><th>输入规格</th></tr>
<tr><td>0</td><td>K</td><td>1</td><td>S</td></tr>
<tr><td>2</td><td>R</td><td>3</td><td>T</td></tr>
<tr><td>4</td><td>E</td><td>5</td><td>J</td></tr>
<tr><td>6</td><td>B</td><td>7</td><td>N</td></tr>
<tr><td>8 ~ 9</td><td>备用</td><td>10</td><td>用户指定的扩充输入规格</td></tr>
<tr><td>11 ~ 19</td><td>备用</td><td>20</td><td>Cu50</td></tr>
<tr><td>21</td><td>Pt100</td><td>22 ~ 25</td><td>备用</td></tr>
<tr><td>26</td><td>0 ~ 80 Ω 电阻输入</td><td>27</td><td>0 ~ 400 Ω 电阻输入</td></tr>
<tr><td>28</td><td>0 ~ 20 mV 电压输入</td><td>29</td><td>0 ~ 100 mV 电压输入</td></tr>
<tr><td>30</td><td>0 ~ 60 mV 电压输入</td><td>31</td><td>0 ~ 1 V（0 ~ 500 mV）</td></tr>
<tr><td>32</td><td>0.2 ~ 1 V（100 ~ 500 mV）</td><td>33</td><td>1 ~ 5 V 电压输入</td></tr>
<tr><td>34</td><td>0 ~ 5 V 电压输入</td><td>35</td><td>- 20 ~ 20 mV（0 ~ 10 V）</td></tr>
<tr><td>36</td><td>- 100 ~ 100 mV（2 ~ 10 V）</td><td>37</td><td>- 5 ~ 5 V（0 ~ 50 V）</td></tr>
</table>
Sn = 10 时，采用外部分度扩展。用户如需要以上输入规格外的其他分度号，如使用 WRe325、WRe526、WRe520、BA1、BA2、G、F2、开方 0 ~ 5 V、1 ~ 5 V 等规格输入，需特殊定货并将 Sn 设置为 10</td><td>0 ~ 37</td></tr>
<tr><td>dIP</td><td>小数点位置</td><td>线性输入时：定义小数点位置，以配合用户习惯的显示数值。
dIP = 0，显示格式为 0000，不显示小数点。
dIP = 1，显示格式为 000.0，小数点在十位。
dIP = 2，显示格式为 00.00，小数点在百位。
dIP = 3，显示格式为 0.000，小数点在千位。
采用热电偶或热电阻输入时：此时 dIP 选择温度显示的分辨率。
dIP = 0，温度显示分辨率为 1 ℃（内部仍维持 0.1 ℃ 分辨率用于控制运算）。
dIP = 1，温度显示分辨率为 0.1 ℃（1000 ℃ 以上自动转为 1 ℃ 分辨率）。
改变小数点位置参数的设置只影响显示，对测量精度及控制精度均不产生影响</td><td>0 ~ 3</td></tr>
</table>

续 表

参数代号	参数含义	说　明	设置范围
dIL	输入下限显示值	用于定义线性输入信号下限刻度值，对外给定、变送输出、光柱显示均有效。 例如在一个采用压力变送器将压力（也可是温度、流量、湿度等其他物理量）变换为标准的 1～5 V 信号输入（4～20 mA 信号可外接 250 Ω 电阻予以变换）中。对于 1 V 信号压力为 0，5 V 信号压力为 1 MPa，希望仪表显示分辨率为 0.001 MPa。则参数设置如下： Sn＝33（选择 1～5 V 线性电压输入） dIP＝3（小数点位置设置，采用 0.000 格式） dIL＝0.000（确定输入下限 1 V 时压力显示值） dIH＝1.000（确定输入上限 5 V 时压力显示值）	－1 999～9 999 ℃或 1 定义单位
dIH	输入上限显示值	用于定义线性输入信号上限刻度值，与 dIL 配合使用	－1 999～9 999 ℃或 1 定义单位
Sc	主输入平移修正	Sc 参数用于对输入进行平移修正。以补偿传感器或输入信号本身的误差，对于热电偶信号而言，当仪表冷端自动补偿存在误差时，也可利用 Sc 参数进行修正。例如：假定输入信号保持不变，Sc 设置为 0.0 ℃时，仪表测定温度为 500.0 ℃，则当仪表 Sc 设置为 10.0 时，则仪表显示测定温度为 510.0 ℃。 仪表出厂时都进行过内部校正，所以 Sc 参数出厂时数值均为 0。该参数仅当用户认为测量需要重新校正时才进行调整	－1 999～40 000.1 ℃或 1 定义单位
oP1	输出方式	oP1 表示主输出信号的方式，主输出上安装的模块类型应该相一致。 oP1＝0，主输出为时间比例输出方式（用 AI 人工智能调节）或位式方式（用位式调节），当主模块上安装 SSR 电压输出、继电器触点开关输出、过零方式晶闸管触发输出或晶闸管无触点开关输出等模块时，应用此方式。 oP1＝1，0～10 mA 线性电流输出，主输出模块上安装线性电流输出模块。 oP1＝2，0～20 mA 线性电流输出，主输出模块上安装线性电流输出模块。 oP1＝3，三相过零触发晶闸管（时间比例），报警 1 也作为输出（报警 1 不再用于报警）。在主输出安装 K2 模块，报警 1 安装 K1 模块，可提供三路晶闸管触发输出信号。 oP1＝4，4～20 mA 线性电流输出，主输出模块上安装线性电流输出模块。 oP1＝5～7（只适合 AI－808/808P），位置比例输出，用于直接驱动阀门电机正、反转。 oP1＝8～11（只适合有扩充软件功能的仪表，电源频率需为 50 Hz），8、9 分别为移相触发单相/三相输出，须安装 K3/K4 等晶闸管移相触发输出模块	0～11

续　表

参数代号	参数含义	说　明	设置范围
oPL	输出下限	通常用来限制调节输出最小值。当设置了分段功率限制功能时(参见CF参数设置),作为测量值低于下限报警时的输出上限。如果选购了双向调节输出软件,当设置 oPL < 0 时,则仪表成为双向输出系统,表示冷输出最大限制	0 ~ 110%
oPH	输出上限	限制调节输出最大值	0 ~ 110%
ALP	报警输出定义	ALP参数用于定义HIAL、LoAL、dHAL、dLAL等4种报警功能的输出位置,它由以下公式定义其功能: ALP = A × 1 + B × 2 + C × 4 + D × 8 + E × 16 + F × 32 A = 0 时,上限报警由 AL1 输出;A = 1 时,上限报警由 AL2 输出。 B = 0 时,下限报警由 AL1 输出;B = 1 时,下限报警由 AL2 输出。 C = 0 时,正偏差报警由 AL1 输出;C = 1 时,正偏差报警由 AL2 或 OUT2 输出。 D = 0 时,负偏差报警由 AL1 输出;D = 1 时,负偏差报警由 AL2 或 OUT2 输出。 E = 0 时,报警时在下显示器交替显示报警符合,如 HIAL、LoAL 等,能迅速了解仪表报警原因;E = 1 时,报警时在下显示器不交替显示报警符合,一般用于将报警作为控制的场合。 F = 0 时,当 C = 1 、D = 1 时,正、负偏差报警由 AL2 输出;F = 1 时,当 C = 1 、D = 1 时,正、负偏差报警由 OUT2 输出	0 ~ 63
CF	系统功能选择	CF参数用于选择部分系统功能: CF = A × 1 + B × 2 + C × 4 + D × 8 + E × 16 + F × 32 + G × 64 A = 0,为反作用调节方式,输入增大时,输出趋向减小,如加热控制。 A = 1,为正作用调节方式,输入增大时,输出趋向增大,如致冷控制。 B = 0 时,仪表报警无上电/给定值修改免除报警功能;B = 1,仪表有上电/给定值修改免除报警功能。 C = 0,仪表辅助功能模块按通信接口方式工作;C = 1,仪表辅助功能模块按线性电流变送输出方式工作。 D = 0,不允许外部给定;D = 1,允许外部给定(仅适用 AI-808/808P 型)。 E = 0,无分段功率限制功能; E = 1,有分段功率限制功能。 F = 0,仪表光柱指示输出值;F = 1,仪表光柱指示测量值(仅带光柱的仪表)。 G = 0,仪表工作为 AI-808P 模式;G = 1,仪表工作为 AI-708P 模式(仅适用于 AI-808P)。 例子:要求仪表为反作用调节,有上电免除报警功能,仪表辅助功能模块为通信接口,不允许外部给定,无分段功率限制功能,无光柱,则可得:A = 0,B = 1,C = 0,D = 0,E = 0,F = 0,G = 0。CF参数值应设置如下: CF = 0 × 1 + 1 × 2 + 0 × 4 + 0 × 8 + 0 × 16 + 0 × 32 + 0 × 64 = 2	0 ~ 127

续　表

参数代号	参数含义	说　明	设置范围
Addr	通信地址	当仪表辅助功能模块用于通信时(安装 RS485 通信接口,参见 CF 参数设置),Addr 参数用于定义仪表通信地址,有效范围是 0 - 100。在同一条通信线路上的仪表应分别设置一个不同的 Addr 值以便相互区别。 当仪表辅助功能模块用于测量值变送输出时(安装 X 线性电流输出模块),Addr 及 bAud 定义对应测量值变送输出的线性电流大小,其中 Addr 表示输出下限,bAud 表示输出上限。单位是 0.1 mA。例如:定义 4 ~ 20 mA 的变送输出电流功能定义为:Addr = 40,bAud = 200	0 ~ 100
bAud	通信波特率	当仪表辅助功能模块用于通信时,Baud 参数定义通信波特率,可定义范围是 300 ~ 19 200 bit/s(19.2 K)。 当仪表辅助功能模块用于测量值变送输出时,bAud 用于定义变送输出电流上限	0 ~ 19.2 K
dL	输入数字滤波	AI 仪表内部具有一个取中间值滤波和一个一阶积分数字滤波系统,取值滤波为 3 个连续值取中间值,积分滤波和电子线路中的阻容积分滤波效果相当。当因输入干扰而导致数字滤波出现跳动时,可采用数字滤波将其平滑。dL 设置范围是 0 ~ 20,0 没有任何滤波,1 只有取中间值滤波,2 ~ 20 同时有取中间值滤波和积分滤波。dL 越大,测量值越稳定,但响应也越慢。一般在测量受到较大干扰时,可逐步增大 dL 值,调整使测量值瞬间跳动小于 2 ~ 5 个字。在实验室对仪表进行计量检定时,则应将 dL 设置为 0 或 1 以提高响应速度	0 ~ 20

任务 3　应用分析——AI 仪表的控制案例

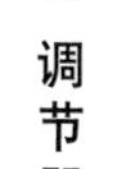

AI 仪表的功能较强、使用方便,它能适应多种规格的输入与输出信号,可满足大多数工业控制的需要。同时,它与相关仪表组合,能组成较为复杂的控制系统。在此举几个 AI 仪表的控制案例以供大家参考。

一、简单液位控制系统

图 3-17 是一液位定值控制系统原理图,液位采用差压法测量,执行器采用电动调节阀。现采用宇光 AI-808 智能调节器组成控制系统,则其系统接线图如图 3-18 所示。

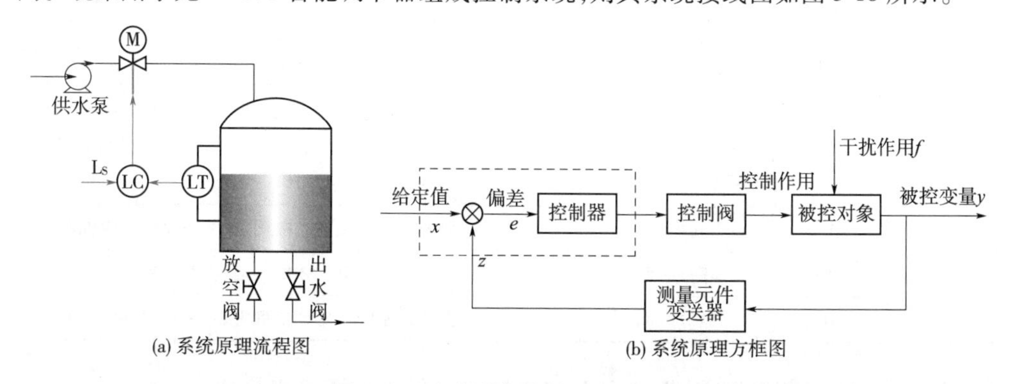

图 3-17　液位定值控制系统原理图

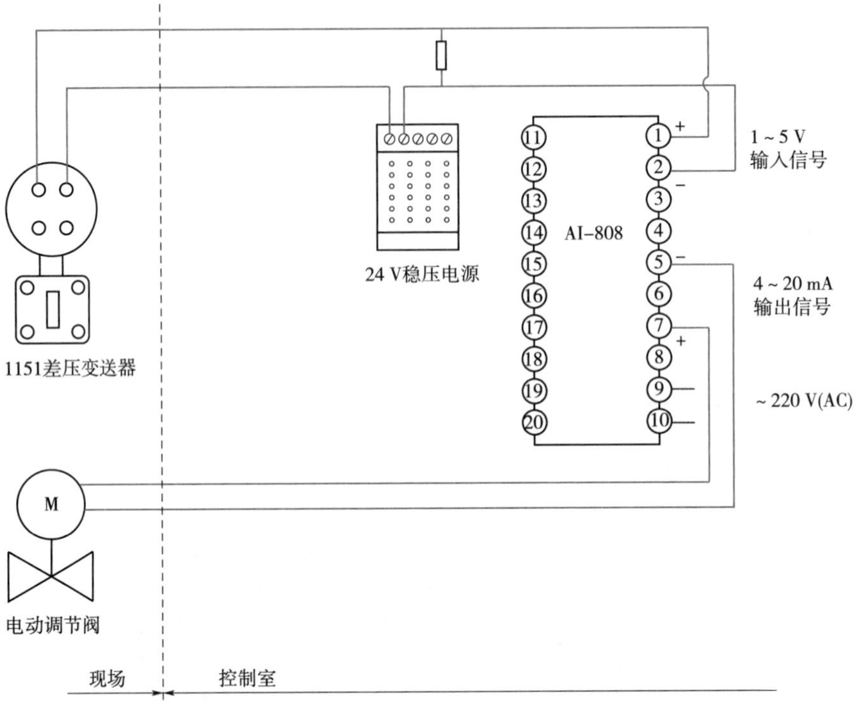

图 3-18　液位控制系统接线图

仪表编程即参数定义，最基本的有三类参数：输入规格、输出规格和控制方式。假设差压变送器的测量量程为 0 ~ 50 cm，则液位控制系统的 AI-808 仪表参数设置如表 3-3所示。

表 3-3　参数设置表

参数类型	参数代号	参数含义	取值	说明
输入规格	Sn	输入规格	33	输入信号是 1 ~ 5 V 的标准电压信号
	dIP	小数点位置	1	小数点取 1 位
	dIL	输入下限显示值	0	对应 1 V 输入信号时，仪表显示 0
	dIH	输入上限显示值	50	对应 5 V 输入信号时，仪表显示 50
输出规格	oP1	输出方式	4	输出为 4 ~ 20 mA 的线性电流
	oPL	输出下限	0	输出下限值无限制
	oPH	输出上限	100	输出上限值无限制
控制方式	CtrL	控制方式	1	采用人工智能 PID 调节，且允许面板启动自整定
	CF	系统功能选择	0	仪表为反作用调节，无上电免除报警功能，仪表辅助功能模块为通信接口，不允许外给定，无分段功率限制功能，无光柱
	P	比例带		要通过系统整定才能确定，将在模块五中说明
	I	积分时间		要通过系统整定才能确定，将在模块五中说明
	D	微分时间		要通过系统整定才能确定，将在模块五中说明

注意：要实现 PID 调节，需选用 X 光电隔离的线性电流输出模块。

二、简单温度控制系统

图 3-19 所示为列管式换热器的温度控制系统原理图。换热器采用蒸汽为加热介质，被加热介质的出口温度为(350 ±5)℃，温度要求记录，并对上限报警，被加热介质无腐蚀性，但设备现场是爆炸危险区域。

根据工艺要求，现采用本安仪表组成本质安全防爆控制系统，图 3-19(b)为温度控制系统方框图。图中 SWBZ-2450 为测量/变送一体化的测温装置(上仪)，分度号 Pt100，隔离型电路；YD5051 是检测端安全栅(厦门宇光)；AI-302M 是闪光报警器，8 路声光报警；AI-2070S 是四通道无纸记录仪(厦门宇光)；AI-808 是智能调节器(厦门宇光)；YD5045 是操作端安全栅(厦门宇光)；8220 是本安型电气阀门定位器(上仪)；最下方是气动薄膜控制阀。其系统接线如图 3-20 所示。

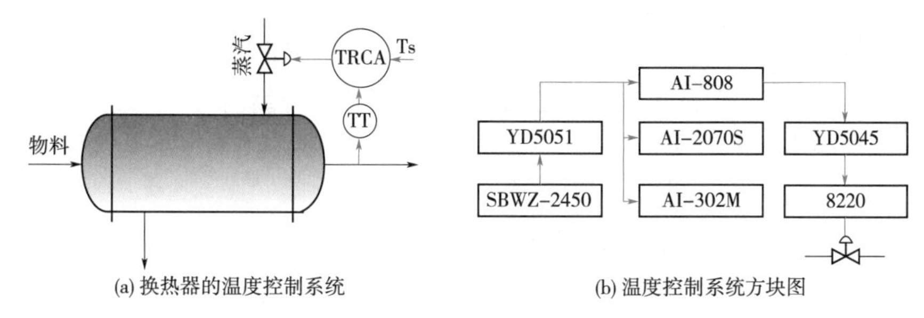

(a) 换热器的温度控制系统　(b) 温度控制系统方块图

图 3-19　列管式换热器的温度控制系统原理图

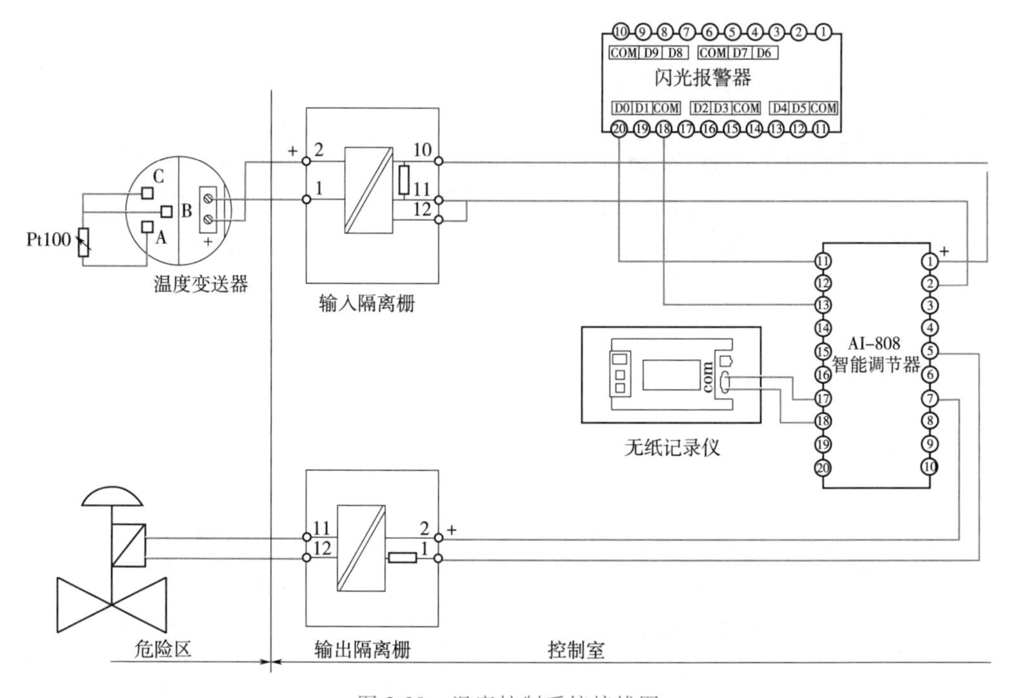

图 3-20　温度控制系统接线图

三、精馏塔串级控制系统

精馏塔塔釜的温度是保证塔底产品分离纯度的重要依据，一般要求恒值，并保证

稳定的数值和控制质量。通常采用加热蒸汽作为操纵变量组成温度控制系统。但是蒸汽的流量是很难保持恒定的,显然在温度处于正常时,由于加热蒸汽流量的变化而引起温度变化,对工艺生产不利。为此在温度控制系统的基础上设置流量控制系统,实现对蒸汽流量的稳定控制,组成精馏塔塔釜的温度 - 流量串级控制系统,精溜塔串级控制系统原理图如图 3-21 所示。相比于简单控制系统,串级控制系统多了一个内回路,用于克服蒸汽流量的扰动、稳定生产工况。此外,原理图还表明内回路的设定值是主调节器的输出值,因此内回路是一个随动控制系统——它及时克服蒸汽流量的扰动,努力使蒸汽流量跟踪主调节器的输出要求。

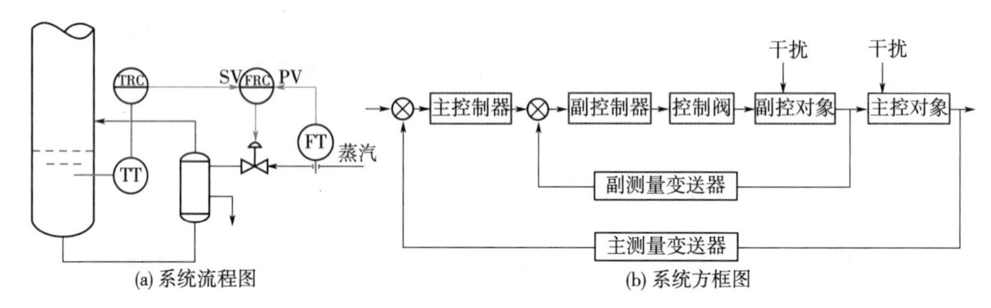

图 3-21 精馏塔串级控制系统原理图

图 3-22 是精馏塔串级控制系统接线图,该系统为安全火花型控制系统。图中虚线左侧为现场危险区域,现场检测信号需经 YD5051 安全栅隔离后传送至控制室,而调节阀的控制信号则由 YD5045 安全栅进行转换。图中还表明,温度检测采用测量/

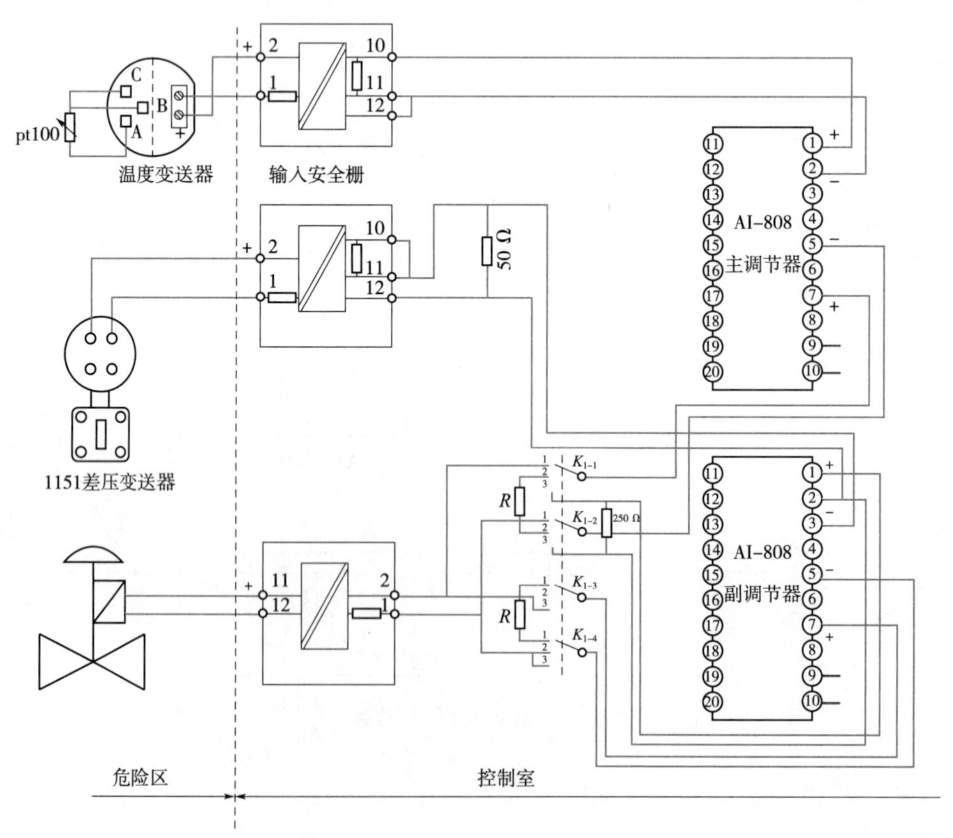

图 3-22 精馏塔串级控制系统接线图

变送一体化的 SWBZ-2450 测温装置(上仪),分度号 Pt100,测温范围 0 ~ 500 ℃;主调节器采用人工智能调节器(厦门宇光),用于温度控制,其给定值为内给定;流量测量的一次元件是标准孔板,变送器采用带开方的 1151 型电容式差压变送器,以使变送器的输出与被测流量呈线性关系。副调节器同样采用 AI-808,用于控制流量,其给定值跟踪主调节器的输出。

图 3-22 中,K_1 为四刀三位开关,利用它的不同位置可实现串级控制系统的 3 种工作方式。

①当 K_1 切换开关置于“位置 1”,主调节器输出 K_{1-1}、K_{1-2} 和电气阀门定位器相联,实现“主环控制”运行方式。而副调节器输出 K_{1-3}、K_{1-4},送到假负荷 R。

②当 K_1 切换开关置于“位置 2”,主调节器输出 K_{1-1}、K_{1-2} 开关到副调节器的外给定。而副调节器输出 K_{1-3}、K_{1-4} 送到电气阀门定位器和调节阀。当副调节器的给定方式设置为“D = 0”(不允许外给定)时,系统实现“副环控制”运行方式。

③当副调节器的给定方式设置为“D = 1”(允许外给定)时,系统实现“串级控制”运行方式。此时,主调节器输出作为副调节器的外设,副调节器输出用于控制调节阀。

参数设置见表 8-4(仅串级控制方式),此略。

知识拓展　安全防爆的基本知识和防爆措施

前面在应用分析中,提到防爆系统的概念,它在石油、化工等行业具有重要地位。在此,对其技术特点进行说明。

一、安全防爆的基本知识

在石油、化工等工业部门中,某些生产场所存在着易燃易爆的固体粉尘、气体或蒸汽,它们与空气混合成为具有火灾或爆炸危险的混合物,使其周围空间成为具有不同程度爆炸危险的场所。安装在这些场所的检测仪表和执行器,如果产生的火花或热效应能量能点燃危险混合物,则会引起火灾或爆炸。

(一)爆炸危险场所的分类、分级

爆炸危险场所按爆炸性物质的物态,分为气体爆炸危险场所和粉尘爆炸危险场所两类。

1. 气体爆炸危险场所的区域等级

根据爆炸性气体混合物出现的频繁程度和持续时间分为以下 3 个区域等级。

(1)0 级区域

在正常情况下,爆炸性气体混合物连续地、频繁地出现或长时间存在的场所。

(2)1 级区域

在正常情况下,爆炸性气体混合物有可能出现的场所。

(3)2 级区域

在正常情况下,爆炸性气体混合物不能出现,仅在不正常情况下偶尔或短时间出现的场所。

2. 粉尘爆炸危险场所的区域等级

根据爆炸性粉尘或可燃纤维与空气的混合物出现的频繁程度和持续时间分为以

下两个区域等级。

(1)10 级区域

在正常情况下,爆炸性粉尘或可燃纤维与空气的混合物可能连续地、频繁地出现或长时间存在的场所。

(2)11 级区域

在正常情况下,爆炸性粉尘或可燃纤维与空气的混合物不能出现,仅在不正常情况下偶尔或短时间出现的场所。

不同的等级区域对防爆电气设备选型有不同的要求,例如 0 级区域(或 10 级区域)要求选用本质安全型电气设备;1 级区域选用隔爆型、增安型等电气设备。

(二)爆炸性物质的分级、分组

1. 爆炸性气体、蒸汽的分级

根据我国的规定,当电路的电压限制在直流 30 V 时,以最小引爆电流 i 将易爆性气体或蒸汽混合物分为 3 级,如表 3-4 所示。

表 3-4 爆炸性混合物的最小引爆电流

级别	最小引爆电流 i/mA	爆炸性混合物种类
Ⅰ	$i>120$	甲烷、乙烷、汽油、甲醇、乙醇、丙酮、氨气、一氧化碳
Ⅱ	$120\geq i>70$	乙烯、乙醚、丙烯腈
Ⅲ	$i\leq 70$	氢气、乙炔、二硫化碳、市用煤气、水煤气、焦炉煤气等

例如,电压 30 V、电流 70 mA 以下的电路,即使在氢气中产生了火花也不会发展爆炸;电流超过 70 mA 产生爆炸的可能性就较大。氢气属于第Ⅲ级爆炸性气体,这是爆炸性最高的级别。

2. 爆炸物性质的分组

爆炸性物质按引燃温度分组。在没有明火源的条件下,不同物质加热引燃所需的温度是不同的,因为自燃点各不相同。按引燃温度可分为五组,如表 3-5 所示。

表 3-5 引燃温度与组别划分

组别	a	b	c	d	e
引燃温度/ ℃	450	300	200	135	100

用于不同组别的防爆电气设备,其表面允许最高温度各不相同,不可随便混用。例如适用于 d 值的防爆电气设备可以适用于 a ~ c 各组,但是不适用于 e 值,因为 e 值的引燃温度比 d 组低,可能被 d 组适用的防爆电气设备的表面温度所引燃。

(三)电气设备的防爆等级

电气设备的防爆等级常用的有以下 3 种。

1. 本质安全型 (i)

本质安全型电气设备的全部电路均为本质安全电路(正常工作或规定的故障状态下产生的电火花和热效应均不能点燃爆炸性混合物的电路。

2. 隔爆型（d）

隔爆形电气设备具有隔爆外壳。该外壳能承受内部爆炸性气体混合物的爆炸压力，并阻止内部的爆炸向外壳周围爆炸性混合物传播。

3. 增安型（e）

增安型电气设备是指采取措施提高安全程度，以避免在正常和认可的过载条件下产生电弧、火花或危险温度的电气设备。

控制仪表使用的防爆等级主要是本质安全型和隔爆型。

二、本质安全型防爆仪表和防爆系统

按电气设备防爆等级的定义，本质安全型防爆仪表（以下简称本安仪表）在正常工作或故障状态下产生的火花及达到的温度均不足以引燃周围的爆炸性混合物。此类仪表有本安型的差压变送器、温度变送器、电/气阀门定位器，以及安全栅等。

本质安全防爆系统如图 3-23 所示，它要求：①在危险场所使用本安仪表；②在控制室仪表与危险场所仪表之间设置安全栅。这样构成的系统就能实现本质安全防爆系统。

如果上述系统中不采用安全栅，而由分电盘代替，分电盘只能起信号隔离作用，不能限压、限流，故该系统已不再是本质安全防爆系统了。

应当指出，有了安全栅，但若在图 3-23 中的某个现场仪表不是安全仪表，则该系统也不能保证本质安全的防爆要求。

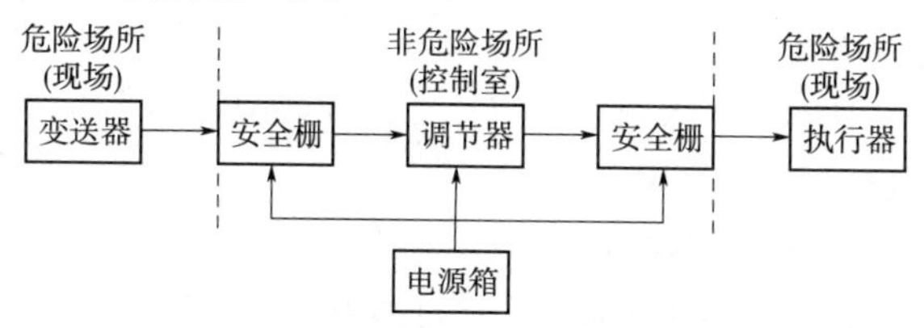

图 3-23　本质安全防爆系统

三、安全栅

安全栅作为控制室仪表和现场仪表的关联设备，一方面传输信号，另一方面控制流入危险场所的能量在爆炸气体或混合物的点火能量以下，以保证系统的本安防爆性能。

安全栅的构成形式有以下 5 种。

（一）电阻式安全栅

电阻式安全栅如图 3-24 所示，它是利用电阻的限流作用，把流入危险场所（危险侧）的能量限制在临界值以下，从而达到防爆的目的。

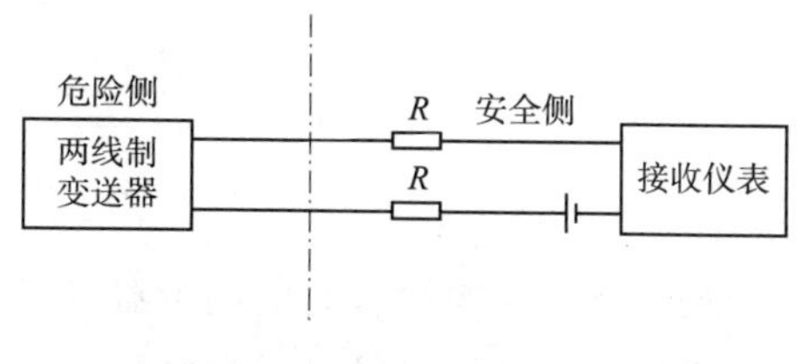

图 3-24　电阻式安全栅

图中 R 为限流电阻，当回路的任何一处发生短路或接地事故，由于 R 的作用，电流得到限制。电阻式安全栅具有简单、可靠、价廉的优点，但防爆额定电压低。在同一表盘中若有超过其防爆额定电压值的配线时，必须分管安装，以防混触。此外，每个安全栅的限流电阻要逐个计算，数值太大会影响回路的原有性能，太小又达不到防爆要求，故应取合适的数值。

（二）齐纳式安全栅

齐纳式安全栅是基于齐纳二极管反向击穿性能而工作的。其原理如图 3-25 所示。

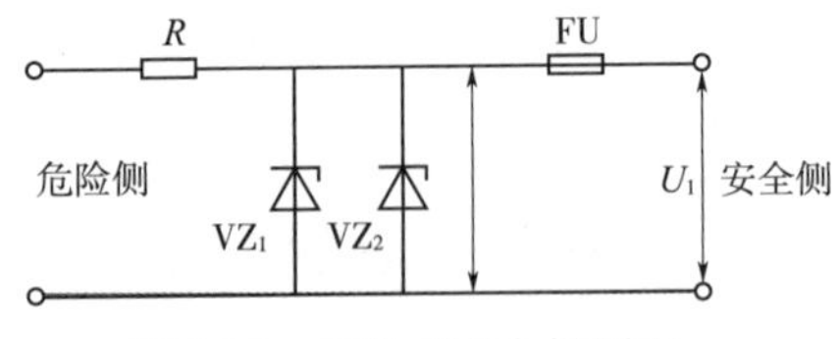

图 3-25 齐纳式安全栅原理

图中 VZ_1、VZ_2 为齐纳二极管，R 和 FU 分别为限流电阻和快速熔断丝。在正常工作时，安全栅不起作用。

当现场发生事故，如形成短路时，由 R 限制过大电流进入危险侧，以保证现场安全。当安全栅端电压 U_1 高于额定电压 U_0 时，齐纳二极管击穿，进入危险侧的电压将被限制在 U_0 值上。同时，安全侧电流急剧增大，使 FU 很快熔断，从而使高电压与现场隔离，也保护了齐纳二极管。

齐纳式安全栅结构简单、经济、可靠、通用性强，而且防爆额定电压可以做得较高。但是作为这种安全栅关键元件的快速熔断丝，制作比较困难，工艺和材料要求都很高。

（三）中继放大器式安全栅

这种安全栅是利用放大器的高输入阻抗性能来实现安全火花防爆的，其原理如图 3-26所示。

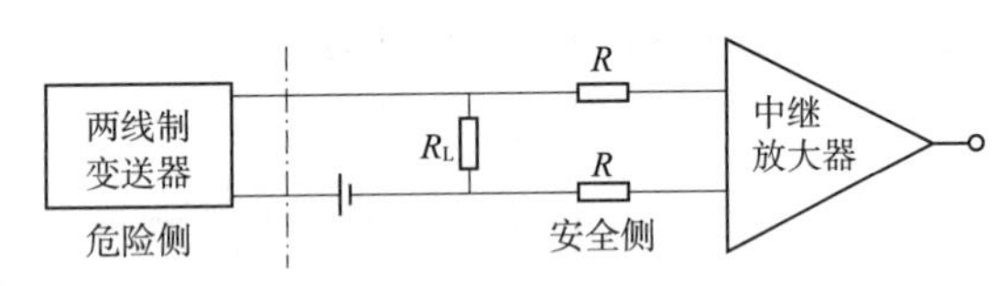

图 3-26 中继放大器式安全栅原理

变送器的输出电流经 R_L 变为电压信号，此信号再通过中继放大器放大后送至接受仪表。放大器的输入阻抗可达 10 M Ω 以上，因此可将限流电阻 R 的阻值增大到 10 k Ω，从而提高了防爆额定电压。这种安全栅的通用性强，可和计算机、显示仪表等连接。其缺点是线路较复杂，价格较高，而且因线路中设置放大器而带来附加误差。

（四）光电隔离式安全栅

光电隔离式安全栅是利用光电耦合器的隔离作用，使其输入与输出之间没有直接电或磁的联系，这就切断了安全栅输出端高电压窜入危险侧的通道。同时，在变送器的供电回路中，设置了电压电流限制电路，将危险侧的电压、电流值限制在安全定额以内，从而实现了安全火花防爆的要求。其原理如图 3-27 所示。

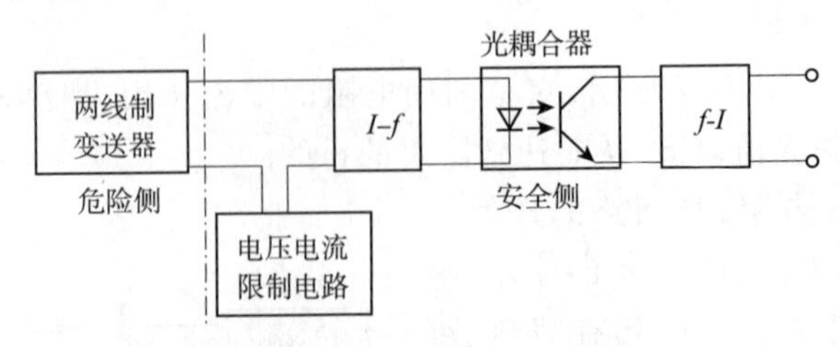

图 3-27 光电隔离式安全栅原理

安全栅采用逻辑型光电耦合器，这种器件具有很高的绝缘电压。它通过内部的发光二极管和光敏三极管，以光电转换形式传输频率信号，为此，电路中设置了 $I-f$ 和

$f-I$转换器。转换器将变送器的输出电流转换为1～5 kHz的频率信号，此信号通过光电耦合再由$f-I$转换成直流电流信号。

光电隔离式安全栅是一种理想的能适用于任何危险场所的安全栅，它工作可靠，防爆额定电压高，但结构较复杂。如能提供精度高、成本低的线性型光电耦合器，取代逻辑型器件，则可直接传输变送器的输出电流，而不必使用$I-f$和$f-I$转换器。

（五）变压器隔离式安全栅

这种安全栅也是通过隔离、限压和限流等措施，限制流入危险场所的能量，来保证安全防爆性能的。它与光电隔离式安全栅的区别是用变压器作为隔离器件，通过电磁转换方式来传输信号。

变压器隔离式安全栅的线路也复杂，但它并不要求什么特殊元件，可靠性高，防爆额定电压也高，所以目前国产隔离式安全栅选择了变压器隔离的形式。其原理如图3-28所示。

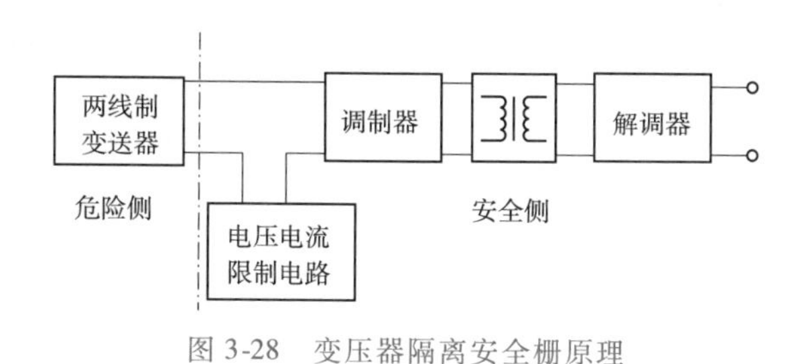

图3-28　变压器隔离安全栅原理

习题

3.1　积分控制规律的特点是（　　）。

A. 控制及时，能消除余差　　B. 控制超前，能消除余差

C. 控制滞后，能消除余差　　D. 控制及时，不能消除余差

3.2　微分控制规律是根据（　　）进行工作的。

A. 偏差的变化　　B. 偏差的大小

C. 偏差的变化速度　　D. 偏差及存在的时间

3.3　PID控制规律的特点是（　　）。

A. 能消除余差　　B. 动作迅速、及时

C. 具有超前调节功能　　D. 以上都是

3.4　试判断下列说法是否正确。

（1）微分时间愈长，微分作用愈弱；

（2）微分时间愈长，微分作用愈强；

（3）积分时间愈长，微分作用愈弱；

（4）积分时间愈长，微分作用愈强。

3.5　有一水位定值控制系统，水位高度为0～20 cm，控制器采用了AI-808调节器，用压力变送器检测水位，执行器控制信号为4～20 mA的电流信号，请写出调节器相关的参数设置。

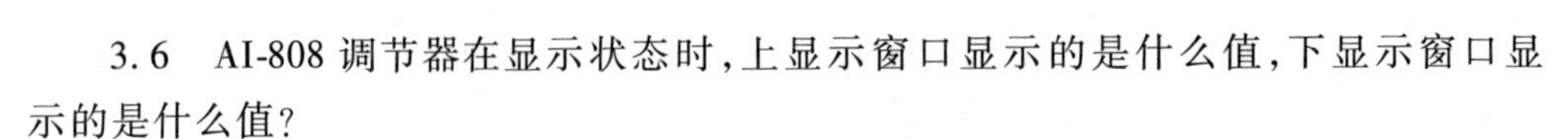

3.6　AI-808 调节器在显示状态时，上显示窗口显示的是什么值，下显示窗口显示的是什么值?

3.7　什么叫串级控制系统? 绘制其结构框图。

3.8　与单回路控制系统相比，串级控制系统有哪些主要特点?

3.9　为什么说串级控制系统由于存在一个副回路而具有较强的抑制扰动的能力?

3.10　图 3-29 所示的串级控制系统是否有错? 错在什么地方? 应如何改正，为什么?

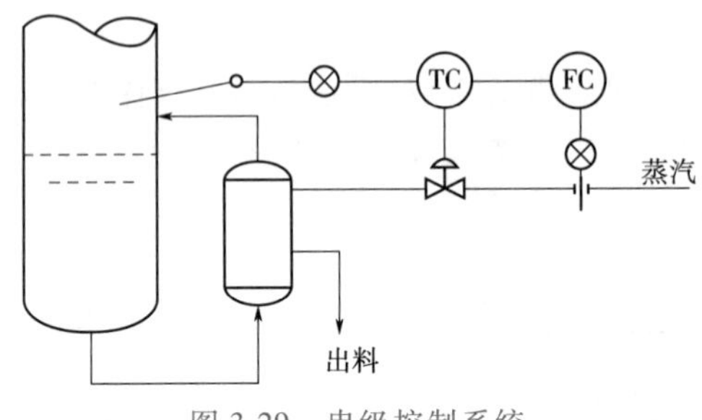

图 3-29　串级控制系统

模块四

执行器使用

执行器是自动控制系统必不可少的组成部分，它根据调节器的输出信号来控制被控对象进出的能量或物料，使被控变量维持在所要求的数值上。由于执行器是现场调节装置，其性能极易受工艺、环境等使用条件的影响而使自动控制系统调节困难。因此，对于执行器的正确选用、安装和维护等各个环节，必须给予足够的重视。结合过程控制的应用实际，本模块将重点介绍调节阀的使用方法，以期达到学习目标。

学习目标

1. 会电动调节阀的使用与基本维护；
2. 会气动调节阀的使用与基本维护；
3. 熟悉功率调功器的基本应用。

任务1　调节阀的基本原理与结构分析

一、基本原理

调节阀是过程控制工程中最常用的执行器，主要用于流量控制，其结构原理可用图4-1来说明。它由执行机构和调节机构两部分组成，执行机构是调节阀的推动装置，它根据控制信号大小产生相应的推力，推动调节机构动作。调节机构（或称调节阀、阀门）在执行机构推力的作用下，产生一定的位移或转角，直接调节物料的流量。为了保证调节阀能够正常工作，提高调节质量和可靠性，一般都利用反馈原理对执行机构的输出 θ/l 进行控制，以使调节阀能按调节器的控制信号大小实现准确定位。

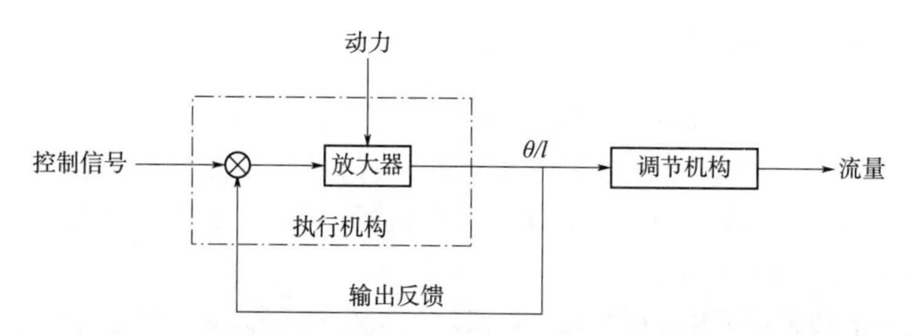

图4-1　调节阀结构原理示意图

二、执行机构特点

根据执行机构所使用的能源形式，调节阀可分为气动调节阀、电动调节阀和液动调节阀三大类。过程控制中主要选用气动/电动调节阀，液动用得很少。电动/气动调节阀的典型外观如图 4-2 所示。

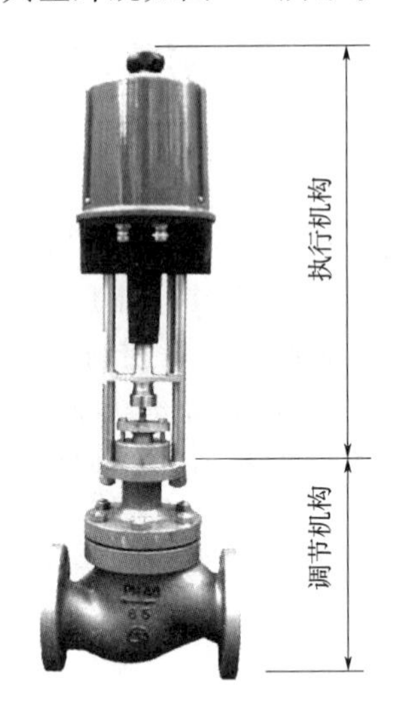

(a) 电动调节阀

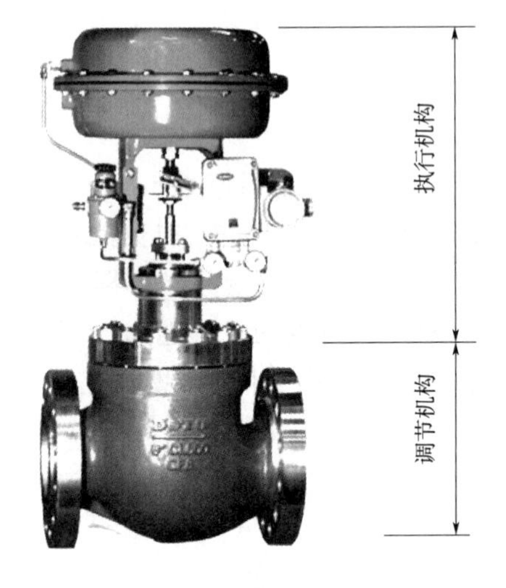

(b) 气动调节阀

图 4-2　电动/气动调节阀的典型外观

电动调节阀是以电能为动力的，它的特点是能源获取方便、信号传输快、可远距离传输，且便于和数字装置配合使用等优点。所以，电动调节阀处于发展的上升时期，是一种有发展前途的装置。其缺点是结构复杂、价格贵和推动力小，同时，一般来说电动调节阀不适合防火防爆的场合。但如果采用防爆结构，也可以达到防火防爆的要求。

气动调节阀是以压缩空气为动力的，具有结构简单、动作可靠、维护方便和防火防爆等特点。所以广泛应用于石油、化工、电力等部门，特别适用于具有爆炸危险的石油、化工生产过程。缺点是滞后大、不适宜远传(150 m 以内)、不能与数字装置直接相连。

执行机构有正作用和反作用两种形式：当控制信号增大时，阀杆向下移动的执行机构称为正作用执行机构；当控制信号增大时，阀杆向上移动的执行机构称为反作用执行机构。对于电动执行机构，正/反作用方式的改变较为容易，只需对参数设置稍加改动即可实现；而对于气动执行机构，正/反用方式的改变，需要对硬件进行调整。

三、调节机构特点

调节机构实质是一个阀门，其种类和构造大致相同，调节机构的结构原理图如图 4-3 所示。它由阀芯、阀座、阀杆、阀体等构件组成，当阀杆受到作用力后就会带动阀芯在阀体内上下移动，改变阀芯与阀座之间的流通面积，介质的流量也就相应改变，从而达到调节工艺参数的目的。

调节机构的阀芯有正装和反装两种形式。当阀芯向下移动时，阀芯与阀座之间的流通面积减小，称为正装阀，如图 4-4(a)所示；反之，则称为反装阀，如图 4-4(b)所示。阀芯的

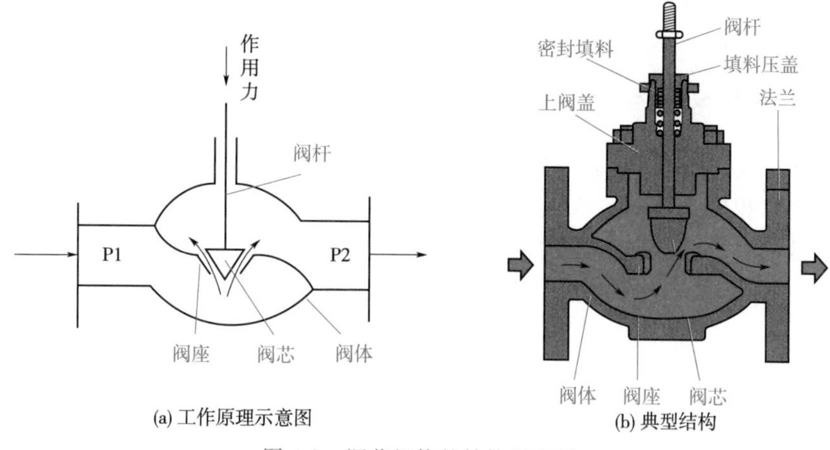

图 4-3　调节机构的结构原理图

正/反装形式,恰恰构成了调节机构的正/反作用两种形式,正装阀构成正作用调节机构,而反装阀是反作用调节机构。

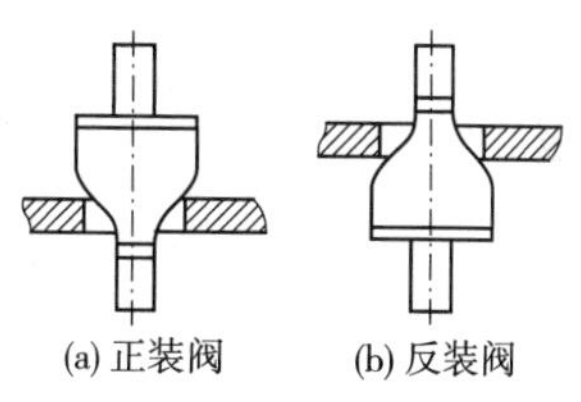

图 4-4　阀芯安装形式

四、调节阀作用方式

由于执行机构有正、反作用两种方式,而调节机构也有正、反装两种方式。因此,将执行机构与调节机构组合之后的执行装置就有四种作用方式,如表 4-1 所示。

表 4-1　执行装置的作用方式

执行机构	调节机构	组合结果	执行机构	调节机构	组合结果
正作用	正装	气关或电关	反作用	正装	气关或电关
正作用	反装	气开或电开	反作用	反装	气开或电开

由表 4-1 可见,正、反作用的执行机构与正、反装的调节机构有四种组合方式,最终产生两种组合结果。如以气动调节阀为例,就有气开式、气关式控制阀。

所谓气开式,是指输入的气信号越大,阀的开度也越大。如图 4-5 中的(b)、(c)。图 4-5(b)的执行机构为正作用,阀芯反装,组合的结果是气开式;图 4-5(c)的执行机构为反作用,阀芯正装,组合的结果也是气开式。

所谓气关式,与气开式相反,是指输入的气信号增加时,阀的开度减小。如图 4-5 中的(a)、(d)。图 4-5(a)的执行机构为正作用,阀芯正装,组合的结果是气关式;图 4-5(d)的执行机构为反作用,阀芯反装,组合的结果也是气关式。

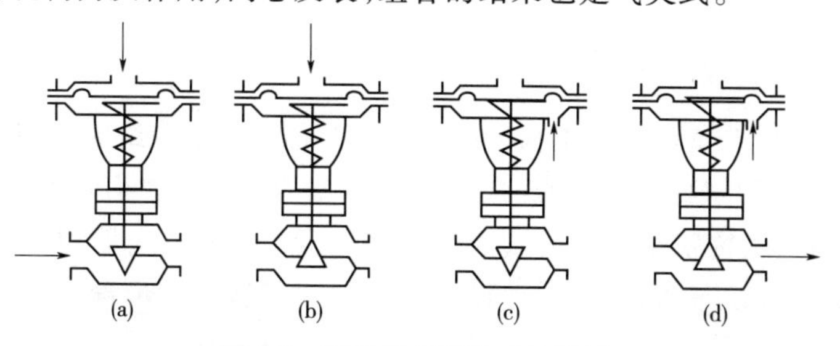

图 4-5　调节阀作用形式示意图

至于何时采用气开式(电开式)调节阀或气关式(电关式)调节阀,这取决于工艺过程的要求。具体在模块七的调节阀选择一节讨论。

五、调节阀的组合方式

为了充分发挥电动、气动调节阀的各自长处,最大限度地满足生产工艺的要求,目前调节阀都有相应的辅助装置,如电/气转换器、阀门定位器等,根据实际需要可组成多种形式的电/气混合系统。图 4-6 给出了电气组合框图。其性能特点如下。

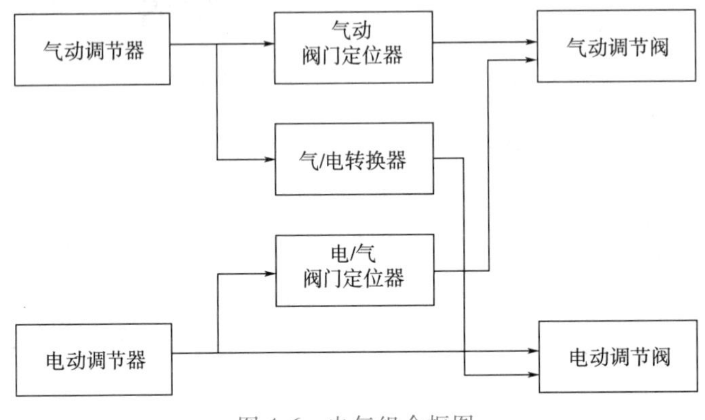

图 4-6　电气组合框图

(一)气动调节器—气动阀门定位器—气动调节阀

这是一种最为常用的气动控制系统组合方式。通过气动阀门定位器的辅助作用,可使气动调节阀准确定位,同时可在一定程度上放大调节信号的压力,增大调节阀的输出力(力矩),增强调节阀的平衡性。因此,一般适用于准确定位、差压较大的场合。

(二)气动调节器—气/电转换器—电动调节阀

该组合方式通过气/电转换器将气动调节器的气压信号成比例地转换成标准的电信号,从而推动电动调节阀工作,实现了气动信号的远传及与数字装置的连接。

(三)电动调节器—电/气阀门定位器—气动调节阀

这是目前应用较多的一种组合方式,通过电/气阀门定位器可实现传输信号为电信号,而现场操作为气动调节阀。因此具备电动和气动调节阀的优点。电/气阀门定位器实际上是电/气转换器和气动阀门定位器的结合。

任务 2　电动调节阀的使用

一、执行机构工作原理

如前所述,电动调节阀也是由执行机构和调节机构两部分组成。调节机构原理已在前面作了介绍,但是执行机构的组成原理又是怎样的呢?这可以用图 4-7 来说明。图 4-7 是电动执行机构工作原理图,它有位置发送器、伺服放大器和伺服电动机三个部分,刚好组成一个反馈控制系统,使输出轴的位移或转角能准确地按输入信号的要求动作。

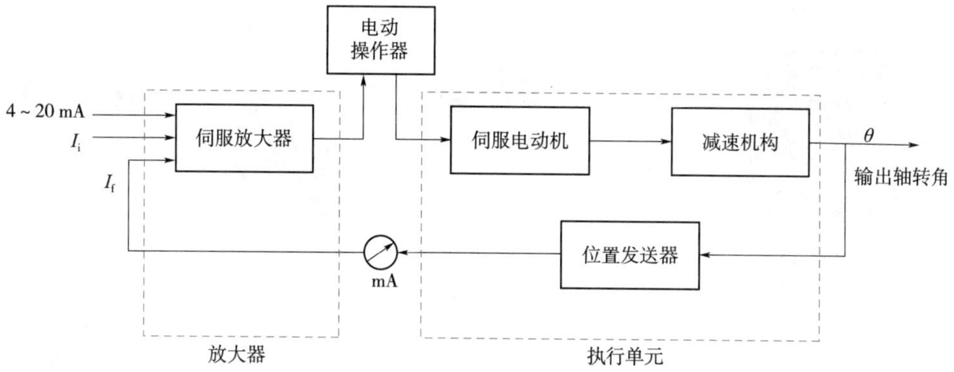

电动操作器
4 ~ 20 mA
I_i
I_f
伺服放大器
伺服电动机
减速机构
θ
输出轴转角
位置发送器
mA
放大器
执行单元

图 4-7　电动执行机构工作原理图

工作原理：伺服放大器将输入信号 I_i 与反馈信号 I_f 相比较，得到差值信号 ΔI（$\Delta I = \Sigma I_i - I_f$）。当差值信号 $\Delta I > 0$ 时，ΔI 经伺服放大器功率放大后，驱动伺服电动机正转，再经机械减速器减速后，使输出轴的转角增大。输出轴的转角位置经位置发送器转换成相应的反馈电流 I_f，反馈到伺服放大器的输入端，使 ΔI 减小，直至 $\Delta I = 0$ 时，伺服电动机才停止转动，输出轴稳定在与输入信号相对应的位置上。反之，当 $\Delta I < 0$ 时，伺服电动机反转，输出轴的转角就减小，I_f 也相应减小，直至使 $\Delta I = 0$ 时，伺服电机才停止转动，输出轴就稳定在另一新的位置上。

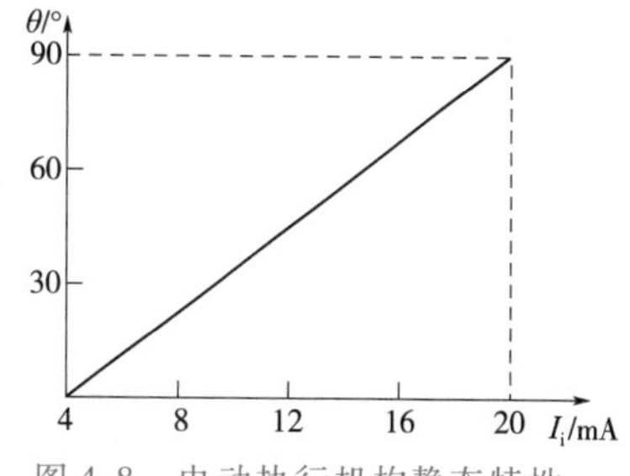

图 4-8　电动执行机构静态特性

图 4-8 给出了电动执行机构静态特性图。图中显示，输出轴的转角 θ 与输入信号 I_i 之间成一一对应的线性关系，其静态传递系数 K 为 5.625 ℃/mA。这正是电动执行机构校验时的一个重要性能指标。

二、典型产品应用分析——QSTP 电动调节阀

QSTP 电动调节阀是上海万迅仪表有限公司的智能电动调节阀系列产品之一，产品具有结构简单、使用方便、功能强、可靠性高等优点，广泛应用于电力、冶金、石油、化工、医药、锅炉、轻工等行业的自动控制系统中。现对其结构和使用方法进行重点介绍。

1. 执行机构组成原理（节选说明书）

QSTP 电动调节阀采用了 PSL 电子式直行程执行机构，主要由相互隔离的电器控制部分和齿轮传动部分组成，电机作为连接两隔离部分的中间部件，如图 4-9 所示。电机按控制要求输出转矩，通过多级正齿轮传递到梯形丝杆上，丝杆通过杆螺纹变换转矩为推力，因此杆螺纹必须自锁并且将直线行程通过与阀门的适配器传递到阀杆。执行机构输出轴带有一个防止转动的止转锁定装置，输出轴的径向锁定装置也可以做移动位置指示器。锁定装置连有一个旗杆，旗杆随输出轴同步运行，与旗杆相连接的齿条板将输出轴位移转换成角位移，并带动高精度导电塑料角位移传感器，提供给伺服放大器作为比较信号和阀位反馈输出。执行机构的上下行程由齿条板上的两个主限位开关来限制，并由机械限位保护。

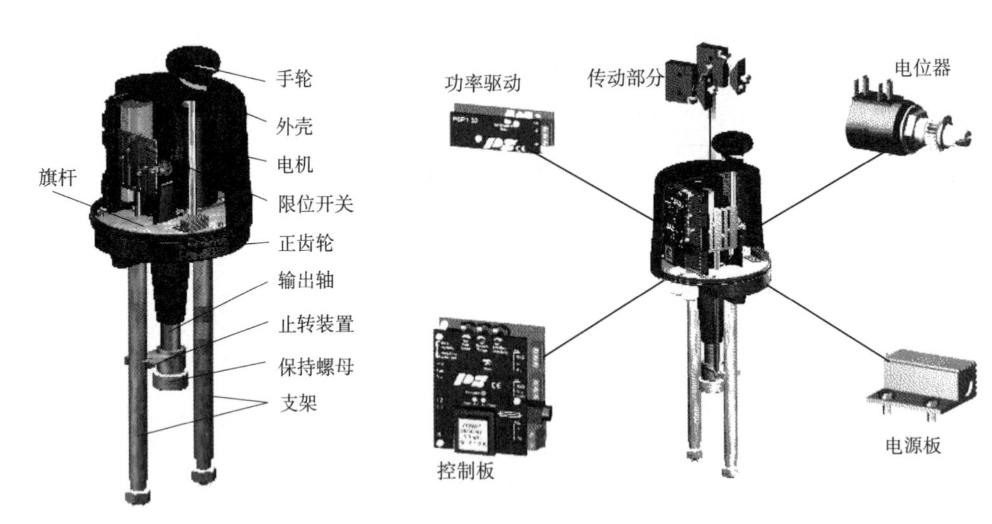

图 4-9　PSL 执行机构的结构原理

2. 电路组成原理

电路原理见图 4-10 所示。控制器以专用单片微处理器为基础，将整个电路可划分成四个部分：控制板、输出机构、反馈机构、电源板。在控制板上，通过输入电路把控制信号、阀位电阻信号转换成数字信号输入到微处理器中，进行误差判断与运算，并将控制值送到功率驱动电路。控制器还有输入键盘与显示器，可以进行功能编程、数据显示、状态显示等操作。其输出信号中还有 4 ~ 20 mA 阀位反馈信号、报警信号等，用于控制系统的特殊需要；输出机构在功率驱动电路作用下控制伺服电机的转动，并经减速机构的减速/增力后驱动输出轴，从而控制阀杆的升降。此外，伺服电机也允许外部电源的直接驱动；反馈机构则通过旗杆等传动装置将阀杆位移信号反馈到控制板的输入电路中，同时还设有限位开关以保护机构；各类工作电源由单独的电源板供给，并负责控制器的状态监视，如 24 V 工作电源指示、5 V 的 CUP 工作电源指示等。整个电路结构较为简捷与清晰，并且不同的功能区电路及主要装置均采用了模块化结构，使调节阀的使用与维护工作较为便利。

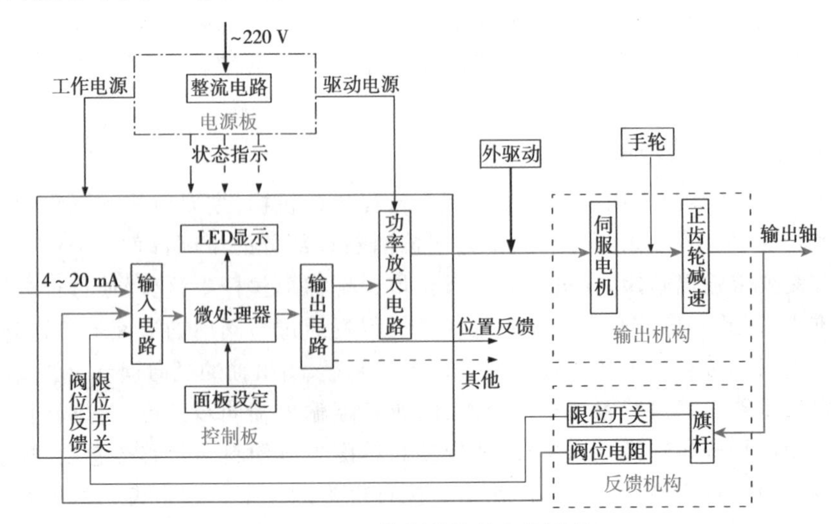

图 4-10　PSL 执行机构的电路原理

3. 机械连接方式

执行机构采用两个支撑立柱与阀门固连，而输出轴与阀杆之间采用柔性连接器，以便阻尼阀门压力峰值和补偿热膨胀，并可确保阀门判断的严密性。输出轴与阀杆的连接方式共有 3 种，如图 4-11 所示，应根据调节阀的作用方式进行合理选择。

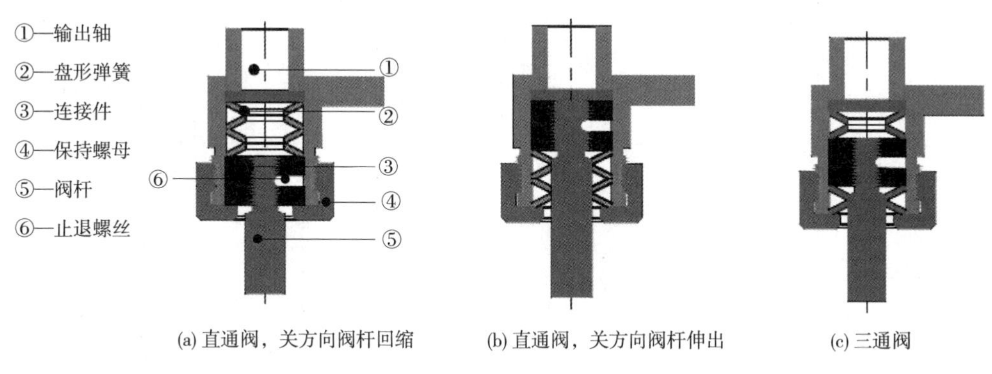

图 4-11　输出轴与阀杆的连接方式

4. 电气连接方式

电气连接都在控制板上进行，如图 4-12 所示。该产品经过多次升级，经历了 PSAP4、PSAP4B 等，目前的直行程控制板型号是 WAP5。新型号控制板取消了 485 通信接口，但增加了电源状态监视等，使维护工作更加方便。整个控制板大致分为 3 部分：左接线端口、右接线端口、显示/输入端口。左接线端口是内部器件的连接端口，主要连接：电机、阀位电阻器、限位开关等；右接线端口是对外的连接端口，共有 6 个接线端口，分别连接控制信号、阀位反馈输出信号、电源以及显示/输入端口用于数据显示与编程。

两点需要说明：

①左接线端口预留 7 个拓展端口，分别用于附加行程开关和阀位反馈电位器信号的输出，用于构建带阀位反馈的自动控制系统。

②左接线端口的 1、2、3 与 M1、M2、M0 在内部是对应连通的。并且，当用外部电源进行正反控制时，外部电源线直接与左接线端口的 M1、M2、M0 相连接；当用控制板的伺服电源进行控制时，内部三个端口的 M1、M2、M0 与左接线端口的 M1、M2、M0 相连接。这样处理的原因主要是方便安装与维护。

5. 操作面板说明

（1）面板功能说明

面板功能说明图如图 4-13 所示。

（2）数码显示状态

数码显示状态图如图 4-14 所示。

（3）基本操作

按◎键将依次显示下列基本参数。

①参数显示如表 4-2 所示。

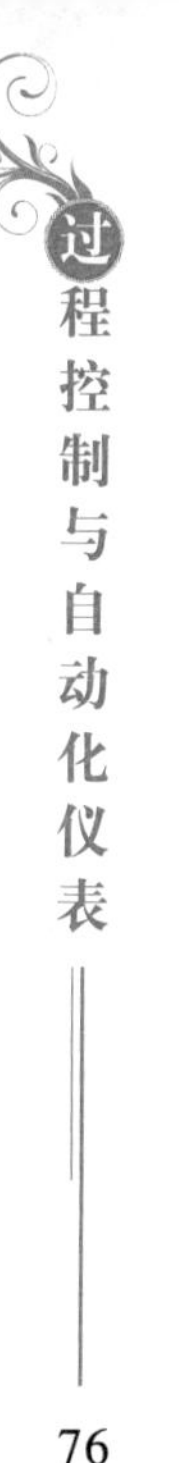

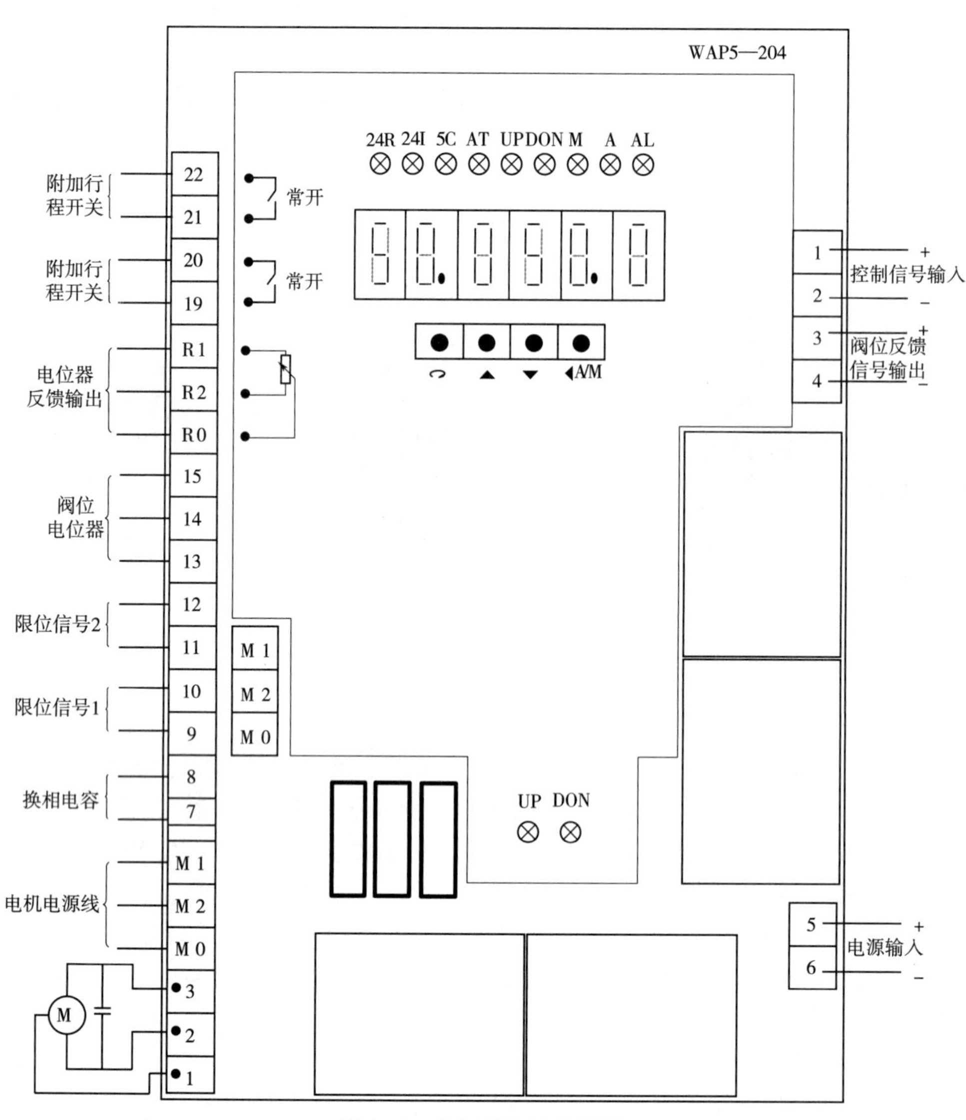

图 4-12　控制板接线端子图

①—24 V继电器电源指示灯
②—24 V控制板电源指示灯
③—CPU的5 V工作电源指示灯
④—阀门位置自动定位指示灯（简称：自整定AT指示灯）
⑤—执行器输出轴朝上运动指示灯
⑥—执行器输出轴朝下运动指示灯
⑦—报警指示灯
⑧—手动控制指示灯
⑨—自动控制指示灯
⑩—参数设置键（兼参数显示操作）
⑪—数据键（兼手动朝上操作）
⑫—数据键（兼手动朝下操作）
⑬—数据修改移动键（兼手动/自动切换操作）
⑭—控制值显示窗/故障信息显示窗（前三位数值）
⑮—阀位显示窗（后三位数值）

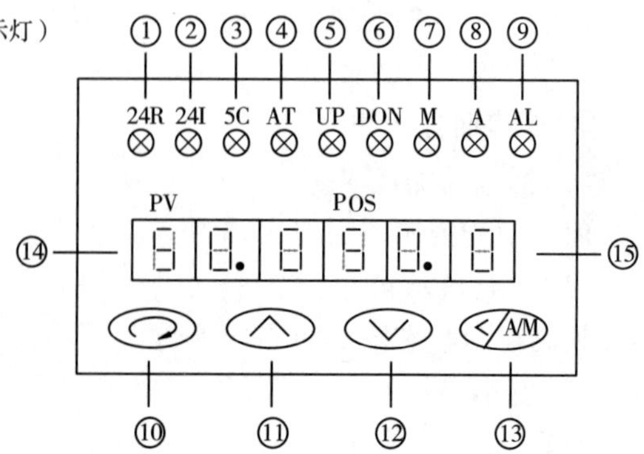

图 4-13　面板功能图

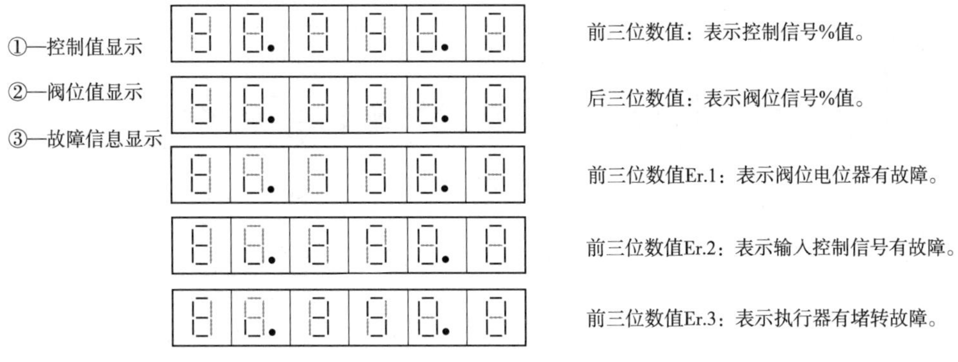

图 4-14 数码显示状态图

表 4-2 参 数 显 示

	Loc 表示参数修改级别
	Sn 表示控制信号规格
	oS 表示断信号时，执行器输出的保护方式
	CF 表示作用方式
	dF 表示控制回差
	No 表示控制板出厂编号

②参数设置：按⟳键，在显示 Loc000 状态下，按<键、△键、▽键来修改 Loc 参数，进入参数设置状态。

③手动/自动控制切换：按⟳键，使与手动指示灯/自动指示灯相对应，在手动指标灯亮状态下，可以使控制板在手动状态下直接按△键或▽来操作执行机构上升或下降。

(4)参数功能说明

参数功能说明如表 4-3 所示。

表 4-3 参数功能说明

参数代号	参数含义	代码	功能	显示	出厂设定
Loc	参数修改级别	000	只可显示 Sn、oS、CF、dF、No、V8.0X		Loc = 000
		808	允许修改 oS、CF、dF、Mod、HI、Lo、dL、Addr、bAud		
Sn	输入控制信号规格	4.20 A	4 ~ 20 mA(DC)信号		Sn = 4 ~ 20 mA

续表

参数代号	参数含义	代码	功能	显示	出厂设定
oS	当输入控制信号故障时，选择执行器输出的保护方式	Open	执行机构处于全开位置		oS = Hold
		Clos	执行机构处于全关位置		
		Hold	执行机构处于保持位置		
		SV	执行机构处于设定值位置		
SV	当输入信号故障时，执行机构输出的所需设定位置	SV	在 0～100% 范围内设定		SV = 50%
CF	执行机构作用方式	1	正作用，控制信号增大时，执行机构输出轴朝下运动		CF = 0
		0	反作用，控制信号增大时，执行机构输出轴朝上运动		
dF	回差（死区）	dF	在 0.5～5.0% 范围内设定		dF = 0.5～0.8
No	控制器出厂编号	No	控制器出厂编号（四位数）		
Mod	电动机种类选择	Y	异步电动机		Mod = Y
		T	同步电动机		
t	异步电动机控制	t	异步电动机控制时间 01～05 s 之间		t = 01
HI	执行器行程上限限幅	HI	执行机构输出行程上限限幅设定，在 0～100% 范围内设定		HI = 100%
Lo	执行器行程下限限幅	Lo	执行机构输出行程下限限幅设定，在 0～100% 范围内设定		Lo = 00%
dL	输入控制信号数字滤波	dL	控制器内部具有一个数字滤波系统，dL 越大，输入信号值越稳定，但相应也越慢。在 0～20 范围内设定，0 没有滤波		dL = 0

续 表

参数代号	参数含义	代码	功能	显示	出厂设定
Addr	通信地址	Addr	控制器具有 RS485 通信接口，Addr 参数用于设定通信地址，有效范围 0～99。在同一条通信线路应分别设置一个不同的值以便相互区分		Addr＝0（WAP5 无）
bAud	通信波特率	bAud	bAud 参数定义通信波特率，可选择 9.6K、4.8K、2.4K、1.2K		bAud＝9.6（WAP5 无）

三、QSTP 电动调节阀使用方法

电动调节阀的使用主要有 3 项内容：执行机构与阀门的机械连接、电气连接、性能调校。具体方法说明如下。

（一）机械连接方法

阀门需设计有合适的法兰以满足执行机构的连杆连接。执行机构与阀门连接时需做好以下准备工作：

①旋松保持螺母并套在阀杆上。

②根据安装方式（见图 4-11）安装盘簧。

③连接件套在阀杆上，通过销孔连接。

④如果阀杆带螺纹孔，连接件可以加工成相应内螺纹，为防止安装后旋转，通过止退螺丝固定（见图 4-11）。

执行机构出轴柔性连接方式如图 4-15 所示。执行机构通过连杆与阀门连接时，首先必须使阀杆与执行机构出轴完全缩回——只能用手轮操作执行机构出轴。在此基础上可进行执行机构的安装工作：

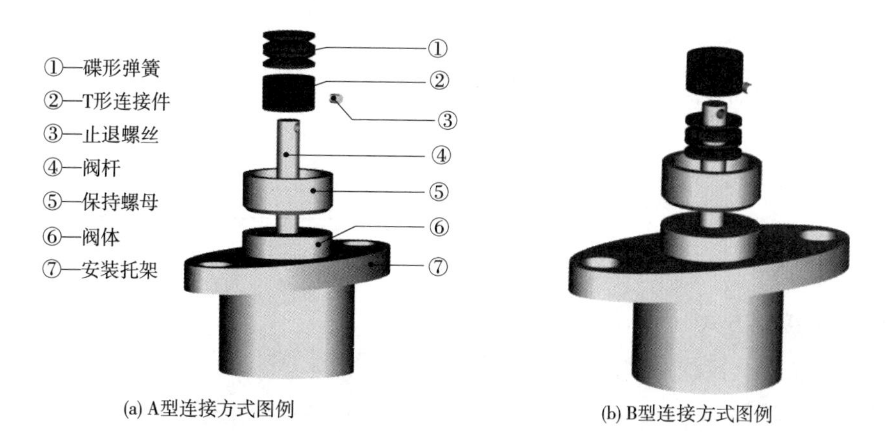

(a) A型连接方式图例　　(b) B型连接方式图例

图 4-15　执行机构出轴柔性连接方式图例

①执行机构连杆插入阀门安装法兰孔，拧紧连杆螺母。

②根据阀门情况放置好盘簧。

③手动执行机构出轴到连接件。

④旋转保持螺母到执行机构出轴使连接配合旋紧。

⑤用特殊扳手紧固保持螺母。

注意：执行机构与阀门连接完成后，全关时（以下端关上端开为例）铜套外露值 d 不得超过额定行程（PSL201、PSL202 为 50 mm，PSL208、PSL210 为 60 mm，PSL312、PSL314、PSL316、PSL320、PSL325 为 50 mm），如图 4-16 所示。

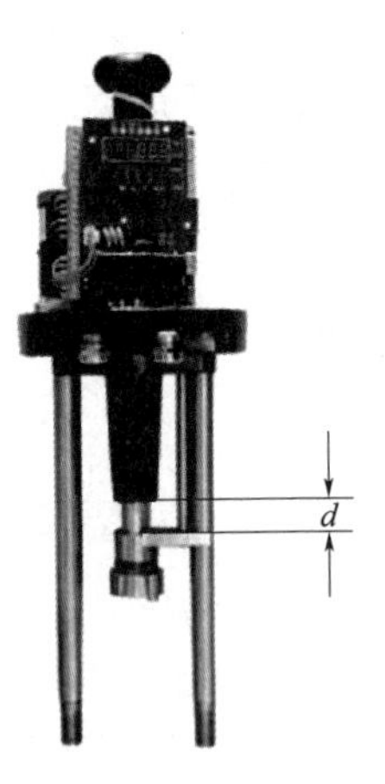

图 4-16　执行机构与阀门连接时的安装要求

（二）电气接线

WAP5 控制板允许有两种控制方式：开关控制方式和调节控制方式。它们的接线方式是不同的。

1. 开关控制方式

开关控制方式接线图如图 4-17 所示。

输入：电动机正转、反转相线及中性线；

输出：0～1 000 Ω 反馈信号。

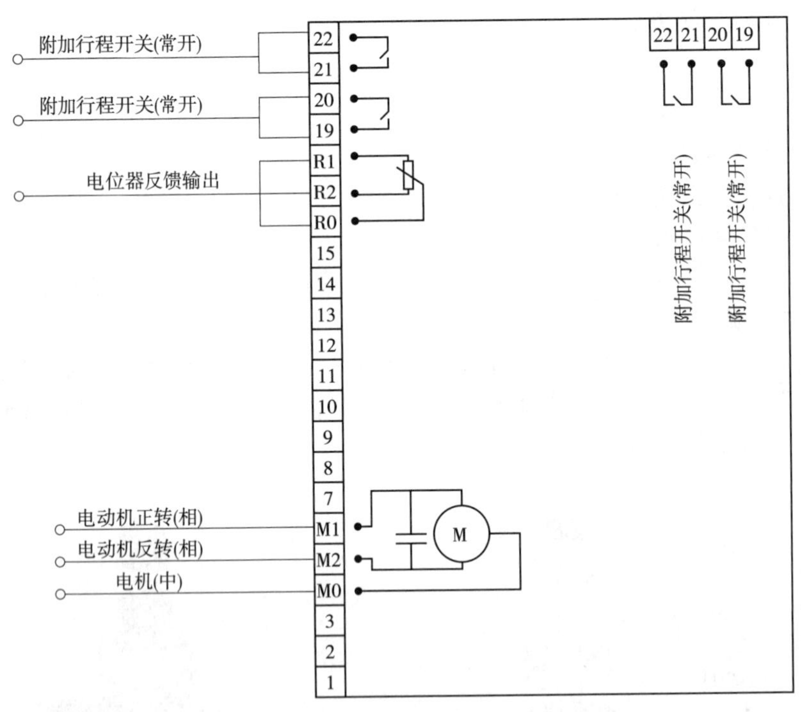

图 4-17　开关控制方式接线图

2. 调节控制方式

调节控制方式接线图如图 4-18 所示。

输入：4～20 mA；

输出：4～20 mA 反馈信号。

（三）性能调校

执行机构在出厂前都进行了准确调校，新安装产品一般无须再调校。使用后出现

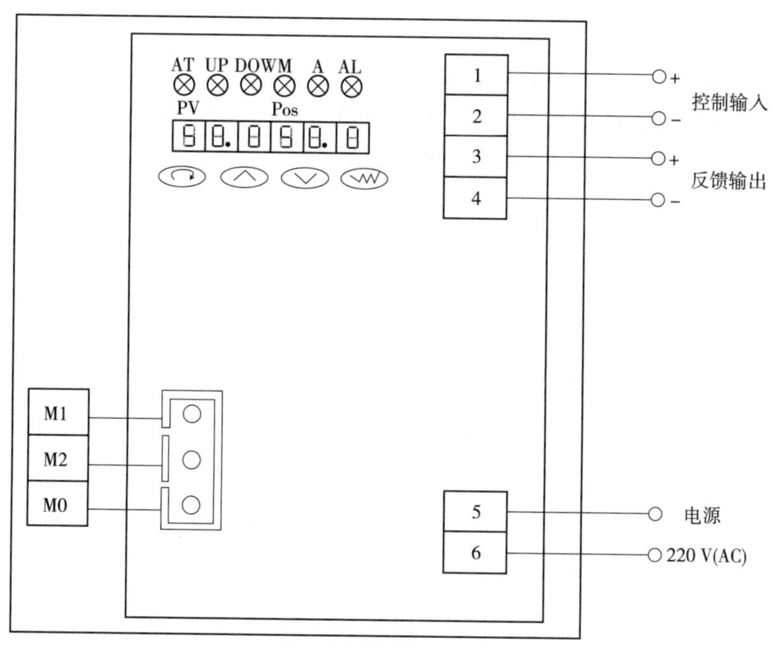

图 4-18 调节控制方式接线图

误差过大等问题，这时就须对电动调节阀进行调校与维护。调校的原则必须做到三位同步，即：调节阀位置、行程开关位置与控制板信号位置，三个位置必须同步对应。具体如下。

1. 调节阀位置的确定

调节阀调校时首先应确定“零位”和“满量程”两个位置。“零位”应根据调节阀“关断力/行程”关系来调整，而“满量程”则是根据额定行程来确定。图 4-19 是 PSL 系列执行机构的“关断力/行程”性能曲线，根据这个性能曲线调整“零位”可以确保关断力，防止泄漏。具体调试方法如下。

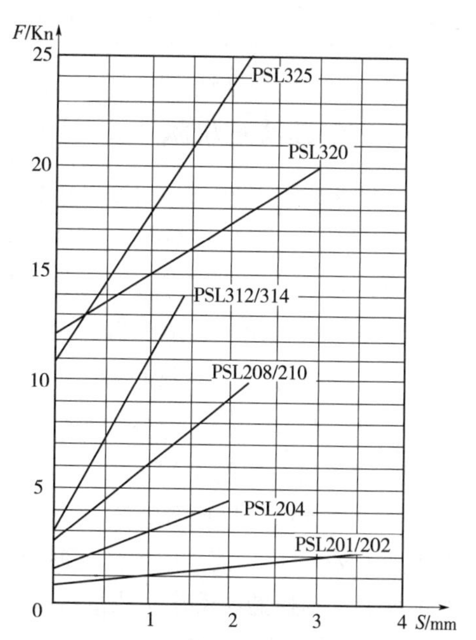

图 4-19 PSL 系列执行机构的“关断力/行程”性能曲线

①手动执行机构驱动阀芯下行。当阀杆开始轴向动作时，表明阀芯刚接触阀座，此时阀杆受力为执行机构盘簧的反作用力。

②继续向同一方向驱动执行机构，直到执行机构盘簧被压缩到“零位”位置。“零位”调整示意图如图 4-20 所示，应将此位置做好标记。

③“零位”确定后应反方向驱动执行机构，直到额定行程的数值即“满量程”，同样也应做好标记。

2. 行程开关位置的确定

①将执行器中的电位器滑块上的压紧弹簧脱离开，使电位器齿轮与齿条板分开，

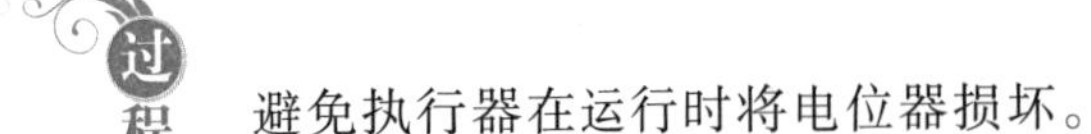

避免执行器在运行时将电位器损坏。

②不通电转动手轮使阀杆下降至“零位”位置时，调整下限限位开关正好动作（图4-21中的下限阀正凸块）。重新将压紧弹簧合上，同时左旋反馈电位器到“零位”欧姆位置。使电位器齿轮与齿条板啮合即可。

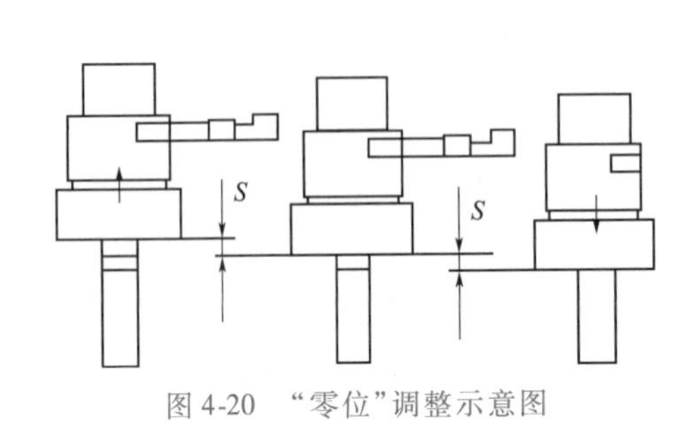

图4-20 “零位”调整示意图

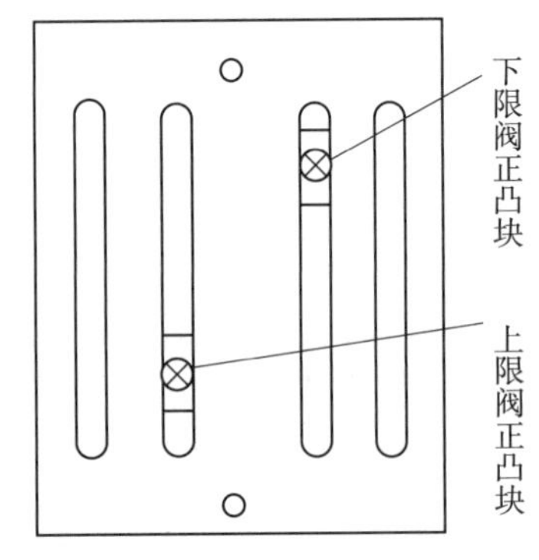

图4-21 限位开关调整示意图

③再转动手轮使阀杆上升至标尺100%位置时，调节上限限位开关正好动作（图4-21中的上限阀正凸块）。重复上述动作直至上、下限限位都调整好。

3. 控制板信号位置的确定

同时按下◯键和◁键5 s，阀位自整定AT灯亮，即可松手。控制器自动对阀门位置进行了定位测量，自动确定控制零位和满度，且同时也自动确定阀位的零位和满度。

任务3 气动调节阀的使用

一、气动执行机构

气动执行机构以140 kPa（或350 kPa）的压缩空气为能源，以20～100 kPa（或80～240 kPa）气压信号为输入控制信号。气动执行机构主要有气动薄膜式和气动活塞式两种。气动活塞式推力较大，主要适用于大口径、高压降控制阀或蝶阀，但成本较高。通常情况下使用的都是气动薄膜式执行机构。对这两种执行机构分述如下。

（一）气动薄膜式执行机构

气动薄膜式执行机构分为有压缩弹簧和无压缩弹簧两种，下面以有压缩弹簧情况为例进行说明。如图4-22所示。

气动薄膜执行机构分正作用和反作用两种形式，国产型号为ZMA型（正作用）和ZMB型（反作用）。信号压力增加时推杆向下动作的叫正作用执行机构；信号压力增加时推杆向上动作的叫反作用执行机构。从外表上看，正作用执行机构的信号从上膜盖进入，反作用执行机构的信号从下膜盖进入。正、反作用执行机构的结构基本相同。均由上、下膜盖、波纹薄膜、推杆、支架、压缩弹簧、弹簧座、调节件、行程标尺等组成。在正作用执行机构上加上一个装O形密封圈的填块，再更换个别零件，即可变为反作用执行机构。

这种执行机构的输出特性是比例式的，即输出位移与输入的气压信号成正比例关系。当信号压力通入薄膜气室时，在薄膜上产生一个推力，使推杆移动并压缩弹簧。

当弹簧的反作用力与信号压力在薄膜上产生的推力相平衡时，推杆在一个新的位置。信号压力越大，在薄膜上产生的推力就越大，则与它平衡的弹簧反力也越大，即推杆的位移量越大。推杆的位移就是执行机构的直线输出位移，也称为行程。

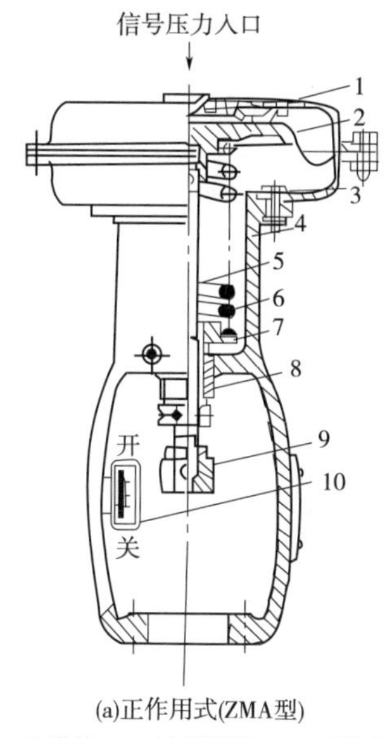

(a)正作用式(ZMA型)

1—上膜盖；2—波纹薄膜；3—下膜盖；4—支架；5—推杆；6—压缩弹簧；7—弹簧座；8—调节件；9—螺母；10—行程标尺

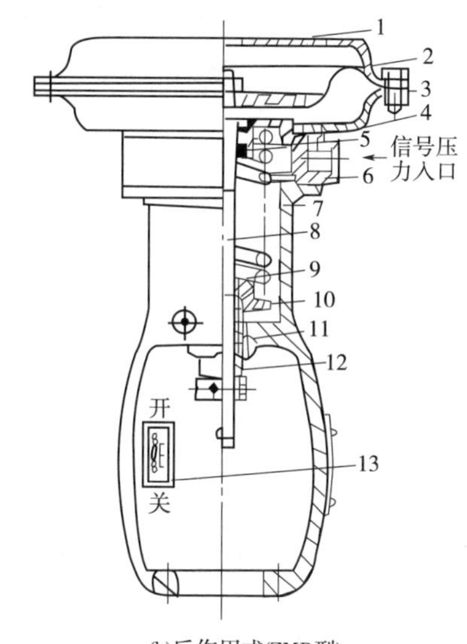

(b)反作用式(ZMB型)

1—上膜盖；2—波纹薄膜；3—下膜盖；4—密封膜片；5—密封环；6—填块；7—支架；8—推杆；9—压缩弹簧；10—弹簧座；11—衬套；12—调节件；13—行程标尺

图 4-22　气动薄膜执行机构

气动薄膜执行机构（有弹簧）的行程规格有 10 mm、16 mm、25 mm、40 mm、60 mm、100 mm 等多种。膜片的有效面积有 200 cm^2、280 cm^2、400 cm^2、630 cm^2、1 000 cm^2、1 600 cm^2 共 6 种规格，有效面积越大，膜头体积越大，执行机构的推力和位移越大。具体使用时可根据实际需要进行选择。

（二）气动活塞式执行机构

气动薄膜式执行机构由于膜片所能承受的压力较低，一般信号压力为 20 ~ 100 kPa，最高压力不大于 250 kPa，又加上有弹簧，执行机构的推力大部分被弹簧的反作用力抵消，所以，输出力较小。对高压差、不平衡力较大的阀，就要用庞大的薄膜头，既占空间，又不经济，此时应采用活塞式执行机构。

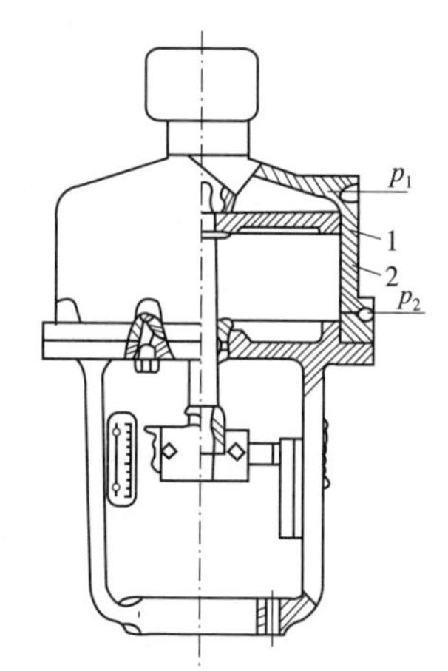

图 4-23　气动活塞式执行机构

1—活塞；2—气缸

气动活塞式执行机构如图 4-23 所示。它由活塞和气缸两部分构成。气缸内的活塞随气缸两侧的压差而移动，在气缸两侧可分别输入不同的信号 p_1 和 p_2，其中可以有一个是固定信号，或两个都是变动信号。

气动活塞式执行机构的气缸操作压力允许为 500 kPa，因为没有弹簧反作用力，所以有很大的输出推力，特别适合于高静压、高压差的场合。

气动活塞式执行机构的输出特性有两位式和比例式两种。两位式是根据活塞两侧的压差而工作的，活塞从高压侧推向低压侧，使推杆从一个极端位置移到另一个极

端位置，行程一般为25～100 mm。比例式是在两位式基础上，加有阀门定位器，使推杆位移与信号压力成比例关系。比例式气动活塞执行机构如图4-24所示。

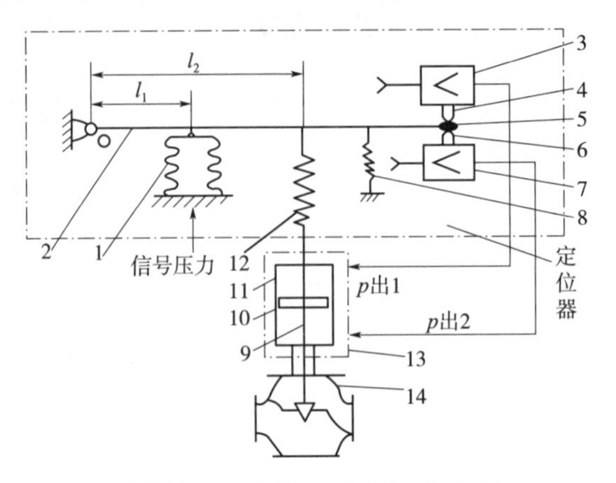

图4-24　比例式气动活塞执行机构

1—波纹管；2—杠杆；3、7—功率放大器；4—上喷嘴；5—挡板；6—下喷嘴；8—调零弹簧；9—推杆；10—活塞；11—气缸；12—反馈弹簧；13—活塞式执行机构；14—调节阀

二、阀门定位器

（一）基本结构与工作原理

阀门定位器是气动执行器的一种辅助仪表，它与气动执行器配套使用。

在图示4-22的气动薄膜执行机构中，阀杆的位移是由薄膜上的气压推力与弹簧反作用力来平衡确定的。实际上，为了防止阀杆引出处的泄漏，填料总要压得很紧。尽管填料选用密封性好而摩擦系数小的材料，填料对阀杆的摩擦力仍是不小的。特别是在压力较高的阀上，由于填料压得很紧，摩擦力可能相当大。此外，被调节流体对阀芯的作用力，在阀的尺寸大或阀前后压差高、流体黏度大及含有固体悬浮物时也可能相当大。所有这些附加力都会影响执行机构与输入信号之间的定位关系，使执行机构产生回环特性，严重时造成调节系统振荡。因此，在执行机构工作条件差及要求调节质量高的场合，都在调节阀上加装阀门定位器。

阀门定位器接受调节器的输出信号后，去控制气动执行器。当气动执行器动作时，阀杆的位移又通过机械装置负反馈到阀门定位器，因此定位器和执行器组成了一个闭环回路，图4-25所示是阀门定位器的功能示意图。图中显示，来自调节器输出的信号 p_0 经定位器比例放大后输出 p_a，用以控制气动执行机构动作，位置反馈信号外送回至定位器，由此构成一个使阀杆位移与输入压力成比例关系的负反馈系统。

阀门定位器能够增加执行机构的输出功率，减少调节信号的传递滞后，加快阀杆的移动速度，能提高信号与阀位间的线性度。克服阀杆的摩擦力和消除不平衡力的影响，从而保证调节阀的正确定位。

（二）气动阀门定位器的结构原理

气动阀门定位器接受气动调节器的输出信号，然后产生和调节器输出信号成比例的气压信号，用以控制薄膜式或活塞式的气动调节阀。它有力位移平衡式和力平衡式两大类，这里以一种与气动薄膜调节阀配套的力平衡式阀门定位器为例介绍其工作原理。

图 4-26 给出了与薄膜执行机构配套的气动阀门定位器结构原理图。它是按力矩平衡原理工作的。当通入波纹管 1 的信号压力增加时，波纹管 1 使主杠杆 2 绕支点 15 偏转，挡板 13 靠近喷嘴 14，喷嘴背压升高。此背压经放大器 16 放大后的压力 p_2 引入到气动执行机构的膜室 8，因其压力增加而使阀杆向下移动，并带动反馈杆 9 绕支点 4 偏转，从而使反馈弹簧也跟着作逆时针方向转动，通过滚轮 10 使副杠杆 6 绕支点 7 顺时针偏转，从而使反馈弹簧拉伸，弹簧 11 对主杠杆 2 的拉力与信号压力 p_1 通过波纹管 1 作用到主杠杆 2 的推力达到力矩平衡时，阀门定位器达到平衡状态。此时，一定的信号压力就对应于一定的阀杆位移，即对应于一定的阀门开度。弹簧 12 是调零弹簧，调整其预紧力可以改变挡板的初始位置。弹簧 3 是平衡弹簧，在分程控制中用来补偿波纹管对主杠杆的作用力，以使定位器在接受不同范围(例如 20 ~ 60 kPa 或 60 ~ 100 kPa)的输入信号时，仍能产生相同范围(20 ~ 100 kPa)的输出信号。

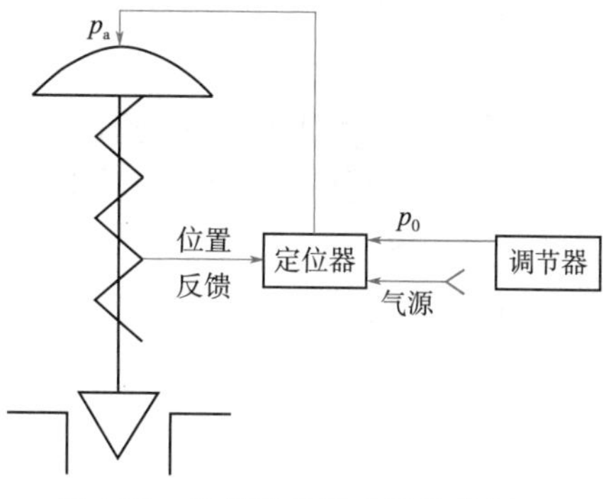

图 4-25　阀门定位器功能示意图

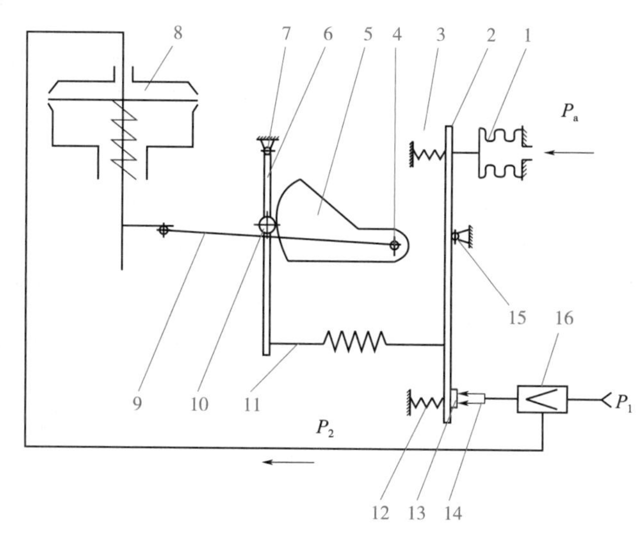

图 4-26　与薄膜执行机构配套的气动阀门定位器结构原理图

1—波纹管；2—主杠杆；3—平衡弹簧；4—反馈凸轮支点；5—反馈凸轮；
6—副杠杆；7—副杠杆支点；8—膜室；9—反馈杆；10—滚轮；11—反馈弹簧；
12—调零弹簧；13—挡板；14—喷嘴；15—主杠杆支点；16—双向放大器

(三)电/气阀门定位器的结构原理

电/气阀门定位器具有电/气转换器和阀门定位器的双重作用。它接受电动调节器输出的 4 ~ 20 mA 直流信号，然后产生和调节器输出信号成比例的气压信号，用以控制薄膜式或活塞式的气动调节阀。它起到了电/气转换器和气动阀门定位器两种作用。

图 4-27 是一种配套活塞式执行机构的电/气阀门定位器原理图，它也是按力矩平衡原理工作的。当信号电流通入力矩马达 1 的线圈时，它受永久磁钢作用后，对主杠杆产生一个向左的力，使主杠杆 2 绕支点 15 偏转，挡板 13 靠近喷嘴 14 背压升高，经

放大器 16 放大后，输出两个信号，p_1 增加，p_2 减小，p_1、p_2 分别送入气缸 8 的上部和下部，当气缸 8 的上部压力大于下部压力时，活塞杆向下移动，并带动反馈杆 9 绕支点 4 转动，反馈凸轮 5 也跟着作逆时针方向转动，通过滚轮 10 使副杠杆 6 绕支点 7 顺时针偏转，将反馈弹簧 11 拉伸，弹簧 11 对主杠杆 2 的拉力与力矩马达作用在主杠杆上的力达到力矩平衡时，电/气阀门定位器达到平衡状态。此时，一定的信号电流对应一定的阀门开度。弹簧 12 是作调整零点用的。

电/气阀门定位器要实现反作用，只要把输入电流的方向反接即可。

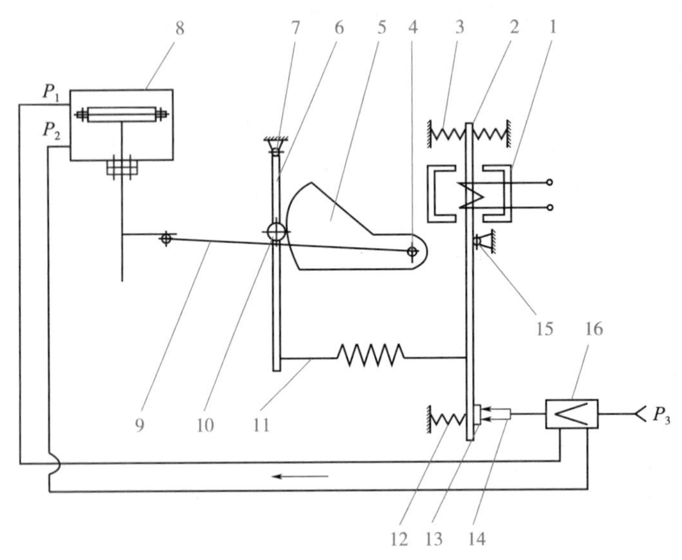

图 4-27　配套活塞式执行机构的电/气阀门定位器原理图

1—力矩马达；2—主杠杆；3—平衡弹簧；4—反馈凸轮支点；5—反馈凸轮；6—副杠杆；7—副杠杆支点；8—气缸；9—反馈杆；10—滚轮；11—反馈弹簧；12—调零弹簧；13—挡板；14—喷嘴；15—主杠杆支点；16—双向放大器

三、应用分析

生产实践中，阀门定位器的安装与调试是气动调节阀使用中的主要内容。现以川仪 HEP15 电气阀门定位器为例，详细介绍气动调节阀的具体使用方法。它也是职业技能大赛中的指定产品，因此具有典型性。

（一）工作原理分析

HEP 系列电/气阀门定位器是安装在调节阀上的主要辅助装置，它能将调节器的输出电信号转换成气压信号，以驱动调节阀动作。该产品最早是日本山武生产，后引进到国内组织生产，在国内有较广泛的应用。目前，主要以直行程单作用为主，有 3 种类型：HEP15 隔爆型，HEP16 本安型，HEP17 防水型。图 4-28 是 HEP15 阀门定位器的外观与安装图。

HEP15 的主要性能指标如下：

结构形式：耐压防爆型；

适用温度：－40～60 ℃，最高温度不得大于 80 ℃；

输入信号：4～20 mA(DC)；

供气压力：0.12～0.50 MPa；

行程值:12 ~ 100 mm;

精度:小于全行程的 ±1% ;

死区:小于全行程的 0.1% 。

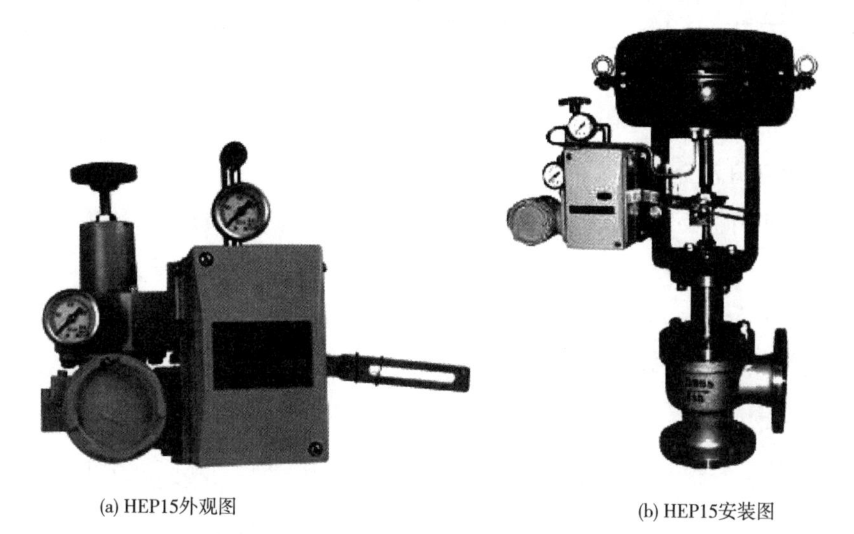

(a) HEP15外观图　　(b) HEP15安装图

图 4-28　HEP15 阀门定位器的外观与安装图

HEP 电气阀门定位器是根据力平衡原理制作的,工作原理与图 4-27 中的电/气阀门定位器原理图类似,但反馈结构略有差异。现以反作用执行机构为例说明定位器的工作原理,如图 4-29 所示:当阀门定位器处于平衡状态的时候,由于输入信号的增加,电磁组件将产生更大的电磁力矩,使得主杠杆向顺时针偏转,并带动挡板向喷嘴靠拢,喷嘴背压上升,气动放大器的输出气压增加,送到执行机构的气室内后,膜片的向上作用力增大,迫使阀杆向上移动,从而使阀门开度增大。这个变化通过反馈杠杆、行程调节件和反馈弹簧的负反馈传递后,作用于主杠杆的反作用力矩必然增加。当电磁力矩与反作用力矩平衡时,就使执行机构位置与输入信号相对应,而喷嘴挡板就被推到最初的平衡位置。图 4-30 给出了 HEP 定位器的工作原理方框图。此外,机构上设置有零点调整旋扭和行程调整旋扭,可进行零点调整与量程调整工作。

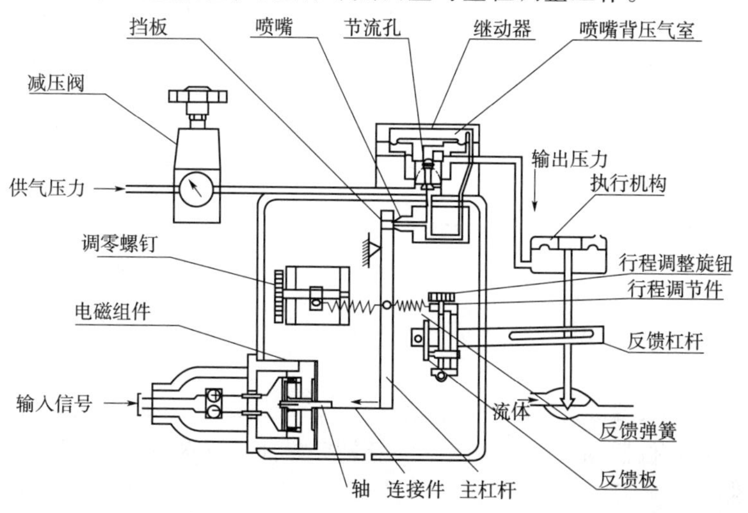

图 4-29　HEP 单作用定位器工作原理

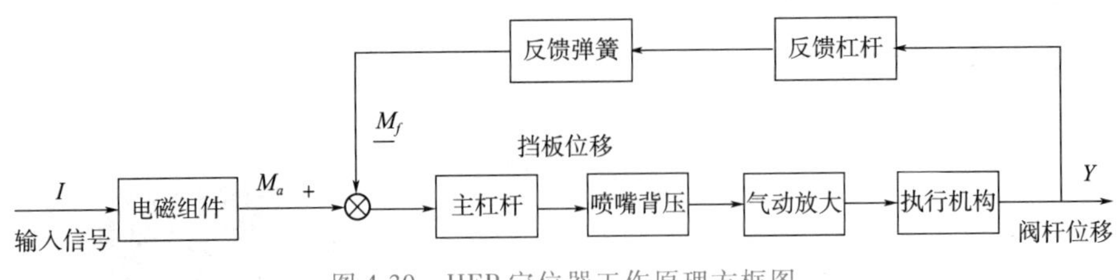

图 4-30 HEP 定位器工作原理方框图

(二)使用方法介绍

定位器使用主要涉及 3 方面的内容:定位器安装、气/电路连接、现场调校,具体方法如下。

1. 定位器安装

定位器的安装示意图见图 4-31。

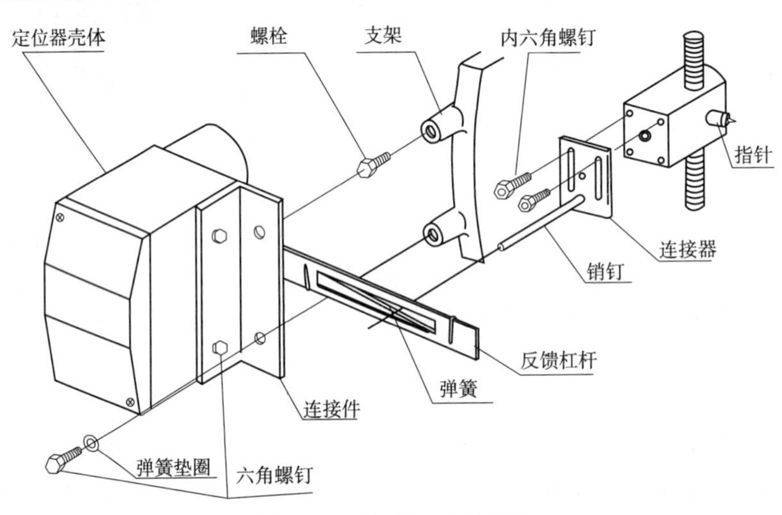

图 4-31 定位器安装示意图

定位器安装的具体步骤如下:

第一步

用内六角螺钉将连接器暂且固定在指针块上(不要拧紧),后将销钉插入连接器的圆孔内,如图 4-32 所示。

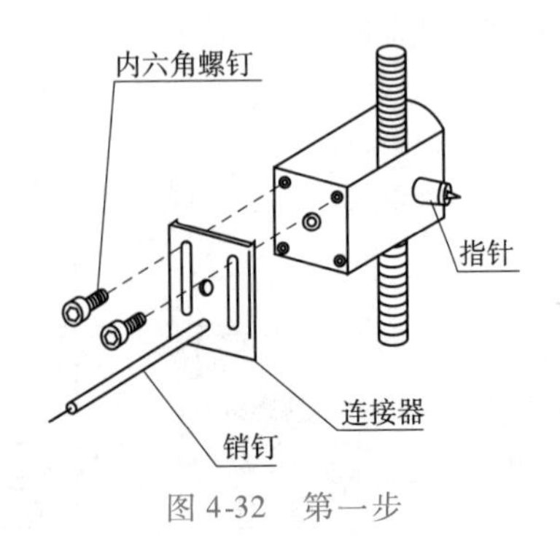

图 4-32 第一步

第二步

用螺栓将定位器固定在支架上。注意销钉要插入反馈杠杆的滑槽内,并用弹簧压紧,如图 4-33 所示。

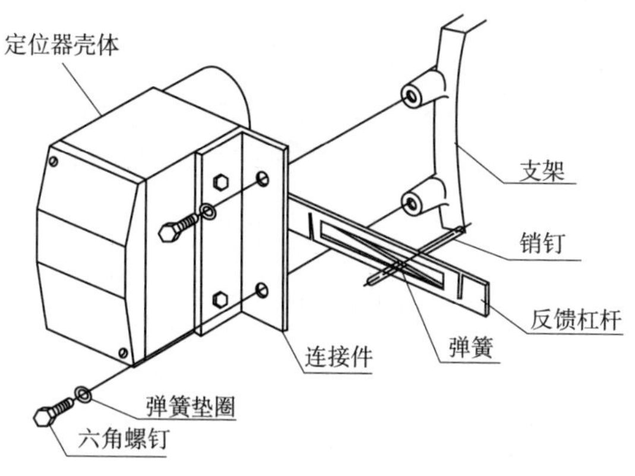

图 4-33　第二步

第三步

用减压阀调整输入执行机构气室的供气压力，使推杆位于行程的中点。

调整反馈杠杆使它与定位器外壳垂直（见右图所示），然后将螺钉拧紧固定好，如图 4-34 所示。

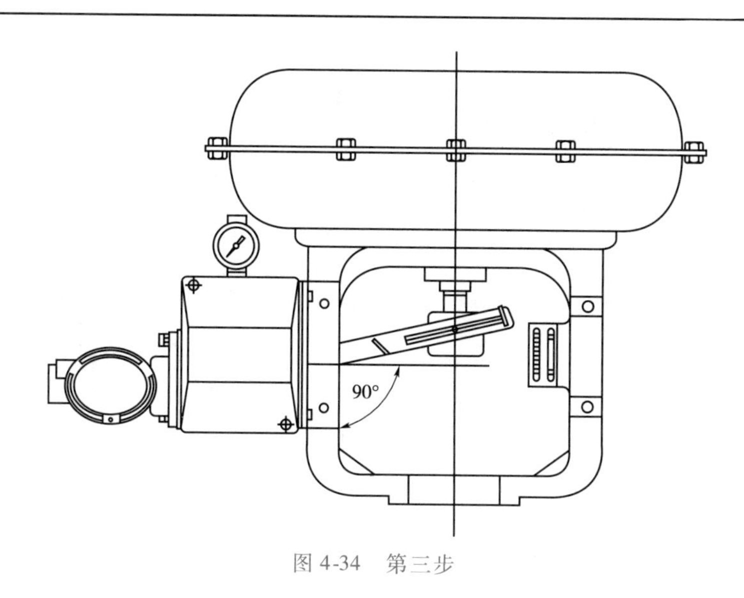

图 4-34　第三步

2. 气/电路连接

气/电路连接如图 4-35 所示，连接好气管，其中标有 SUP 字样的为进气管，标有 OUT 字样的为输出压力管。

拆下接线盒的盖子，把输入信号线正极与接线盒上的正极（+）相接，输入信号线负极与接线盒上的负极（-）相接。

3. 现场调校

HEP 定位器在出厂时已经按订货规定的行程、输入信号、作用形式进行了准确调校，一般用户无须再次校验。只有当工作条件变化，如定位器拆卸重装后，调节阀行程不符合要求的输入信号时，才需要调校。调校的方法如下。

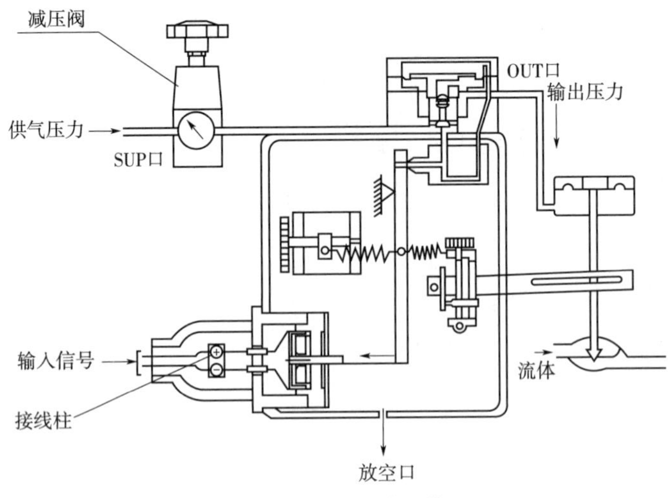

图 4-35 气/电路连接

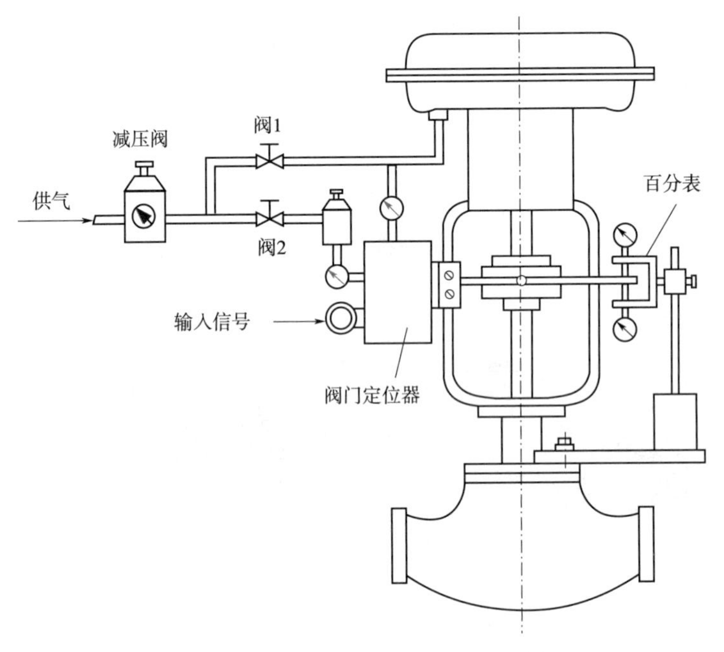

图 4-36 气动调节阀特性测试原理图

第一步 测试系统构建

按图 4-36 所示的气动调节阀特性测试原理图安装好百分表、气/电线路,并检查确认供气压力、输入信号的供给正常,阀 1、阀 2 处关闭状态。

第二步 标牌零位确定

调节阀不通气加压时,将标牌零位对准调节阀的起始位置(气开阀)。

注意:对于气关阀,调节阀先通气,使其关死,然后将标牌最大位置对准调节阀的关死位置。

第三步　反馈杆调整

打开阀1,使供气通过减压阀接到执行机构上,调节供气压力大小,使执行机构推杆位于行程中心。

然后,调整反馈杆与定位器外壳成90°(方法同定位器安装第三步)。

第四步　起始点调整

输入一个4 mA信号,使执行机构开始动作,且阀杆行程应指示"0"位置。如超差,应调整定位器的调零旋钮至"0"位置。

同时,百分表进行调零。

第五步　量程调整

输入一个20 mA信号,阀杆行程应满量程。如超差,应调整定位器的量程旋钮至满量程位置。

零点、量程应反复调整直至合格。

第六步　误差测试

输入8 mA、12 mA、16 mA、100%的标准信号电流,将阀杆的相应点行程记录在表4-4中。

按同样方法做好反行程的测试。

第七步　误差计算

根据测试数据,计算调节阀的非线性偏差、变差值,并根据产品性能指标规定,判断执行机构的行程误差是否在公差范围内。

如超差,可微调节调零旋钮即可满足要求。否则,应重做步骤四、步骤五。

表4-4　非线性偏差、变差及灵敏限检验记录表

非线性偏差及变差测试记录			
校验点		阀杆位置	
百分值/%	信号值/mA	正行程/%	反行程/%
0			
25			
50			
75			
100			
非线性偏差		%	
变差		%	

续 表

灵敏限测试记录					
测试点		阀杆移动 0.01 mm 时的信号变化值			
百分值/%	信号值/mA	增加信号变化量/mA		减小信号变化量/mA	
10					
50					
90					
100					
灵敏限		%			

知识拓展　电力调功器的使用

工业上有众多的电热设备,需要根据温度来调节电压/功率大小,以满足加热温度的要求。基于晶闸管电力控制器的温度控制系统如图 4-37 表示:温度传感器检测水温 t 且变送给温度控制器,温度控制器则与给定值比较后得到偏差 e,经运算后得到控制值 u 输出给电力调压器/调功器,由它去控制主回路中电压的导通与关断,从而达到调节电压/电功率的目的。因此,系统结构与单回路控制系统完全相同,但是执行器采用了电力调压器/调功器。它们由电力电子器件构成,并由触发信号控制电源的导通与关断。

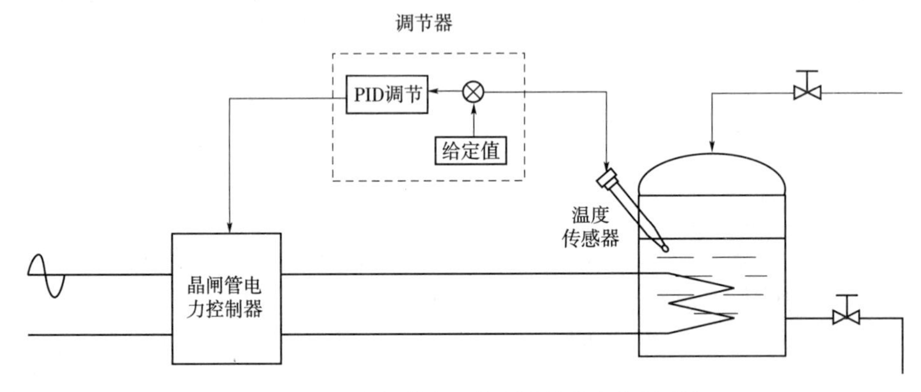

图 4-37　基于晶闸管电力控制器的温度控制系统

一、电力调功器的工作原理分析

电力调功器又称晶闸管电力控制器,它是通过对晶闸管电力器件通断的有效控制来实现调压或调功目的的。根据晶闸管的触发方式不同,电力调功器又可分为相位控制、定周期过零调功型和变周期过零调功型 3 种控制模式。下面就其控制原理及性能特点分析如下。

(一)"调压型"触发方式。

"调压型"触发方式,又称"移相型"触发方式,即在交流电的半个周期(正半周期或负半周期)内通过控制(移动)触发脉冲的相位,来调整导通时间(又称导通角)和关断时间(又称控制角)的比例来达到改变输出电压平均值的目的,输出的连续性比较好,被控参数比较稳定,"调压型"触发方式的工作波形如图 4-38 所示。

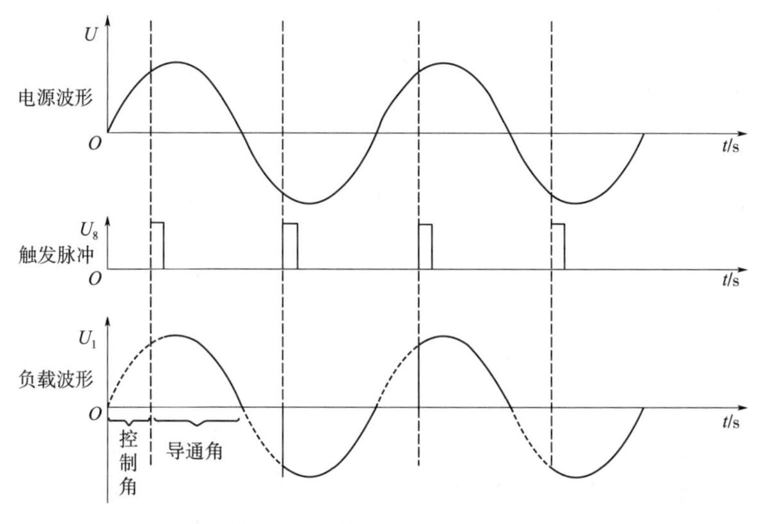

图 4-38 “调压型”触发方式的工作波形

这种方式由于输出波形连续性好，又可以通过变压器、互感器来实现电压、电流、功率反馈来提高系统性能，所以应用场合最多。

但是这种方式输出波形为缺角的正弦波，在导通的瞬间可能产生较大的自感电动势，它的高次谐波会通过电网对其他电子设备产生一定的干扰，因此对有特殊要求的场合应慎重使用。

(二)“定周期过零调功型”触发方式

为避免“调压型”触发方式对电网的干扰，可以应用一种“定周期过零调功型”触发方式，“定周期过零调功型”触发方式的工作波形如图 4-39 所示。这种方式的特点是：

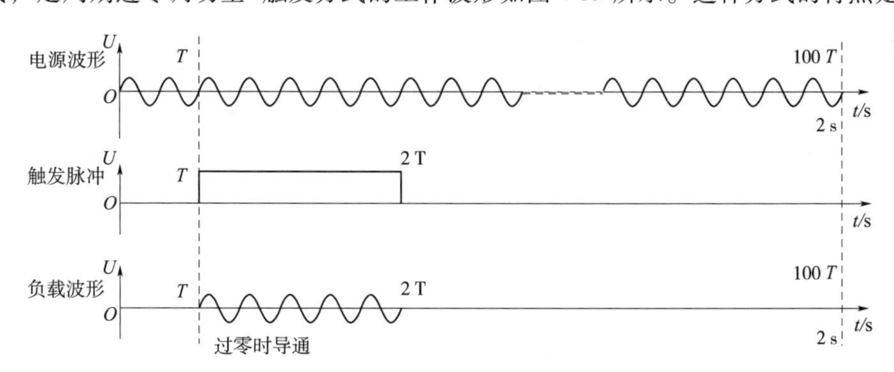

图 4-39 “定周期过零调功型”触发方式的工作波形

①在一个较长的固定周期内通过触发电路控制导通周波的个数和关断周波个数的比值(又称为占空比或时间比例)来控制负载功率的平均值。

②这种电路能保证主回路在波形的过零瞬间导通或关断，不会产生自感电动势，从而避免了对电网的干扰。

但是这种方式当负载功率较小时，在这个固定周期内关断的时间必然较大，测量仪表的指针会来回摆动，同时，这种方式不能实现电流限制功能。

(三)“变周期过零调功型”触发方式

“变周期过零调功型”触发方式是从“变周期过零调功型”触发方式演变而来的。

即在满足“过零触发”和“输入信号和占空比的关系”两个前提条件下，尽可能缩短控制周期，从而减小测量仪表的抖动，并提高控温的精度，“变周期过零调功型”触发方式的工作波形如图 4-40 所示。

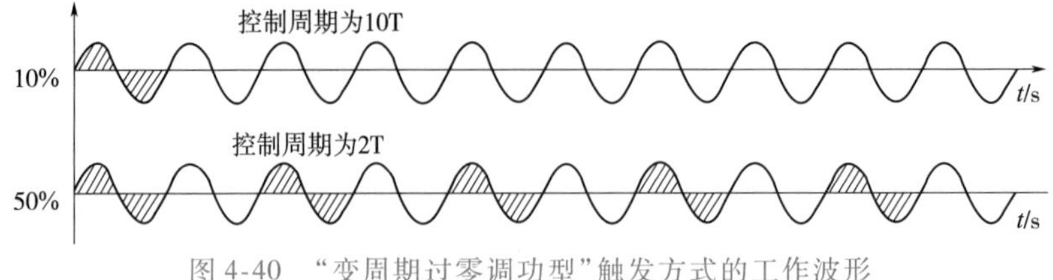

图 4-40 “变周期过零调功型”触发方式的工作波形

（四）三种控制模式的性能对比及控制模式确定

三种控制模式各有优缺点，图 4-41 给出了晶闸管三种控制模式的工作波形，性能对比见表 4-5 所示。从图 4-41 和表 4-5 可知，变周期过零调功方式，虽然只能用于各种纯阻性负载，但其优点是十分明显的：对电网无干扰，能提高电网功率因数，节能效果明显，所以越来越被广泛采用。

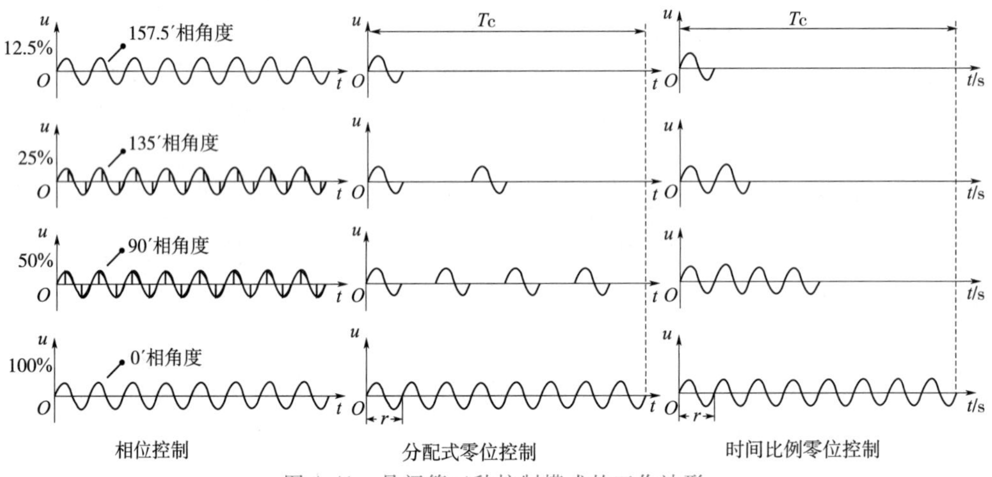

图 4-41 晶闸管三种控制模式的工作波形

表 4-5 三种控制模式的性能对比

控制模式	优点	缺点
相位控制	控制精度高	控制不当易造成电磁干扰，须加装各种防止措施
	任何负载皆可控制	费用较高
	可做各种控制变化	—
定周期过零调功型（很少使用）	无电磁干扰	只能控制纯阻性负载
	构造较简单	负载较易受冲击
	费用较低	控制精度较低
变周期过零调功型	无电磁干扰	只能控制纯阻性负载
	构造较简单	负载较易受冲击
	费用较低	控制精度较低
	控制效果比时间比例零位控制优异	—

二、典型产品应用分析

为进一步熟悉电力调功器，现以北京某公司的三相晶闸管调压器/调功器 Kt36P 系列产品为例，介绍电力调功器的主要性能与使用方法。

(一)功能概述

Kt36P 系列三相晶闸管调压器/调功器是具有高度智能化的新型功率控制设备，集移相调压型和变周期过零调功型两种触发方式于一体，通过外部转换开关可在两种触发方式之间任意转换，所以既可以做调压器也可以做调功器。触发板采用 CPU 控制，并具有看门狗保护，输出全部采取隔离技术，晶闸管采用德国原装进口模块，过载能力强，可靠性高。设置方便，接线简单，具有多种保护功能。其有斜率调整、缓启动、缓关断、电流限制、过流保护，散热器超温保护等功能，能自动判别 R-S-T 三相相序，与智能温度控制仪表连接，实现温度的自动控制，适应于感性负载、阻性负载及各种电加热设备。

(二)技术规格

◆控制输入信号

电流输入:4 ~ 20 mA(DC)，输入阻抗:120 Ω

电压输入(订货时申明)

◆电源电压:380 V(AC)，频率 50 Hz

◆冷却方式:50 A 及以上强制风冷，30 A 及以下自然冷却

◆调节输出范围:(0 ~ 100%)Us，Us 为电源电压

◆采样周期/控制输入信号:10 次/s，负载电流:50 次/s

◆三相触发不平衡度:<0.6°

◆报警继电器触点容量:220 V(AC)，1 A(阻性)

◆运行环境

周围温度范围:(-10 ~ +50)℃(室内日平均温度长期超过 30 ℃，应安装空调)

周围湿度:≤90% RH

海拔高度:超过 1 000 m 因空气密度减小应降额使用

◆绝缘阻抗:最小 20 MΩ/1 000 V(DC)

◆绝缘体强度:2 500 V(AC)，1 min

◆手动调节电位器:10 kΩ/2 W

(三)调压/调功说明

1. 移相调压型

移相调压型是通过改变导通角的大小来调整输出电压，这种触发方式连续性好，输出电压平稳，无电压冲击，能够限制瞬时电流，适合各种类型的负载，目前变压器、电感线圈以及变阻性负载均采用这种触发方式。但是这种触发方式会对电网产生谐波污染。

2. 变周期过零调功型

变周期过零调功型是在正弦波的零点触发，以完整的正弦波为单位，通过改变通

断的正弦波的周期来调整输出功率。使导通的正弦波均匀分布,电压表、电流表的表针只有轻微的抖动,多台调整器运行时避免了电流的集中,因为在正弦波的零点触发,所以对电网没有污染,功率因数高,但无法限制瞬时电流,故不能用于感性负载和变阻性负载,恒阻性负载一般都采用这种触发方式。

3. 触发方式及输出波形

触发方式及对应的输出波形见表4-6。

表4-6　触发方式B对应的输出波形

触发方式	干扰	输出波形		
		10%输出	50%输出	90%输出
移相调压型	有			
变周期过零调功型	无	通1个正弦波 断9个正弦波	通1个正弦波 断1个正弦波	通9个正弦波 断1个正弦波

4. 负载及触发方式选择

表4-7　负载及触发方式选择

负载类型	名称	最高温度	电阻温度曲线	触发方式
恒阻负载 (冷热电阻变化小)	镍铬合金 铁铬 铁铝钴	1 100 ℃(空气) 1 200 ℃(空气) 1 330 ℃(空气)	R/Ω T/℃	变周期过零调功型 或移相调压型
变阻负载 (冷热电阻变化大)	钨 钼 铂 硅钼棒	2 400 ℃(真空) 1 800 ℃(真空) 1 400 ℃(真空) 1 700 ℃(空气)	R/Ω T/℃	移相调压型
	硅碳棒	1 600 ℃(空气)	R/Ω T/℃	移相调压型
感性负载	变压器 电感线圈	—	—	移相调压型

(四)接线方式

1. 主电路接线方式

主电路连接方式有三角形接线方式和星形中性点不接零线的接线方式,分别如图4-42和图4-43所示。

2. 控制端子接线

控制端子接线方式如图 4-44 所示。

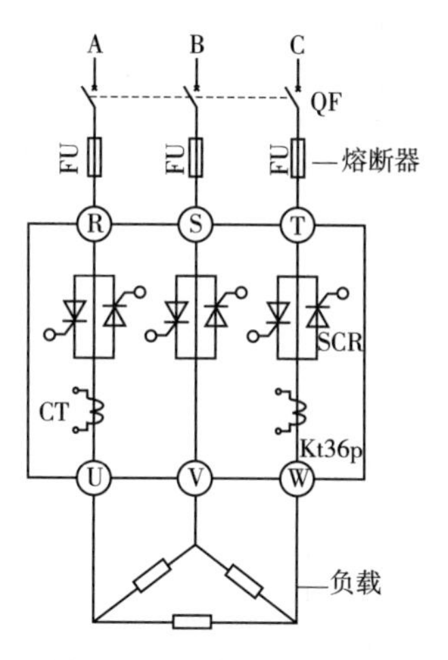

图 4-42　三角形接线方式

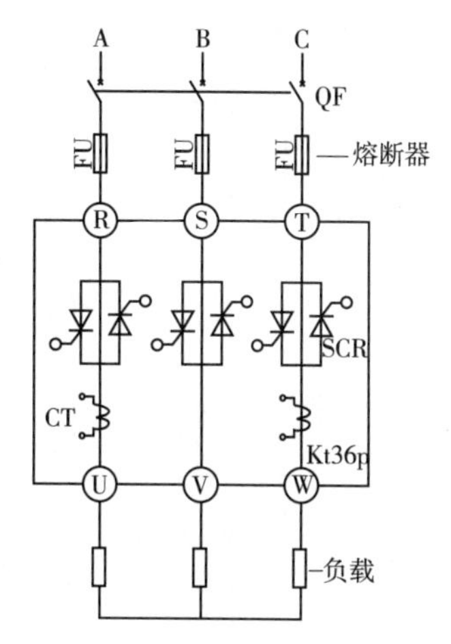

图 4-43　星形中性点不接零线的接线方式

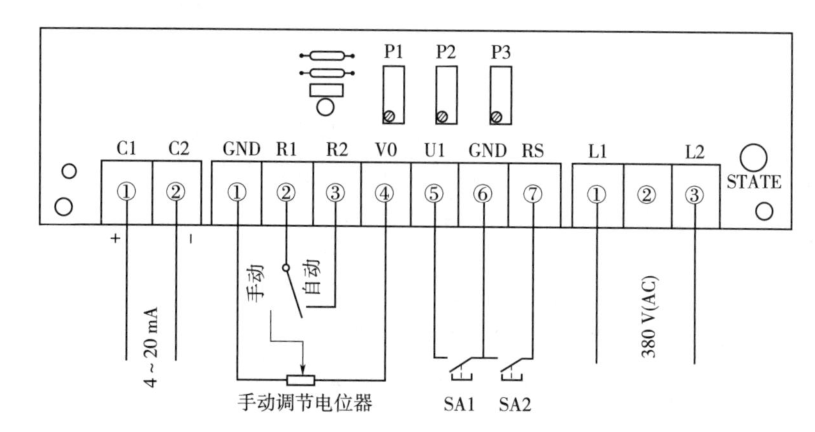

图 4-44　控制端子接线方式

执行器使用

说明：

①端子 C1 和端子 C2 为自动信号输入端。1 为正，2 为负，标准输入信号为 4 ~ 20 mA，其他信号订货申明。

②端子 GND、R1、R2 和 V0 为自动/手动信号转换输入端。手动信号由手动电位器提供，电位器的规格为 10 KΩ/2 W；不需要手动调节时将 R1 和 R2 短接即可(出厂已短接)。

③端子 U1 和 GND 上的 SA1 开关为调压/调功转换开关。SA1 断开为变周期过零调功型，SA1 闭合为移相调压型。

④端子 RS 和 GND 上的 SA2 开关为缓起停开关。SA2 开关断开的时候晶闸管调压器/调功器处于运行状态，SA2 开关闭合的时候晶闸管调压器/调功器处于停止状态。当 SA2 开关从断开变成闭合时，晶闸管调压器/调功器开始缓关断，缓关断完成后晶闸管调压器/调功器进入停止状态。当 SA2 开关从闭合变成断开时，晶闸管调压器/调功器开始缓启动，缓启动完后晶闸管调压器/调功器进入运行状态(在上电时如果 SA2 开关处于断开状态，晶闸管调压器/调功器也具有缓启动功能)。

3. 典型应用

例 1　基本应用接线方式，如图 4-45 所示。

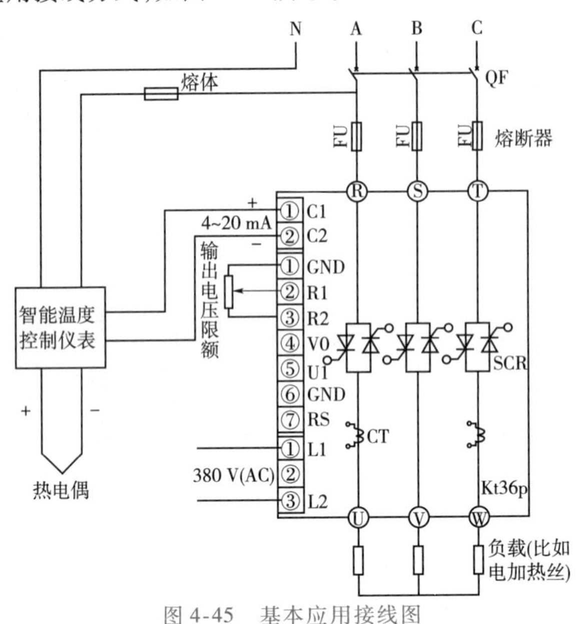

图 4-45　基本应用接线图

注意：用户还可在空开与晶闸管调压器/调功器的中间增加一个交流接触器，以及在负载端增加电压电流指示。快速熔断器按负载实际最大电流的 1.3 倍选择。

例 2　带手动/自动接线方式，如图 4-46 所示。

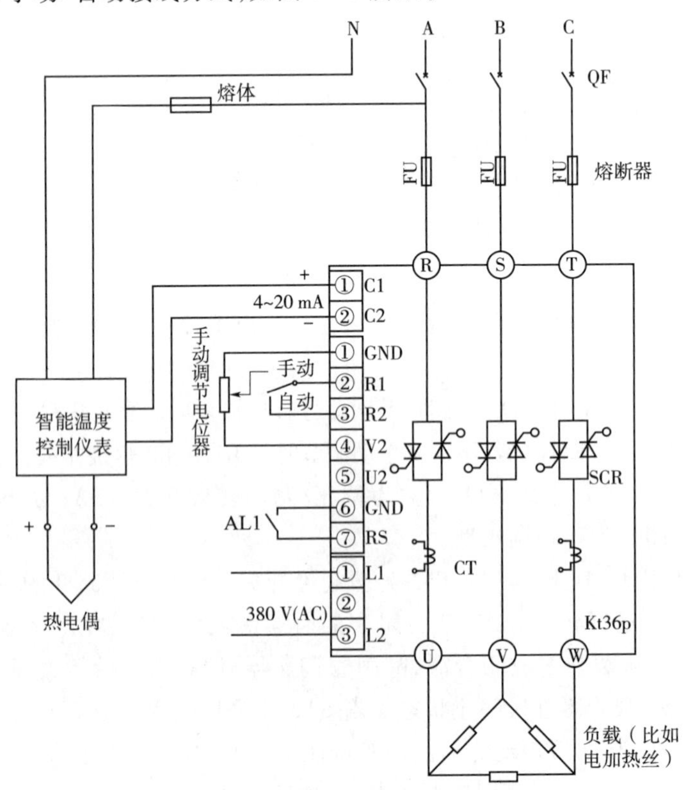

图 4-46　带手动/自动控制的接线图

注意:例 2 在例 1 的基础上增加了手动及手动/自动转换功能,用户可自行增加负载电压电流指示,以及调整器的其他功能。图 4-46 中的 AL1 开关为智能温度控制仪表的上限报警,这样接的好处是当温度超过一定值时,AL1 开关闭合从而使晶闸管调压器/调功器停止运行,避免烧坏炉子。快速熔断器按负载实际最大电流的 1.3 倍选择。

习题

4.1　根据使用的能源不同,调节阀可分为________、________和________3 大类。

4.2　调节阀有哪几部分组成?

4.3　阀门定位器有哪些作用?

4.4　图 4-47 中,请指出哪个是气开阀,哪个是气关阀?

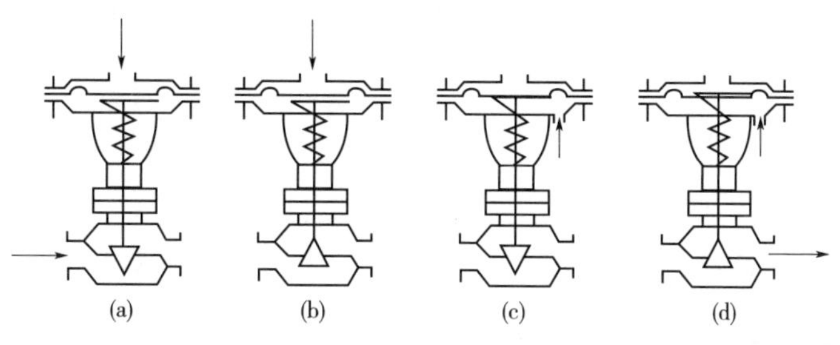

图 4-47　调节阀作用形式示意图

4.5　电动调节阀的执行机构由几部分组成?画出其静态特性。

4.6　QSTP 电动调节阀是上海万迅仪表有限公司的智能电动调节阀系列产品之一,试说出其输入控制信号和电源。

4.7　QSTP 电动调节阀上电后,数码显示 Er. 2 表示什么意思?

4.8　气动薄膜式执行机构有何特点?有哪两种形式?

4.9　气动执行机构控制信号是什么?

4.10　什么是电力调功器,有几种控制模式?

模块五 控制系统调试

对于自动控制系统,需要关心两个问题,即控制系统性能如何评价,以及如何才能提高控制系统性能。要回答这两个问题,就要熟悉控制系统调试技术。控制系统调试是控制工程实施中的最终环节,它既能及早发现系统中存在的各类软硬件问题,又能通过合理的工程整定方法来提高系统的运行性能,因此它是专业人员必须掌握的基本技能。本模块通过理论与实践相结合的方式,重点介绍控制器参数的工程整定方法,以期达到学习目标。

1. 会控制系统集成;
2. 会控制系统调试。

任务1 控制系统性能评价

控制系统的作用是使被控变量保持给定值,因此控制系统的性能评价应根据其控制效果——被控变量随时间变化特点来体现。控制系统有两种运行状态:一种是稳态。此时系统没有受到任何外来扰动,同时设定值保持不变,因而被控变量也不会随时间变化。整个系统处于稳定平衡的工况。另一种是动态,当系统受到外来扰动的影响或者在改变了设定值后,原来的稳态遭到破坏,系统中各个组成部分的输入/输出量都相应发生变化,尤其是被控变量也将偏离原稳态值而随时间变化,这时系统处于动态。经过一段调整时间后,如果系统是稳定的,被控变量将会重新达到新设定值或其附近,系统又恢复稳定平衡工况。这种从一个稳态到达另一个稳态的历程称为过渡过程。由于被控对象常常受到各种外来扰动的影响,设置控制系统的目的也正是为了处理这种情况——能及时地克服扰动而使被控变量稳定在给定值附近。因此,要评价一个控制系统的工作质量,就应该考核其在动态过程中被控变量随时间变化的情况。

一、过渡过程形式

对于控制系统而言,不同的扰动显然会产生不同的过渡过程。为了便于比较与分析控制系统性能,有必要对扰动信号进行统一。目前,在分析和设计控制系统时常选择一些典型的输入形式,其中最常用的是阶跃输入,如图5-1所示。它是在某一时刻输入突然阶跃式变化,并继续保持在这个幅度上。阶跃输入容易产生且是一种很剧烈的扰动,如果一个控制系统能够有效地克服阶跃扰动,那么对于其他比较缓和的扰动一般也能满足性能指标要求。

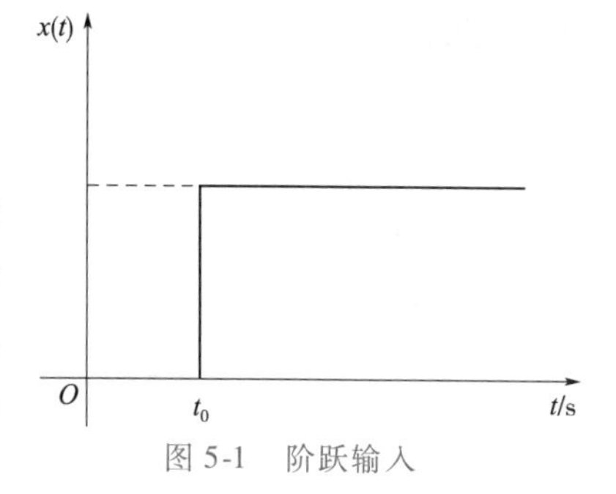

图 5-1 阶跃输入

实践表明,在阶跃输入下,过渡过程的表现形式可分为非周期过程和振荡过程,如图 5-2 所示。

非周期过程的特点是系统受到扰动后,在控制作用下被控变量的变化是单调地增大或减小的过程。如果被控变量的变化速度越来越慢,逐步趋近于给定值而稳定下来,称为非周期衰减过程,见图 5-2(a)。如果被控变量的变化是偏离给定值越来越远,就称为非周期发散过程,如图 5-2(b)所示。

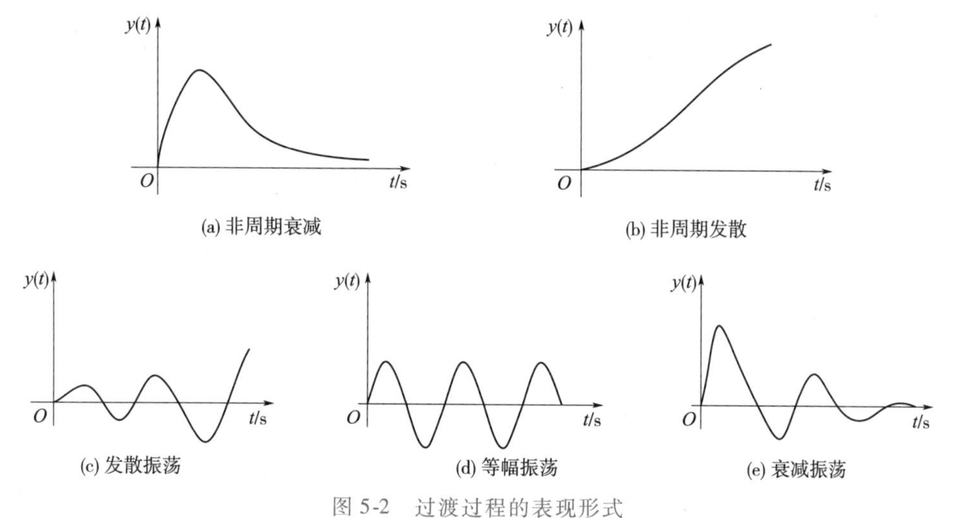

图 5-2 过渡过程的表现形式

振荡过程的特点是系统受到扰动后,在控制作用下被控变量在给定值附近上下波动的过程。如果系统受到扰动后,被控变量的波动幅度越来越大,则称为发散振荡过程,见图 5-2(c)。如果受扰动后,被控变量始终在其给定值附近波动且波动幅度相等,则称为等幅振荡过程,见图 5-2(d)。对于某些过程,如果振荡幅值不超过生产工艺允许范围,也是允许使用的。如受扰动后,被控变量波动的幅度越来越小,最后逐渐趋于稳定,称为衰减振荡过程,见图 5-2(e)。衰减振荡过程变化趋势明显,易于观察,过渡过程短,控制系统经常采用这种曲线作为分析系统性能指标的典型曲线。

二、控制指标

通过上面分析,我们已经知道控制系统的工作质量评价是以系统的过渡过程为依据的,而评价标准是以系统受到扰动作用后,被控变量在控制作用下能否趋于稳定,以及克服扰动造成的偏差而回到设定值的准确性、快速性如何,简称“稳、准、快”的三方面性能。通常采用 5 个性能指标来衡量,阶跃变化时过渡过程的典型曲线如图 5-3 所示。

(一)余差(静态偏差)

余差是指系统过渡过程结束后,被控变量新的稳定值 $y(\infty)$ 与给定值 c 之差,其值可正可负。它是一个静态质量指标，对定值控制系统，给定值是生产的技术指标，余差相当于允许的被控变量与给定值之间长期存在的偏差。因此它反映了系统控制的准确程度。

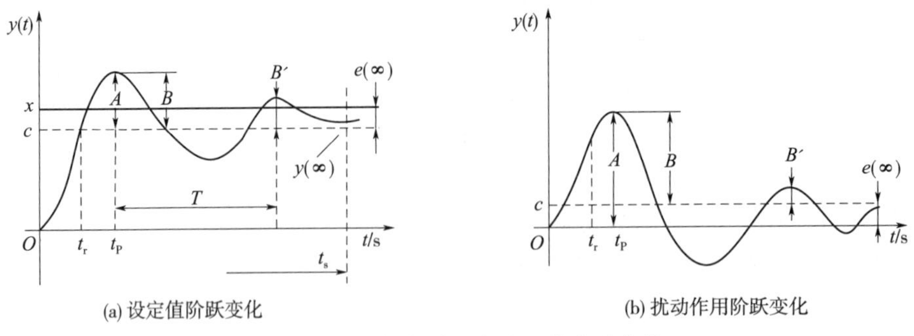

图 5-3 阶跃变化时过渡过程的典型曲线

（二）衰减比与衰减率

衰减比是衡量过渡过程稳定性的一个动态质量指标，它等于振荡过程的第一个波的振幅与第二个波的振幅之比，即

$$n=\frac{B}{B'} \tag{5-1}$$

$n<1$，系统是不稳定的，是发散振荡；$n=1$，系统也是不稳定，是等幅振荡；$n>1$，系统是稳定的，若 $n=4$，系统为 4∶1的衰减振荡，是比较理想的。

衡量系统的稳定性也可用衰减率来表示，衰减率 φ 为

$$\varphi=\frac{B-B'}{B} \tag{5-2}$$

为了保证系统有足够的稳定性，通常取 $\varphi=0.75\sim0.9$ 之间。

（三）最大偏差与超调量

对于图 5-3(a)定值控制系统，最大偏差是指被控变量第一个波峰值与余差之差；对于图 5-3(b)定值控制系统，最大偏差是被控变量第一个波峰值与余差之和，它衡量被控变量偏离给定值的程度。

随动控制系统常用超调量来衡量被控变量偏离给定值的程度。超调量 σ 可定义为

$$\sigma=\frac{y(t_p)-y(\infty)}{y(\infty)}\times100\% \tag{5-3}$$

最大偏差 A 或超调量 σ 是衡量控制系统稳定程度的重要质量指标。生产工艺上通常规定了最大偏差的限制条件，不允许超出某一数值。

（四）过渡过程时间

从扰动开始到被控变量进入新的稳态值的 ±5% 或 ±2% 范围内所需的时间，称为过渡过程时间，用 t_s 表示。它是反映系统过渡过程快慢的质量指标，t_s 越小，过渡过程进行得越快。

（五）峰值时间

从扰动开始到过渡过程曲线到达第一个峰值所需的时间，称为峰值时间，用 t_p 表

示。t_p 值的大小反映了系统响应的灵敏程度，是系统快速性指标。

注意，上述各项质量指标是相互联系又相互制约的，例如，一个系统的稳态精度要求很高时，可能会引起动态不稳定；解决了稳定问题后，又可能因反应迟钝而失去快速性。要高标准地同时满足各项质量指标是很困难的，因此，应根据生产工艺的具体要求，分清主次、统筹兼顾，保证优先满足主要的质量指标。

任务2 控制器参数整定方法分析

控制系统投运前都要进行调试，其目的主要有2：一是检验系统各个组成环节的单体性能；二是整定调节器参数，以使控制系统性能最优。前者称为单体调校，后者称为系统联调。当单体调校好、并组成一个系统后，控制过程的品质取决于调节器各个参数值的设置。对于PID调节器而言，就是选择调节器的放大系数 K_P（或比例度 δ）、积分时间 T_I 和微分时间 T_D 的具体数值。因此，调节器参数整定的实质是通过改变控制参数，使调节器特性和被控对象特性配合好，以改善系统的动态和静态特性，求得最佳的控制效果。对于大多数过程控制系统而言，通常以瞬时响应的衰减率 $\varphi=0.75$ 作为系统性能的主要指标，此时系统过渡过程曲线刚好是4∶1状态，是最佳的过程曲线。

调节器参数整定的方法很多，可分为3类：一是理论计算整定法；二是工程整定法；三是计算机仿真寻优整定法。其中，工程整定法在工程实际中应用最为广泛，它直接在控制系统中进行，具有方法简单、实用、易于掌握的特点。本书主要介绍工程整定法。

控制器参数的工程整定，就是使控制器获得最佳参数，即过渡过程要有较好的稳定性与快速性。一般希望调节过程具有较大的衰减比，超调量要小些，调节时间越短越好，又要没有余差。对于定值控制系统，一般希望有4∶1的衰减比，即过程曲线振动一个半波就大致稳定。如对象时间常数太大，调整时间太长时，可采用10∶1衰减。对于PID作用的控制器，整定的参数有比例度 δ、积分时间 T_I 和微分时间 T_D 三个参数。最常用的工程整定方法有经验法、临界比例度法、衰减曲线法和反应曲线法等。

一、临界比例度法

临界比例度法是应用较广的一种整定调节器参数的方法，特点是不需要求得被控对象的特性，而直接在闭环情况下进行参数整定。

整定方法：

①取 $T_I=\infty$，$T_D=0$，比例度取较大数值（一般可取100%以上），系统按纯比例投入运行，稳定后，逐步地减小比例度，在外界输入作用（给定或干扰的变换）下，观察过程变化情况，直至系统出现等幅振荡为止，记下此时比例度 δ_K 和振荡周期 T_K。它们分别称为临界比例度和临界振荡周期，如图5-4所示。

②根据 δ_K 和 T_K，按表5-1中所列的经验算式，分别求出3种不同情况下的控制器最佳参数值。

③将比例度放到计算值略大一些的刻度上，然后 T_I 由大而小将积分作用加入；T_D 由小而大将微分作用加入。

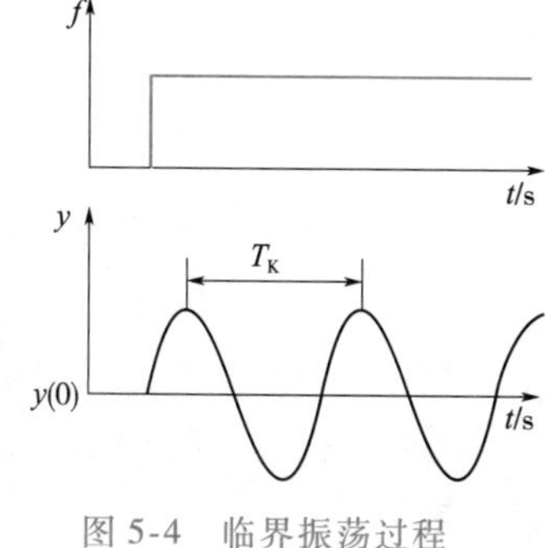

图5-4 临界振荡过程

表 5-1　临界比例度法整定参数的经验算式表

调节规律	调节参数		
	比例度 δ/%	积分时间 T_I	微分时间 T_D
P	$2\delta_K$	—	—
PI	$2.2\delta_K$	$0.85T_K$	—
PID	$1.7\delta_K$	$0.5T_K$	$0.125T_K$

④将比例度调到计算值上，观察运行，适当调整，使过渡过程达到指标要求。

此法简单明了，容易判断整定质量，因而在生产上应用较多，但是工艺上被控变量不允许等幅振荡时不宜采用。另外流量控制系统由于 T_0 太小，在被控变量的记录曲线上看不出等幅振荡的 T_K 波形时，也不宜采用。

二、衰减曲线法

临界比例度法是使系统产生等幅振荡，还要多次试凑，而用衰减曲线法较为简单，且可直接求得调节器的比例度。衰减曲线法分为4∶1和10∶1两种。

1. 4∶1 衰减曲线法整定方法

①取 $T_I=\infty$，$T_D=0$，比例度取较大数值（一般可取100%以上），在纯比例作用下，将系统投入，待系统稳定后，逐步减小比例度，根据工艺操作的许可程度加额定值的2%～3%的干扰，观察过渡过程波动情况，直至衰减比为4∶1时为止（见图5-5），记下此时比例度 δ_S 和它的衰减周期 T_S。

②根据 δ_S 和 T_S 值，按表5-2的经验算式表确定3种不同规律控制下控制器的最佳参数值。

③将比例度放到计算值略大一些的刻度上，逐渐引入积分作用和微分作用。

④将比例度调到计算值上，观察运行，适当调整，使过渡过程达到指标要求。

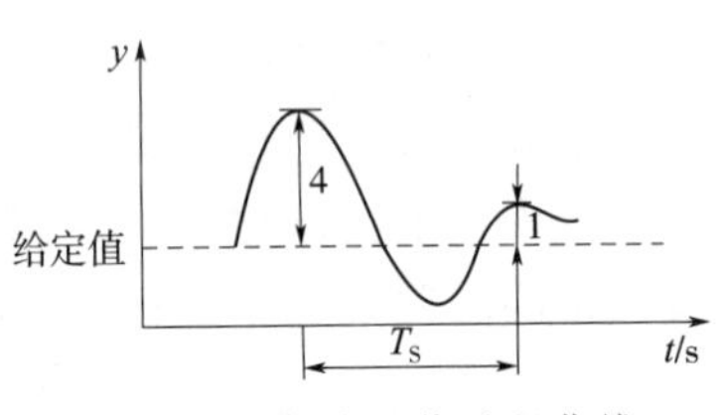

图 5-5　4∶1衰减调节过程曲线

表 5-2　4∶1衰减曲线法整定参数的经验算式表

调节规律	调节参数		
	比例度 δ/%	积分时间 T_I	微分时间 T_D
P	$2\delta_S$	—	—
PI	$1.2\delta_S$	$0.5T_S$	—
PID	$0.8\delta_S$	$0.3T_S$	$0.1T_S$

2. 10∶1 衰减曲线法整定方法

有的生产过程，由于采用4∶1的衰减仍嫌振荡太强，则可采用10∶1衰减曲线法。方法同上4∶1衰减曲线法，使被控变量记录曲线得到10∶1的衰减时，记下这时的比例度 δ_S 和上升时间 T_S 如图5-6所示。然后再按表5-3的经验算式表来确定控制器的最佳参数值。

表 5-3　10:1衰减曲线法整定参数的经验算式表

调节规律	δ/%	T_I	T_D
P	δ_S'	—	—
PI	$1.2\delta_S'$	$2T_S'$	—
PID	$0.8\delta_S'$	$1.2\ T_S'$	$0.4\ T_S'$

采用衰减曲线法时必须注意以下几点：

①加给定干扰不能太大，要根据工艺操作要求来定，一般为5%左右（含量程），但也有特殊的情况。

②必须在工况稳定的情况下才能加设定干扰，否则得不到较正确的δ_S、T_S值。

③对于快速反应的系统，如流量、管道压力等控制系统，想在记录纸上得到理想的4:1曲线是不可能的，此时，通常以被控变量来回波动两次而达到稳定，就近似地认为是4:1的衰减过程。

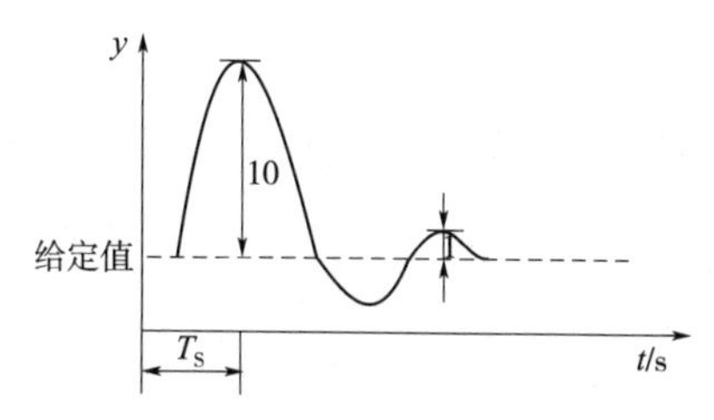

图 5-6　10:1衰减曲线示意图

三、经验试凑法

经验试凑法是根据参数整定的实际经验，对生产上最常见的温度、流量、压力和液位等4大控制系统进行调节。将调节器参数预先放置在常见范围的某些数值上，见表5-4，然后改变设定值，观察控制系统的过渡过程曲线。如果过渡过程曲线不够理想，则按一定的程序改变调节器参数，这样反复试凑，直到获得满意的控制质量为止。

表 5-4　各种控制系统 PID 参数经验数据表

被控变量	调节参数		
	比例度 δ/%	积分时间 T_I/min	微分时间 T_D/min
温度	20 ~ 60	3 ~ 6	0.5 ~ 3
流量	40 ~ 100	0.1 ~ 1	—
压力	30 ~ 70	0.4 ~ 3	—
液位	20 ~ 80	—	—

整定方法：

①在取$T_I=\infty$，$T_D=0$，比例度按照表5-4给定的条件下，将系统投入运行。

②按纯比例系统整定δ，使其得到比较好的过渡过程曲线。然后，将比例度放大到1.2倍，积分时间从大到小逐渐改变，直至得到比较好的过渡过程曲线。

③引入积分作用时，需将已调好的比例度适当放大10%~20%，然后将积分时间T_I由大到小不断试凑，直到获得满意的过渡过程。

④微分作用最后加入，这时δ可放得比纯比例作用时更小些，积分时间T_I也可相的地减小些。微分时间T_D一般取$(1/3\sim1/4)T_I$，但也需不断地凑试，使过渡过程时间最短，超调量最小。

为了得到同样衰减比的过渡过程曲线，比例度和积分时间的数值可在一定范围内适当匹配。即比例度的减小，可用增加积分时间的办法来补偿。所以，经验法整定时，

也可根据具体被控变量，按表5-4的参数范围，选择一个积分时间。然后，将比例度由大到小，逐步凑试，直至得到较好的过渡过程曲线为止。如果需要加微分时间，可以根据 $T_D=(1/3\sim1/4)T_I$ 进行估算加入。假如控制过程的曲线不理想，适当调整积分时间和微分时间，经过反复试凑，以得到理想的控制过程。

任务3 单回路控制系统调试

通过前一阶段的学习，已经基本掌握了过程控制技术，但控制工程的具体实施方法与步骤还不清楚。为此，将借助TH-3过程控制实验装置，如图5-7所示，以两个简单控制系统调试的实验为例，较为详细地说明控制工程的实施过程，以提高技术应用能力。

图5-7 实验装置外观图

一、实验一：液位定值控制系统调试

（一）实验内容与要求

实验系统原理如图5-8所示。工艺流程如下：贮水箱的水经水泵加压后流过电动调节阀，再经阀F1-4后进入中水箱中，中水箱的水由出水阀F1-7流出至下水箱，最后经出水阀F1-8回流到贮水箱中，每个水箱都有溢流管，以使水位过高后回流到贮水箱中。

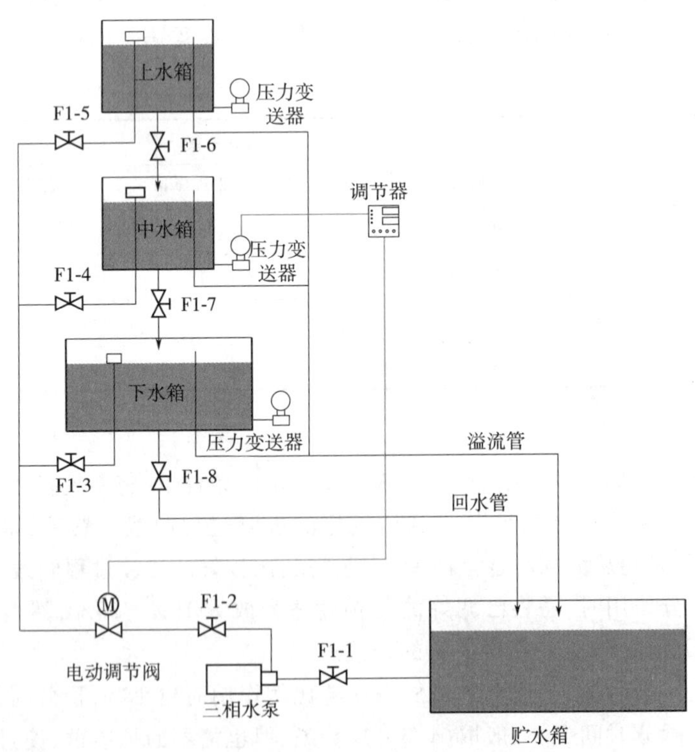

图5-8 实验系统原理图

现采用单回路控制系统来自动控制中水箱的水位在10 cm位置，要求控制系统的动态性能最佳。系统中所用仪表规格如表5-5所示。

表 5-5　控制系统仪表规格

序号	设备名称	主要性能	数量	说明
1	压力变送器	量程 0～5 kPa,输出信号 4～20 mA	1	KYB 压力变送器
2	调节器	智能 PID 调节器,有自整定功能	1	上海万迅生产
3	电动调节阀	行程 16 mm,控制信号 4～20 mA	1	上海万迅生产
4	三相水泵	流量 32 l/min,扬程 8 m	1	型号为 16 CQ-8P
5	中水箱	高度 17 cm,直径 18 cm。	1	浙江天湟生产

(二)实验步骤

控制系统调试方法有在线调试和离线调试两种。在线调试是在生产过程中进行的,因此对正常生产影响小、结果也较为可靠,但对调试人员的技术要求较高。一般按以下步骤进行:先系统手动平衡,再手/自动无扰切换,最后是参数整定与优化。现按照在线调试的实际工作过程介绍如下。

1. 准备工作

实验前需做好准备工作,主要是三项:电气连接、管路调整和仪表性能的单体调校。

(1)电气连接

按图 5-9 连接线路。先连接信号线,再连接电源线,要注意正负极性。

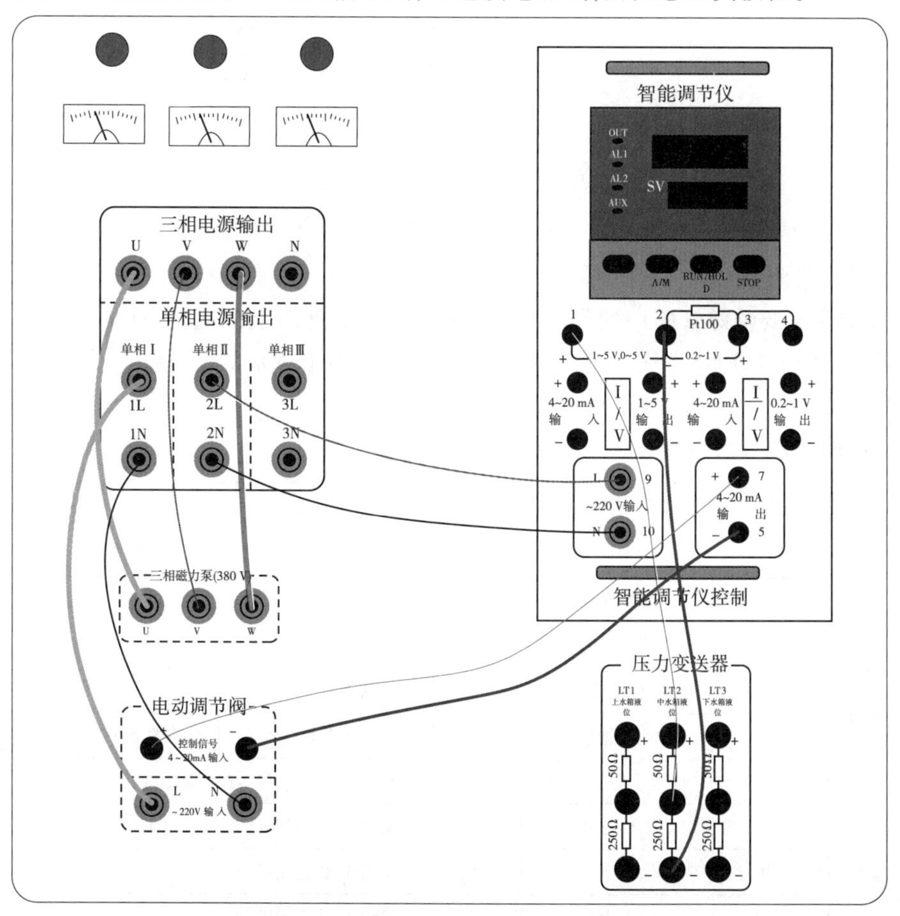

图 5-9　实验系统电气接线图

注意:实验装置由控制对象和控制台两部分组成,控制对象的仪表信号均由线路连接到控制台。因此,整个实验的电气连接工作都在控制台上进行。图 5-9 是实验装置的线路连接图,图中显示在连接测量信号线路时,只需将测量回路中的 1 ~5 V 信号电压输入到调节器的输入端口。实际系统电气接线图如图 5-10 所示,以供参考。

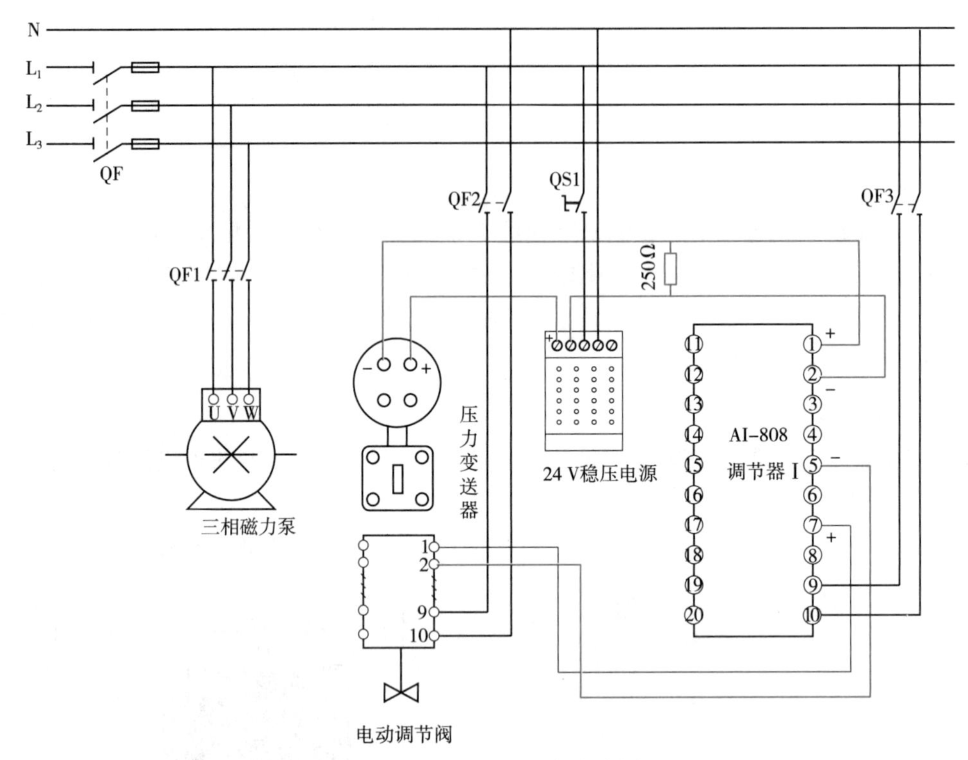

图 5-10　实际系统电气接线图

(2)管路调整

按图 5-8 调整好管路中的阀门,具体是打开进水管路上的阀门 F1-1、F1-2、F1-4,以及出水阀 F1-7、F1-8。注意出水阀门 F1-7 开度要小于进水阀 F1-4 开度。其余阀门均要关闭。

(3)调节器参数设置

先给调节器通电,检查无误后按表 5-6 进行调节器参数设置。

表 5-6　调节器参数设置

参数类型	参数代号	参数含义	取值	说明
输入规格	Sn	输入信号	33	输入信号是 1 ~5 V 的标准电压信号
	dIP	小数点位置	1	小数点取 1 位
	dIL	输入下限显示值	0	对应 1 V 输入信号时,仪表显示 0
	dIH	输入上限显示值	17	对应 5 V 输入信号时,仪表显示 17
输出规格	oPL	输出方式	4	输出为 4 ~20 mA 的线性电流
	oPL	输出下限	0	输出下限值无限制
	oPH	输出上限	100	输出上限值无限制

参数类型	参数代号	参数含义	取值	说明
控制方式	Ctrl	控制方式	1	采用人工智能 PID 调节，且允许面板启动自整定
	CF	系统功能选择	0	仪表为反作用调节，无上电免除报警功能，仪表辅助功能模块为通信接口，不允许外给定，无分段功率限制功能，无光柱
	P	比例带	100	纯比例运行。此参数也可以通过上位机设定
	I	积分时间	9 999	纯比例运行，消除积分作用。可通过上位机设定
	D	微分时间	0	纯比例运行，消除微分作用。可通过上位机设定

(4)变送器零点与量程调整

调节器正常工作后，给系统通电。确认调节阀与水泵工作正常后，对压力变送器进行量程压缩至 0 ~ 17 cm，同时进行零点调整，直至测量数据显示正确(变送器操作方法见模块二)。

2. 手动平衡系统

仪表的单体调试完成后就可开展系统调试工作。先要根据工艺要求手动平衡运行工况，具体方法是：首先，将调节器设置在手动控制方式，调整输出 50% 左右。随后，积极调整出水阀 F1-7 的开度，以使水位恒定在 10 cm 左右，如图 5-11 所示。这项工作一定要认真细心，否则水位很难平衡在 10 cm 位置。

3. 手/自动无扰切换

运行工况平衡后就可进行控制系统投运工作，即手/自动无扰切换。具体步骤如下：首先，打开监控计算机，运行“单容液位定值控制”实时监控软件，如图 5-12 所示，按照纯比例作用设置好 PID 控制参数，即比例度 $\delta=100$、积分时间 $T_I=9\ 999$、微分时间 $T_D=0$；然后，调整给定值 SV 为 10 cm，使得调节器的偏差为零($e=PV-SV=0$)。最后，按动手/自动切换键，使控制系统运行在自动方式。无扰切换操作示意图如图 5-13 所示。

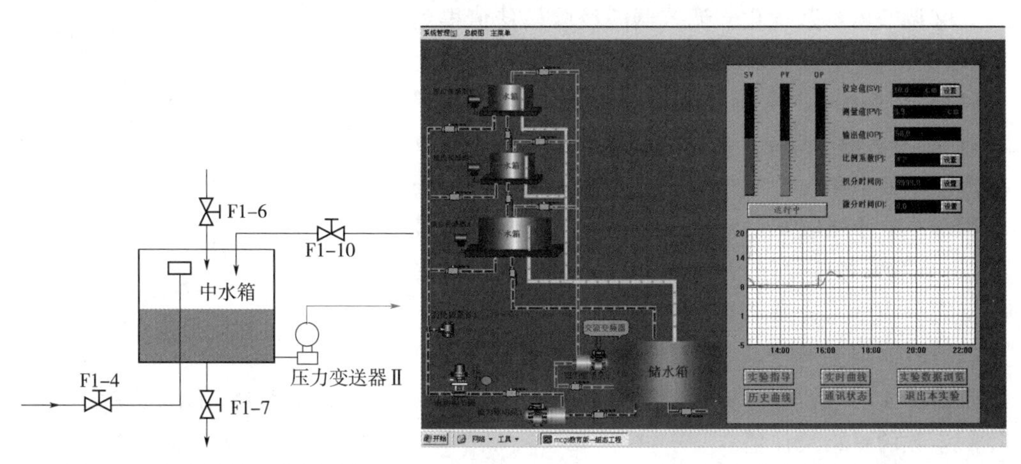

图 5-11　细心调整出水阀开度　　　　图 5-12　细心调整出水阀开度

注意：在手/自动切换时，必须保证——系统平衡与调节器无差。只有这样才能保证手/自切换前后调节器的输出保持不变，从而使进水流量恒定而不影响原系统的工作状态。所以称无扰切换。

4. 调节器的参数整定

①按临界比例度法整定参数。系统在纯比例运行下，稳定后逐步地减小比例度，观察过程变化情况，直至系统出现等幅振荡为止，记下此时比例度 δ_K 和振荡周期 T_K。

由图 5-14 表明，系统临界振荡的实测数值大概是：$\delta_K = 1.9$，$T_K = 78\text{s}$。由此，根据表 5-7 求出 3 种控制规律下的经验最佳值如下。

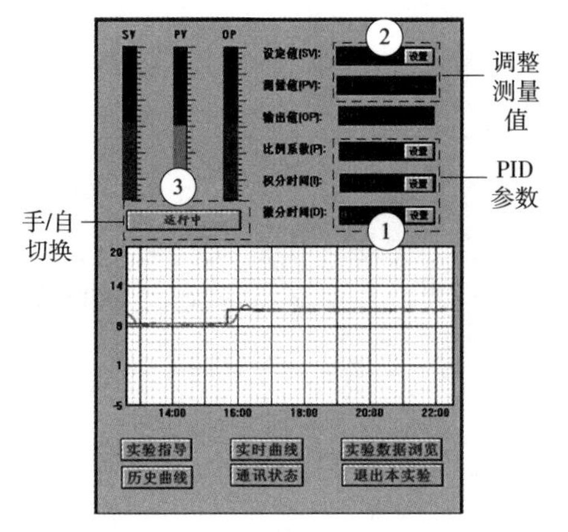

图 5-13　无扰切换操作示意图

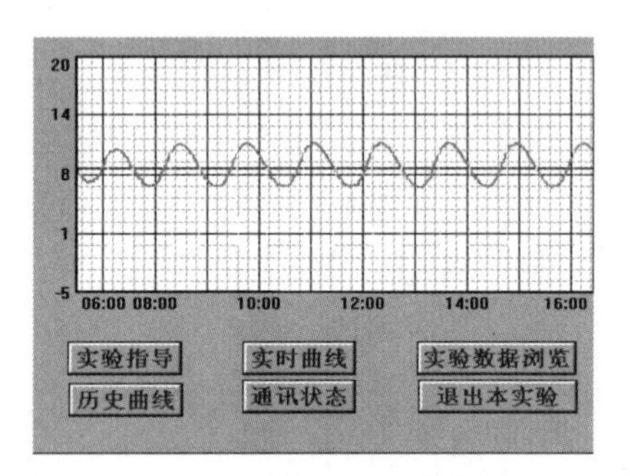

图 5-14　系统等幅振荡图形

表 5-7　纯比例运行时的系统最佳参数值

调节规律	调节参数		
	比例度 δ/%	积分时间 T_I	微分时间 T_D
P	2 × 1.9 = 3.8	—	—
PI	2.2 × 1.9 = 4.18	0.85 × 78 = 66.3	—
PID	1.7 × 1.9 = 3.23	0.5 × 78 = 39	0.125 × 78 = 9.75

②调节器参数优化。调节器的经验最佳值得到后，就应该按 4∶1 的阶跃响应曲线对参数进一步优化，以得到系统最佳的动态性能。假设选用 PID 控制规律，其方法如下：首先，将比例度放到比计算值略大一些的数值（可暂取 5）；然后，由大而小将积分作用加入（可先取 T_I 为 50，再逐渐减小到 40）；最后，由小而大将微分作用加入（可先取 T_D 为 5，再逐渐增大到 10）。适当调整 3 个参数大小，努力使系统的阶跃响应为 4∶1 衰减振荡曲线。实验表明，当 $\delta = 4$、$T_I = 45$ s、$T_D = 6$ s 时，系统形成期望的过渡过程曲线如图 5-15 所示，这就是 PID 控制参数的一组最佳值。

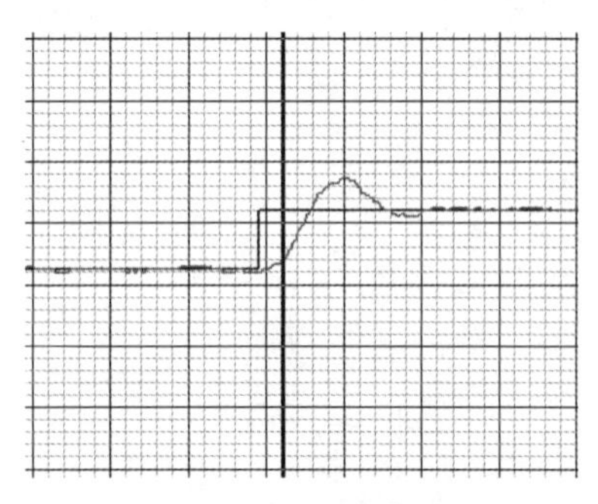

图 5-15　4∶1阶跃响应曲线

二、实验二：双容定值控制系统调试

不同控制对象的动态性能显然是不同的，而且有时差异很大。其中，多容对象的动态特性具有典型性，代表了多数工业对象的控制特征。在此，以双容定值控制系统调试为例，重点讨论两个问题：一是基于经验法的参数整定方法；二是PID参数对系统性能的影响。以进一步熟悉典型控制对象的动态性能、提高操作方法的合理性与有效性。由于单/双容控制系统的调试方法类似，在此对操作方法说明等内容作必要的简化。

（一）实验内容与要求

实验系统原理与实验一相同，参见图5-8。现要求组成单回路控制系统来自动控制下水箱的水位在10 cm位置，应采用经验法整定控制器参数，并分析PID参数对过渡过程的影响特点。

（二）实验步骤

1. 准备工作

1)电气连接

按图5-9连接好线路。先连接信号线，再连接电源线。注意，应将下水箱的测量信号输入到调节器中。

2)管路调整

按图5-8调整好进/出水管路上的阀门，使水顺利循环。

3)仪表调试路调整

调整好下水箱的变送器量程与零点，并按表5-6设置好调节器参数。

2. 手/自动无扰切换

1)手动输出

将调节器设置在手动控制方式，调整输出50%。

2)平衡中水箱

调整中水箱的出水阀开度，使中水箱的水位平衡在中间位置。

3)平衡下水箱

调整下水箱的出水阀开度，使下水箱的水位平衡在10 cm位置。

4)启动监控

启动监控计算机，运行“双容液位定值控制”实验。

5)调整参数

按纯比例控制设置PID参数，即P=100、T_I=9999、T_D=0。

6)无扰切换

调整给定值大小，使得SV= PV。按手/自动切换键，系统切换到自动运行方式。

3. 参数整定

1)预置参数

按经验法整定控制器参数。即按表5-4试选：P=40、T_I=60。

2)参数优化

按4∶1过渡过程曲线调整P、T_I。先改变参数P的大小，寻找到合适值后，再调整参数T_I，注意观察响应曲线。

三、PID 参数对系统性能影响

基于经验法的工程整定方法，需要根据过渡过程形式通过试凑调整的方法来寻找一组最佳控制参数，此外当运行工况改变等情况也须及时调整控制参数，以使控制系统保持最佳性能。那么，如何调整 PID 控制参数才能使调试工作更加有效与简捷呢？这就要分析 PID 参数对过渡过程的影响。

1. 比例度对过渡过程的影响

比例度对过渡过程的影响可以从图 5-16 中看出。比例度越大，过渡过程曲线越平稳；比例度越小，则过渡过程曲线越易振荡；比例度过小时，就可能出现发散振荡的现象。

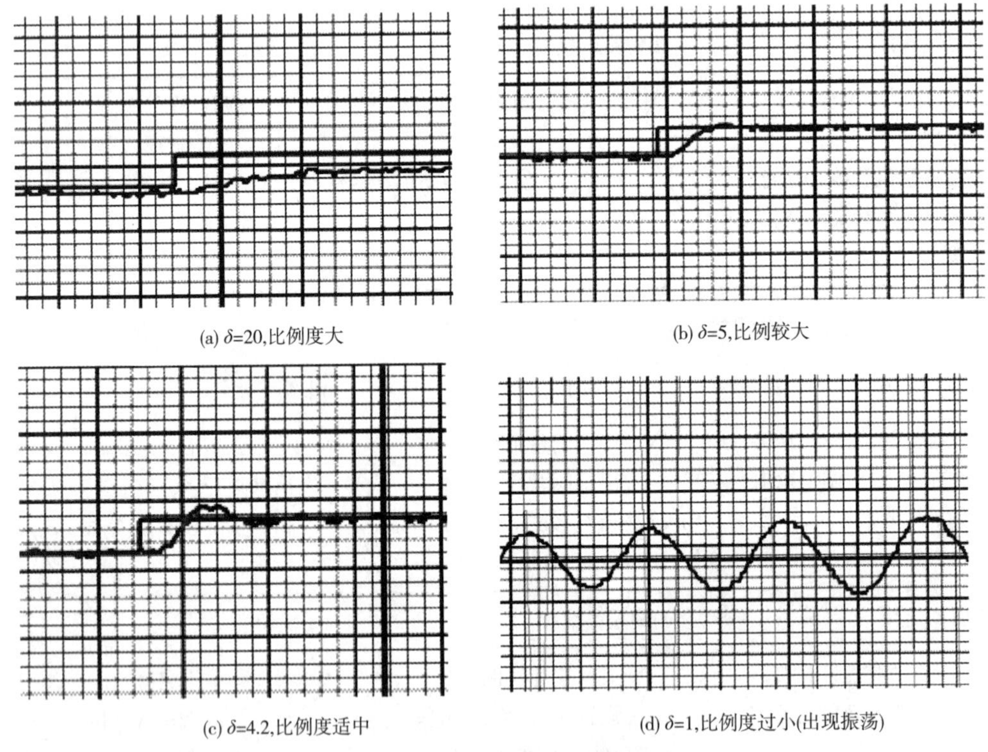

图 5-16　比例度对过渡过程的影响

这种现象很容易解释：这是因为当比例度大时，控制器放大倍数小，控制作用弱。在干扰加入后，控制器的输出变化较小，因而控制阀开度改变也小，这样被控变量的变化就很缓慢，如图 5-16(a)所示；而当比例度减小时，控制器放大倍数增加，控制作用加强，即在同样的偏差下，控制器输出较大，控制阀开度改变就大，被控变量变化也比较迅速，开始有些振荡，如图 5-16(b)所示。当比例度再减小，控制阀开度改变就更大，大到有点过分的时候，被控变量也就跟着过分地变化，从而出现了剧烈振荡甚至发散的情况。所以，并不是有了自动控制系统就一定能起自动控制的效果，还需要正确使用控制器。一般而言，若对象是较稳定的，也就是对象的滞后较小、时间常数较大及放大倍数较小时，控制器的比例度可以选得小一些，以提高整个系统的灵敏度，使反应加快一些，这样就可以得到较满意的过渡过程曲线。反之，若对象滞后较大，时间常数较小及放大倍数较大时，比例度就必须选得大些，否则由于控制作用过强，会达不到稳定的要求。

2. 积分时间对系统过渡过程的影响

积分时间对系统过渡过程的影响如图 5-17 所示。

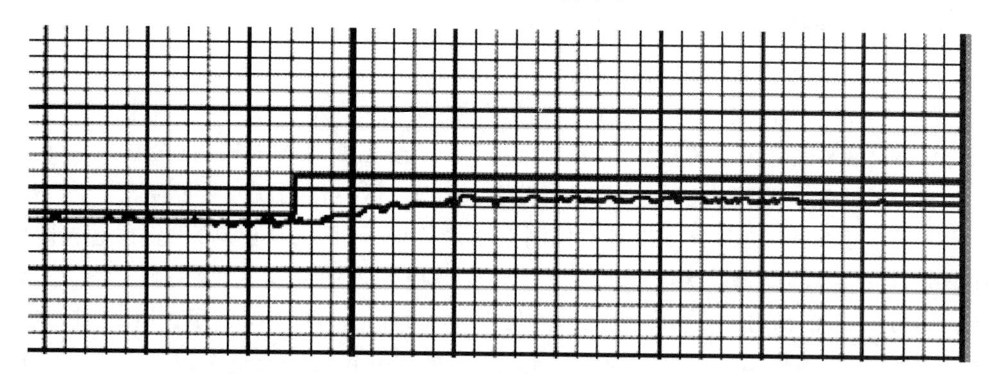

(a) T_I=9 999，积分时间过大

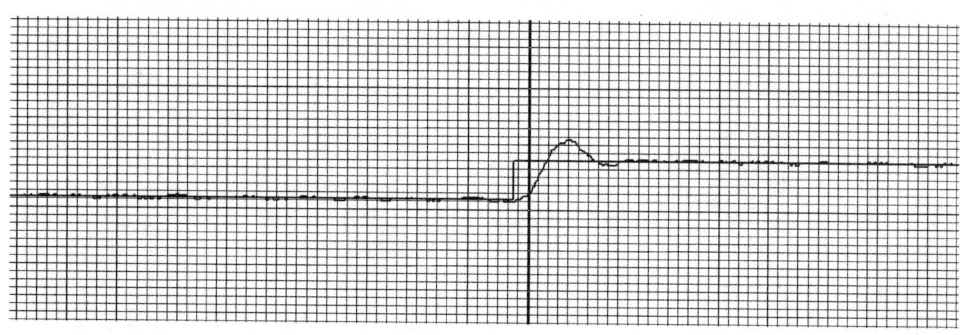

(b) T_I=66，积分时间适中

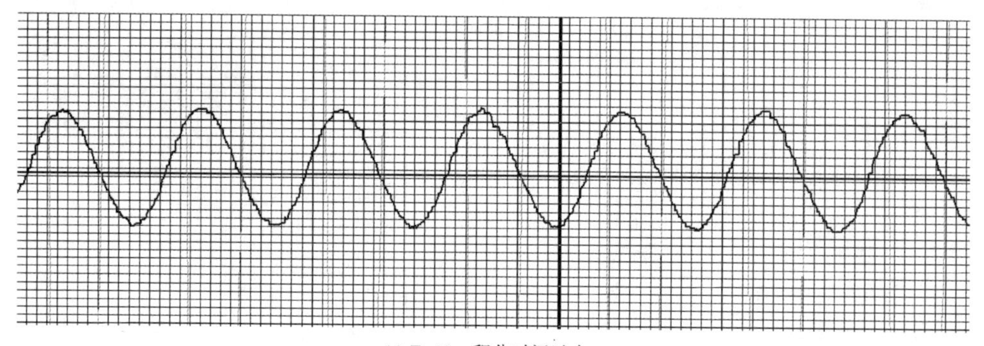

(c) T_I=10，积分时间过小

图 5-17　积分时间对系统过渡过程的影响

积分时间对系统过渡过程的影响具有二重性：当缩短积分时间，加强积分控制作用时，一方面克服余差的能力增加，这是有利的一面；但另一方面会使过程振荡加剧，稳定性降低，积分时间越短，振荡倾向越强烈，甚至会成为不稳定的发散振荡，这是不利的一面。

从图 5-17 可以看出，积分时间过大或过小均不合适。积分时间过大，积分作用太弱，余差消除很慢，当 $T_I \to \infty$ 时，余差将得不到消除，如图 5-17(a)所示；积分时间太小，过渡过程振荡太剧烈，如图 5-17(c)所示；只有当 T_I 适当时，过渡过程能较快地衰减而且没有余差，如图 5-17(b)所示。

因为积分作用会加剧振荡，这种振荡对于滞后大的对象更为明显。所以，控制器的积分时间应按控制对象的特性来选择，对于管道压力、流量等滞后不大的对象，T_I 可选得小些；温度对象一般滞后较大，T_I 可选大些。

3. 微分时间对系统过渡过程的影响

微分时间对系统过渡过程的影响如图 5-18 所示。

由于微分作用的输出是与被控变量的变化成正比的，而且总是力图阻止被控变量的任何变化的(这是由于负反馈作用的结果)。当被控变量增大时，微分作用就改变控制阀开度去阻止它增大；反之，当被控变量减小时，微分作用就改变控制阀开度去阻止它减小。由此可见，微分作用具有抑制振荡的效果。所以，在控制系统中，适当地增加微分作用后，可以提高系统的稳定性，减少被控变量的波动幅度，并降低余差，如图 5-18(b)所示。但是，微分作用也不能加得过大，否则由于控制作用过强，控制器的输出剧烈变化，不仅不能提高系统的稳定性，反而会引起被控变量大幅度的振荡。特别对于噪声比较严重的系统，采用微分作用要特别慎重。工业上常用控制器的微分时间可在数秒至几分钟的范围内调整。

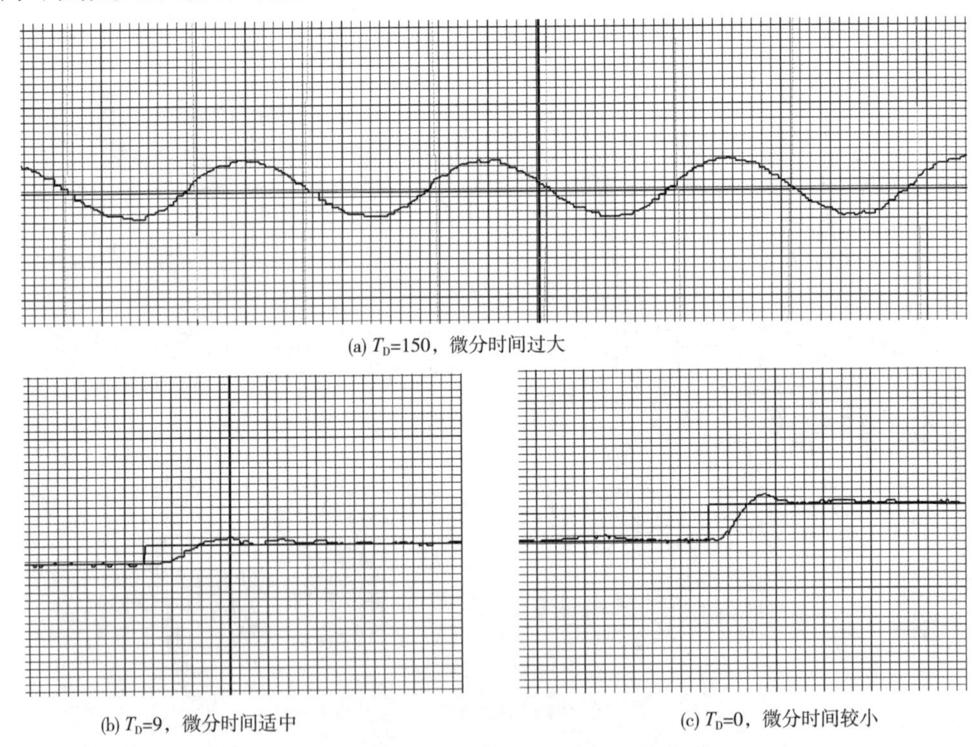

图 5-18　微分时间对系统过渡过程的影响

由于微分作用是根据偏差的变化速度来控制的，在扰动作用的瞬间，尽管开始偏差很小，但如果它的变化速度较快，则微分控制器就有较大的输出，它的作用较之比例作用还要及时、还要大。对于一些滞后较大、负荷变化较快的对象，当较大的干扰施加以后，由于对象的惯性，偏差在开始一段时间内都是比较小的，如果仅采用比例控制作用，则偏差小，控制作用也小，这样一来，控制作用就不能及时加大来克服已经加入的干扰作用的影响。但是，如果加入微分作用，它就可以在偏差尽管不大，但偏差开始剧烈变化的时刻,立即产生一个较大的控制作用,及时抑制偏差的继续增长。所以,微分作用具有一种抓住"苗头"预先控制的性质,这种性质是一种"超前"性质。因此微分控制有人称它为"超前控制"。

一般说来,微分控制的"超前"控制作用,是能够改善系统的控制质量的。对于一些滞后较大的对象,例如温度对象特别适用。

4. PID 调节的实用口诀

在长期的生产实践中,人们总结出参数整定的许多实用方法,其中的 PID 调节实用口诀广为大家所用,值得参考:

参数整定找最佳,从小到大顺序查;
先是比例后积分,最后再把微分加;
曲线振荡很频繁,比例度盘要放大;
曲线漂浮绕大弯,比例度盘往小扳;
曲线偏离回复慢,积分时间往下降;
曲线波动周期长,积分时间再加长;
曲线振荡频率快,先把微分降下来;
动差大来波动慢。微分时间应加长;
理想曲线两个波,前高后低四比一。

曲线振荡很频繁,比例系数要放大:说明当前的输出的调节量小,系统输出存在稳态误差,需要加大比例系数,从而成比例地响应输入的变化量。

曲线漂浮绕大弯,比例系数往小扳:说明调节过冲,比例的作用是过程迅速响应输入的变化,如果 P 过大,很容易产生比较大的超调,必须适当减少比例系数。

曲线偏离回复慢,积分时间往下降 :由于积分是为了消除稳态误差,随着积分时间的增大,积分项会增大,即使积分项很小,积分项也会随着时间的增加而加大,它推动控制器的输出增大,使稳态误差进一步减小。如果控制输出回复慢,说明稳态误差比较小,需要适当减少积分时间。

曲线波动周期长,积分时间再加长:积分控制是输入量对时间的积累,如果曲线波动周期长,说明系统存在较大的稳态误差,需要适当增加积分时间,进一步减少稳态误差。

曲线振荡频率快,先把微分降下来:由于微分控制的输出与输入信号的变化率成比例关系,虽然它可以超前控制作为,但如果微分时间太长,容易产生控制量的严重超调,即加速曲线振荡。

动差大来波动慢,微分时间应加长:积分控制是减少稳态误差,而微分是减少动态误差,所以如果动差大,必须适当提供微分时间,加快系统的过渡过程。

理想曲线两个波,前高后低 4 比 1:具体说明如何设定 P、I、D 之间的时间值。

三、实验三:控制器参数的自整定

智能调节器一般都具备控制器参数的自整定功能,其整定出的参数具有较高准确度,能满足 95% 以上的工业控制需要,这对控制系统的调试工作带来了很大便利。宇光 AI-808 有直接自整定和手动自整定两种方式,如要完成实验一的控制要求,具体操作方法如下。

1. 直接自整定

1)准备工作	2)参数设置	3)启动自整定
做好线路联接、管路调整和仪表调试工作。具体参见实验一方法。	按如下设置参数：CtrL=2(控制方式)；CtrL=1(控制周期)；dF=0.3(回差值)；其余同实验一。	先将调节器切换到显示状态①；后将给定值设置为SV=10；再按 ◁ 键并保持约2 s，当下显示器闪动显示“At”字样时，表明仪表已进入自整定状态。

直接自整定时，仪表最初执行位式控制，经 2 ~ 3 次振荡后，仪表内部的微处理器根据位式控制产生的振荡，分析其周期、幅度及波形来自动计算出控制器参数。视不同系统，自整定需要的时间可从数秒至数小时不同。仪表在自整定成功后，会将参数 CtrL 设置为 3 或 4，这样以后就无法从面板再按◁键启动自整定，以避免人为的误操作而再次启动自整定。

2. 手动自整定

手动自整定执行时仪表采用位式调节，其输出将定位在由参数 oPL 及 oPH 定义的位置。在一些输出不允许大幅度变化的场合，如某些执行器采用调节阀的场合，常规的自整定并不适宜。对此 AI－808 型仪表具有手动自整定模式。具体操作方法如下：

1)准备工作	2)参数设置	3)手动平衡	4)启动自整定
做好线路连接、管路调整和仪表调试工作。具体参见实验一方法。	按如下设置参数：CtrL=2(控制方式)；CtrL=1(控制周期)；dF=0.3(回差值)；其余同实验一。	按实验一方法，手动调节系统，使水位稳定在10 cm左右。	先将调节器切换到显示状态①；后将给定值设置为SV=10；再按◁键并保持约2 s，当下显示器闪动显示“At”字样时，表明仪表已进入自整定状态。

手动自整定时，仪表的输出值被限制在当前手动值 +10% 及 －10% 的范围而不是 oPL 及 oPH 定义的范围，从而避免了生产现场不允许的阀门大幅度变化现象。此外，当被控物理量响应快速时，手动自整定方式能获得更准确的自整定结果。

知识拓展　偏差性能指标

生产过程中有各种控制对象，它们对控制器的特性有不同的要求，选择适当的控制规律和整定其参数，使控制器性能和控制对象配合好，以便得到最好的控制效果。现在的问题是控制效果怎样才是“最佳”？也就是说，用什么标准来确定控制器的“最佳”整定参数。由于各种生产过程的要求不同，因此标准是不一样的。但在一般情况下，可以根据控制系统在阶跃干扰作用下的过渡过程来判定控制效果。总的来说，对控制系统可以提出稳定性、准确性和快速性 3 个方面要求，而这 3 方面往往又是相互矛盾的。稳定性总是首先要考虑的因素，一般都要求被控变量的波动具有一定的衰减率$\left(\text{衰减率 } \varphi=\frac{B_1-B_2}{B_1}\times 100\%\right)$，例如0.75或更高。也就是经过一个到两个振荡周期以后就看不出波动了，在稳定的前提下尽量满足准确性和快速性的要求。

典型最佳控制系统的标准是：在阶跃干扰作用下，保证调节过程波动的衰减率$\varphi=0.75$或更高的前提下，使过程的最大动态偏差、静态偏差和调节时间最小。

为评定误差和调节时间最小，常采用一种误差绝对值积分指标来衡量，它是以稳态值为基准来定义误差的。

$$e(t)=y(\infty)-y(t) \tag{5-4}$$

并用积分

$$IAE=\int_0^{\infty}|e(t)|\mathrm{d}t=\min \tag{5-5}$$

来综合表示整个过渡过程中动态误差的大小。式(5-5)定积分代表图5-19中画线部分的总面积。它的意义是，在过渡过程中被控变量的偏差（不分正负）对于时间的累积数值愈小愈好。这个积分综合表示了偏差的大小和持续的时间，所以积分面积小表示偏差小、过程快。

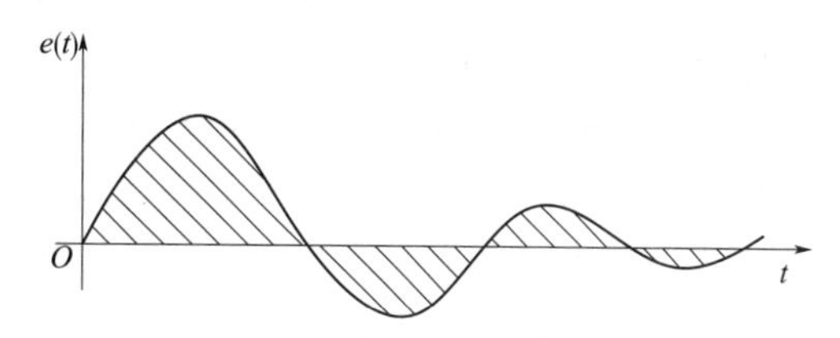

图5-19　误差绝对值对时间的积分

除了以上误差绝对值积分指标外，还有采用其他的积分指标，如希望误差平方积分最小等，现将常用的误差性能指标列于表5-8中。

表5-8　常用的误差性能指标

名称	表达式	备注
平方误差积分指标（ISE）	$ISE=\int_0^{\infty}e^2(t)\mathrm{d}t$	积分下限是过渡过程开始的时间，积分上限∞可以由选择足够大的时间t_s来代替，当$t>t_s$，$e(t)$足够小，可以忽略
时间乘平方误差积分指标（ITSE）	$ITSE=\int_0^{\infty}e^2(t)\mathrm{d}t$	
绝对误差积分指标（IAE）	$IAE=\int_0^{\infty}|e(t)|\mathrm{d}t$	
时间乘绝对误差积分指标（ITAE）	$ITAE=\int_0^{\infty}t|e(t)|\mathrm{d}t$	

习题

5.1　什么是过渡过程？

5.2　某化学反应器规定操作温度为（800±10）℃。为确保生产安全，控制中温度最高不得超过850℃。现运行的温度控制系统，最大阶跃扰动下的过渡过程控制曲线如图5-20所示。请分别求出最大偏差、余差、衰减比、过渡过程时间（温度进入按±2%新稳态值即视为系统已稳定来确定）和振荡周期。

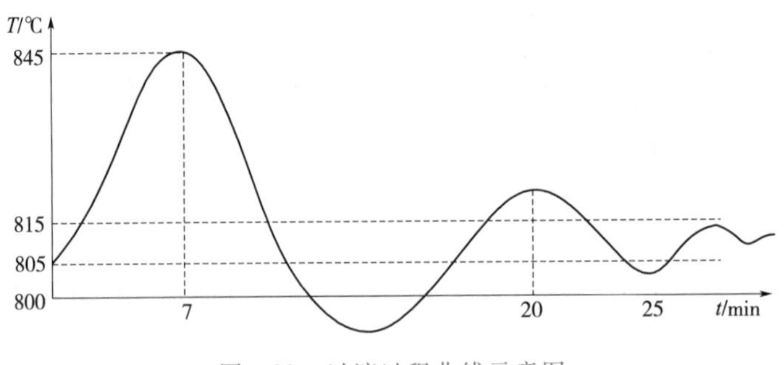

图 5-20　过渡过程曲线示意图

5.3　调节器参数整定的任务是什么？工程上常用的调节器参数整定有哪几种方法？

5.4　某控制系统采用临界比例度法整定参数。已测得 $\delta_K=30\%$、$T_K=3$ min。试确定 PI 作用和 PID 作用的调节器参数。

5.5　经验试凑法的关键是"看曲线，调参数"，因此，必须弄清楚调节器参数变化对过渡过程曲线的影响关系。一般来说，在整定中，观察到曲线振荡很频繁，需把比例度________以减少振荡；当曲线最大偏差大且趋于非周期过程时，需把比例度________。当曲线波动较大时，应________积分时间；而在曲线偏离给定值后，长时间回不来，则需________积分时间，以加快消除余差的过程。如果曲线振荡地厉害，需把微分时间________，或者暂时________微分时间，以免加剧振荡；在曲线最大偏差大，而衰减缓慢时，需________微分时间。经过反复凑试，一直调到过渡过程振荡两个周期后基本达到稳定，品质指标达到工艺要求为止。

5.6　某控制系统采用比例积分作用调节器。某人先用比例后加积分的试凑法来整定调节器的参数。若比例度的数值已基本合适，在加入积分作用的过程中，则(　　)。

A. 应适当减小比例度　　B. 应适当增加比例度　　C. 无须改变比例度

5.7　图 5-21 中三组记录曲线分别是由于比例度太小、积分时间太短、微分时间太长引起，请分别加以鉴别。

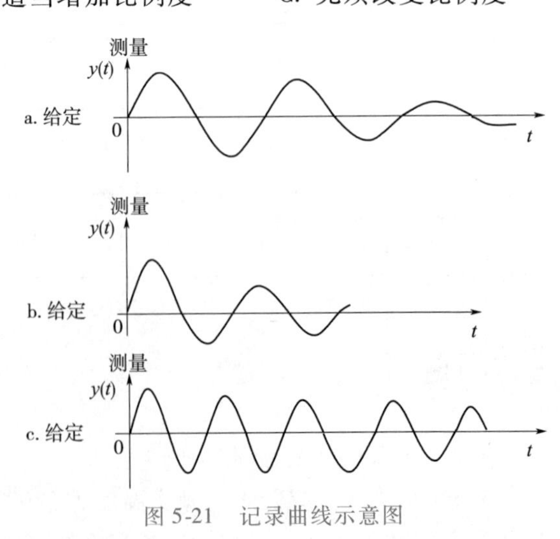

图 5-21　记录曲线示意图

5.8　某控制系统用 4∶1 衰减曲线法整定调节器参数。已测得 $\delta_S=50\%$，$T_S=5$ min。试确定采用 PI 作用和 PID 作用时的调节器参数值。

5.9　有一台 PI 调节器，$\delta=100\%$，$T_I=1$ min，若将 δ 改为 200% 时，问：

(1) 控制系统稳定程度提高还是降低？为什么？

(2) 动差增大还是减小？为什么？

(3) 调节时间加长还是缩短？为什么？

5.10　什么是经验试凑法？有何特点？

模块六 对象特性分析与测试

通过对模块五的学习,知道了控制系统性能与测控仪表和被控对象紧密相关。特别是被控对象的特性既是控制方案、仪表选择的基本依据,更在很大程度上决定了系统性能。为此,有必要对被控对象作进一步的研究——被控对象的哪些因素会影响控制系统性能?这种影响关系能否用数学式加以描述?显然,如果能用数学表达式来描述两者之间的关系,将对生产工艺完善与控制系统设计等带来极大帮助。这就引出了对象特性的数学模型问题,即被控对象的输出与输入关系,简称对象特性。本模块通过理论与实践相结合的方法,讨论典型控制对象的基本特点及其实验测试方法,以期达到学习目标。

1. 会对象特性分析;
2. 会对象特性测试。

任务1 对象特性分析

一、概述

设计一个自动控制系统应首先对调节对象作全面分析与测定,它是确定控制方案的依据和基础。在工业生产中,不同生产部门的调节对象其原理与结构千差万别,特性也相差很大。有的对象很稳定,操作很方便;有的对象则不然,只要稍不小心就会超过正常工艺条件,甚至造成事故。有经验的操作人员通常都很熟悉这些对象的特性,才能使生产操作得心应手,获得高产、优质、低消耗的成果。在自动控制系统设计与操作中,也必须深入了解对象的特性,分析其内在的作用规律,才能根据工艺要求,设计出合理的控制方案。往往对调节对象特性的深入理解意味着卓越的崭新控制方案的诞生。而在控制系统投入运行时,也是根据对象特性选择合适的控制器参数,才能充分发挥自动控制系统的作用,使系统的控制品质接近最优化。

对象特性的研究就是要建立起对象的输出参数和输入参数之间的数量关系,即对象的数学模型。它使人们能定量地分析各个工艺变量间的内在作用规律、相互影响程度和整个系统的经济指标,从而为设计出最佳控制方案创造条件。特别是一些比较复杂的控制方案设计,例如前馈控制、计算机最优控制等更是离不开对象特性的模型研究。

对象特性的研究一般有两种方法,对于简单的对象或系统各环节的特性,可以通过分析过程的机理、物料或能量平衡关系求得数学模型,即对象动态特性的微分方程式,这种方法称为机理分析法。其最基本关系是物料平衡和能量平衡,即**单位时间内进入系统的物料(能量)与单位时间内流出系统的物料(或能量)之差等于系统内物料(或能量)贮存量的变化率**。但是,复杂对象的微分方程式很难建立,也不容易求解。这就有了另一种研究方法,称为实验测定法。它是通过实验测定,对获得的数据进行科学处理而求得对象的微分方程式或传递函数,是目前工业控制中最常用的方法,也是本书讨论的重点。

在研究对象特性时,应该预先指明对象的输入参数是什么,输出参数是什么,因为对于同样一个对象,输入参数或输出参数不相同时,它们间的关系也不相同。对于一个被控对象而言,输出参数就是对象的被控变量,而输入参数是指引起被控变量变化的各种输入量,它有控制作用和干扰作用两种。以水位控制系统为例,如图 6-1 所示,输出参数显然就是水位,而影响水位变化的因素则有进水量和出水量,因此输入参数是进水量和出水量这两个因素。但从控制系统工作原理来说,进水量是控制作用,出水量则是干扰作用。

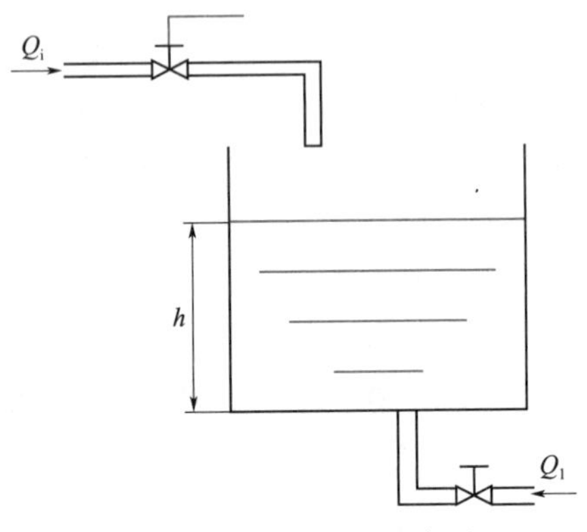

图 6-1　水槽对象特性示意图

二、典型对象特性及数学描述

工业生产的被控对象是千差万别的,其动态性能也是各不相同。但是,大量实践表明,工业生产中的常用控制设备,如换热器、流体输送设备、水槽等,大都可由单容、双容、纯滞后这几种简单环节组合而成。因此,讨论这几种典型环节的特性具有普遍意义。

(一)单容对象

1. 无自衡

图 6-2 所示是无自衡特性水槽,水经过阀门不断流入水槽,改变阀门的开度即可改变水的流入量。水槽内的水通过计量泵排出恒定的流量。工艺上要求水槽的水位 h 保持一定数值。在这里,水槽是被控对象,水位 h 就是被控变量,输入流量 Q_i 是控制作用,而输出流量 Q_1 是外部扰动作用。根据物料平衡关系,水槽所容纳流体数量(流量累积量)的变化速度等于输入流量和输出流量之差。

$$\frac{\mathrm{d}V}{\mathrm{d}t}=Q_i-Q_1 \tag{6-1}$$

式中:V——累积量;

Q_i——输入流量;

Q_1——输出流量。

如果水槽横截面恒定,则上式可变换为

$$A\frac{dh}{dt}=Q_i-Q_1 \tag{6-2}$$

式中：h——水位；

A——横截面积。

因而

$$h=\frac{1}{A}\int(Q_i-Q_1)dt \tag{6-3}$$

这是积分过程。设初始条件：$h(0)=h_0,h'(0)=0$，其阶跃响应如图 6-3 所示。

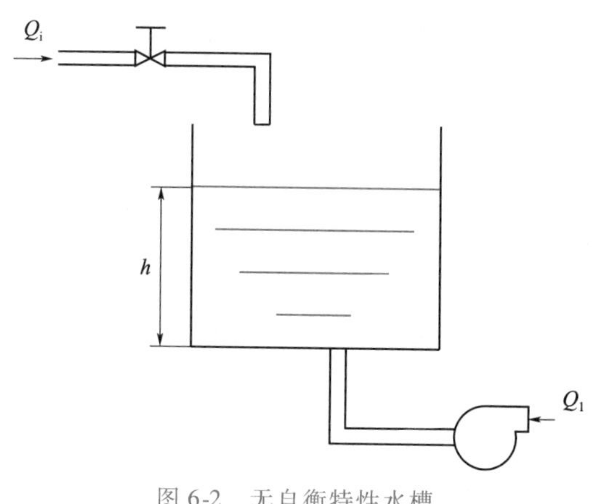

图 6-2　无自衡特性水槽

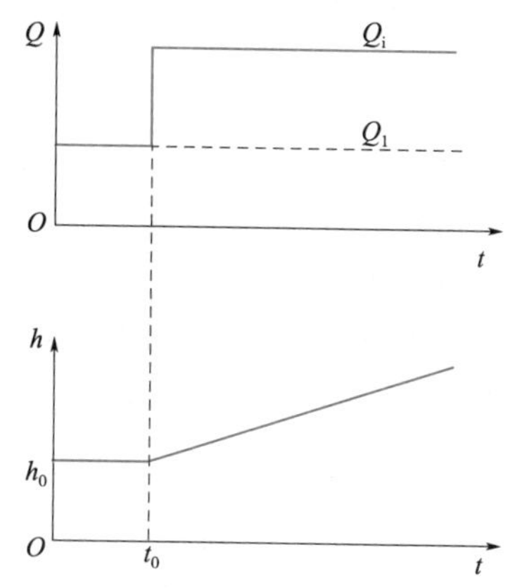

图 6-3　无自衡特性水槽的飞升曲线

对式(6-3)进行拉普拉斯变换得到

$$AsH(s)=Q_i(s)-Q_1(s) \tag{6-4}$$

由于输出流量 Q_1 是定值，其变化量为 0。考虑到自控系统中各个变量总是在它们的额定值附近作微小变化，而需要关心的只是这些量的变化值，因此在推导方程时将 Q_1、Q_i、h 代表它们偏离初始平衡状态的变化值(增量)，根据式(6-4)，可求得输出变量 $h(s)$对输入参数 $Q_i(s)$的传递函数为

$$\frac{H(s)}{Q_i(s)}=\frac{1}{As}$$

写成一般形式

$$G(s)=\frac{1}{Ts} \tag{6-5}$$

式中：T——积分时间常数。

相应的频率特性为

$$G(j\omega)=\frac{1}{jT\omega}=-\frac{j}{T\omega} \tag{6-6}$$

由式(6-6)可知，积分过程会产生 90°的相滞角。

图 6-2 中水槽水位可以通过手动调整阀位改变流入量来进行控制。但由于它是个积分过程，当流入量和流出量之间稍有差异，则水槽最终或者满溢或者被抽干。这种特性称为无自衡。无自衡过程在没有自动控制情况下，不允许长时间没有人看管。大多数水位对象都是无自衡能力，因而在给工艺流程配置控制系统时，一般都应为水位对象设置一个控制回路。

2. 有自衡

将图 6-2 中的计量泵改为一般手动阀门，如图 6-4 所示，则对象的动态特性将不同于无自衡时的特性。当输入流量 Q_i 变化造成水槽中的水位 h 增加时，使得作用在流出阀上的压头增高，并导致输出流量的增长，这种增长将最终使输出流量 Q_1 与输入流量 Q_i 再次相等为止。对象在扰动作用破坏其平衡工况后，在没有操作人员或调节器的干预下自动恢复平衡的特性，称为自衡特性。

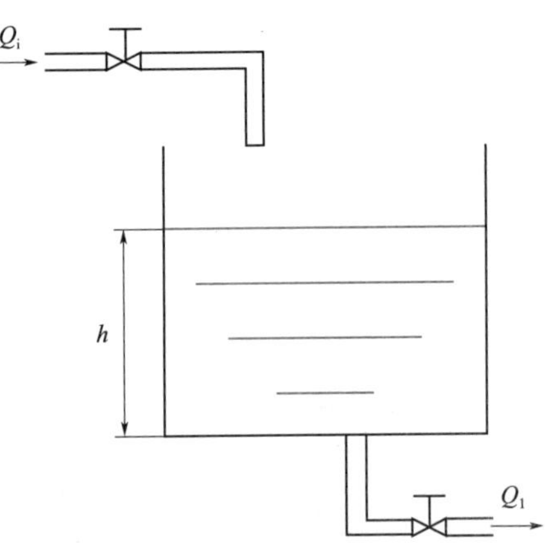

图 6-4　有自衡特性水槽的飞升曲线

对于有自衡特性的对象，其基本的物料平衡式仍然相同，即为式(6-2)。

由于式(6-2)中，输出流量 Q_1 也会随着水位 h 的变化而变化。h 越大，静压头越大，Q_1 也会越大。因此，要得到输出参数 h 与输入参数 Q_1 之间的作用关系式，必须对式(6-2)进行变换，以消去参数 Q_1。

我们知道，水位和流出量之间为非线性关系

$$Q_1 = \alpha\sqrt{h} \tag{6-7}$$

式中：α——比例常数(与手阀开度有关)。

考虑到是定值控制系统，水位设定值基本不变，则由在工作点附近的线性化处理，可得

$$\Delta Q_1 = \frac{\alpha}{2\sqrt{h}}\Delta h \tag{6-8}$$

式中：ΔQ_1——Q_1 的变化值；

　　Δh——h 的变化值。

由式(6-8)可得传递函数

$$\frac{Q_1(s)}{H(s)} = \frac{\alpha}{2\sqrt{h}} = \frac{1}{R} \tag{6-9}$$

这样由式(6-4)和式(6-9)相结合，可画出信号传递方框图，如图 6-5 所示。很显然，图中的反馈作用发生在过程内部，这种作用反映了“自平衡”。

将式(6-9)代入式(6-4)，化简后可求得有自平衡过程的传递函数

$$\frac{H(s)}{Q_i(s)} = \frac{R}{ARs+1}$$

令 $AR=T, R=K$，则

$$\frac{H(s)}{Q_i(s)} = \frac{K}{Ts+1} \tag{6-10}$$

这是一阶惯性环节，它的一般表达式为

$$G(s) = \frac{K}{Ts+1} \tag{6-11}$$

式中：K——放大系数；

　　T——时间常数。

其频率特性为

$$G(s)=\frac{K}{\sqrt{1+(T\omega)^2}}\mathrm{e}^{\mathrm{j}\varphi}=\frac{K}{\sqrt{1+\left(\frac{2\pi T}{Ts}\right)^2}}\mathrm{e}^{\mathrm{j}\varphi} \tag{6-12}$$

$$\varphi=-\arctan\frac{2\pi T}{Ts} \tag{6-13}$$

式中：T_S——工作周期。

一阶惯性环节给系统提供一个小于90°的相滞角。

下面研究对象的阶跃响应曲线，工程上也称飞升曲线。当输入流量 Q_i 有一阶跃变化时，对式(6-11)求解，可得出水位的变化规律

$$h=KQ_i(1-\mathrm{e}^{\frac{-t}{T}}) \tag{6-14}$$

有自衡特性水槽的飞升曲线如图6-6所示。

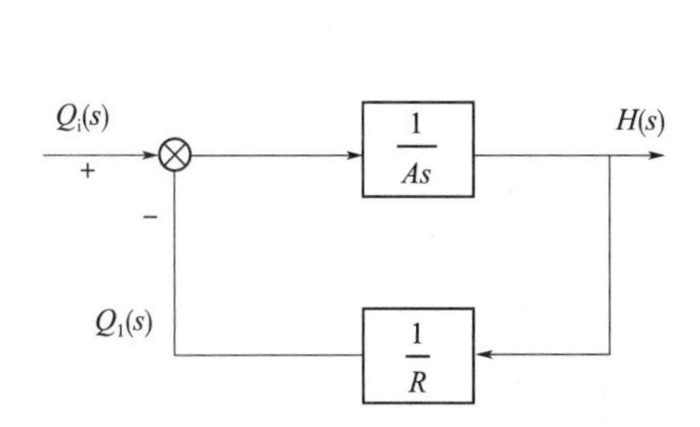

图6-5　有自衡的信号传递方框图

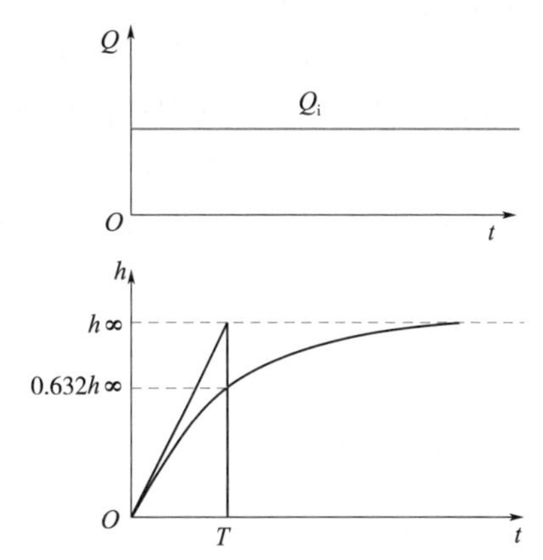

图6-6　有自衡特性水槽的飞升曲线

由图6-6可知，当 $t\to\infty$ 时，水位趋向稳态值 $h(\infty)=KQ_i$。这就是输入量 Q_i 经过水槽这个环节后放大了 K 倍而成为输出量的变化值，因而称 K 为放大系数。对象的放大系数越大，就表示对象的输入量有一定的变化时，对输出量的影响越大。在实际生产过程中，各种输入量的变化对被控变量的影响是不相同的，即各种输入量与被控变量之间的放大系数有大有小。放大系数越大，被控变量对这个量的变化就越灵敏，这在选择自动控制方案时是需要考虑的。应注意到，由于 $K=h(\infty)/Q_i$ 关系中，$h(\infty)$ 是稳定后的输出变化量，所以这里指的 K 是静态放大系数。

图6-6中还显示了时间常数 T 的物理意义，它表示了水位 h 以 $t=0$ 时的切线速度一直变化到稳态值时所需的时间。它是表示飞升过程所需时间的重要参数。

另外，将 $t=T$ 代入式(6-14)中，可以求得

$$h(T)=KQ_i(1-\mathrm{e}^{-1})=0.632KQ_i=0.632h(\infty) \tag{6-15}$$

因此，时间常数 T 的物理意义也可以这样理解：当对象受到阶跃输入作用后，被控变量达到新稳态值的63.2%所需要的时间，就是时间常数 T。在用实验法测定对象特性时，常用此方法求取对象的时间常数 T。

时间常数越大，被控变量的变化越慢，达到新的稳定值所需的时间也越长。显然，时间常数大的对象，系统稳定性就好，动态偏差较小；但同时系统的调节性能变差，一旦系统偏离设定值后，所需要的调节时间变长。因此，对于时间常数较大的调节对象，

在自控系统设计时可适当降低系统的动态偏差要求，但静态指标应严格控制。例如在温度控制系统中，一般时间常数 T 较大，温度变化慢，出现较大的动态偏差的情况较少，因此，静态指标是控制系统的主要目标；而在流量、液位等快速控制系统中，由于时间常数 T 一般较小，过程变化较快，动态指标是控制系统的主要目标。

由于时间常数 T 是用来表征对象受到输入作用后，被控变量是如何变化的，是反映系统过渡过程中的变化规律的，因此，它是对象的一个动态参数。

（二）时滞对象

有的对象或过程，在受到输入作用后，输出变量并不立即随之变化，而是要隔上一段时间才会响应，这种对象称为具有时滞特性的对象，而这段时间就称为时滞（或纯滞后）。

时滞的产生一般是由于介质的输送需要一定时间而引起的。图 6-7 是重量传感器对流量变化的响应图，它是一个用在固体传送带上的定量控制系统，是典型的纯滞后例子。从阀门动作，到压力传感器检测，到重量发生变化，这中间需经历输送机的传送时间。因此，如以阀门的加料量 x 作为对象的输入，压力传感器的称重 y 作为输出时，其反应曲线如图 6-8 所示。图中所示的 τ_0 为皮带输送机将物料由加料口输送到传感器处所需要的时间，称为时滞（纯滞后时间）。显然，时滞与皮带输送机的传送速度 v 和传送距离 L 有如下关系

$$\tau_0 = \frac{L}{v}$$

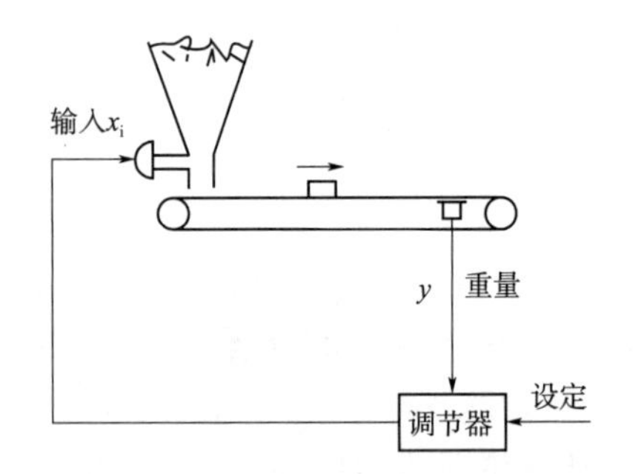

图 6-7　重量传感器对流量变化的响应

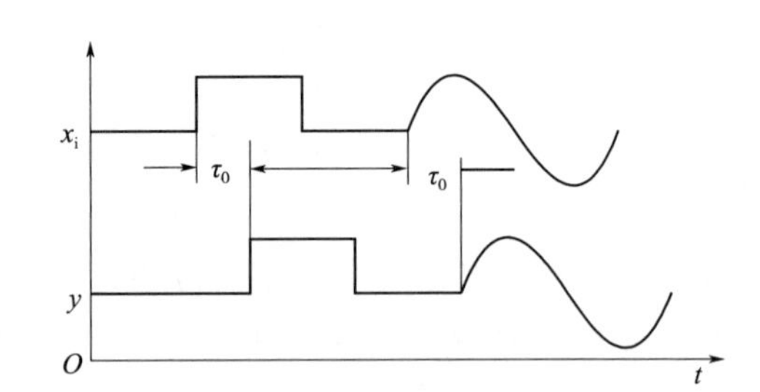

图 6-8　纯滞后环节在传送输入信号时把它推迟了 τ_0 时间

另外，从测量方面来说，由于测量点选择不当、测量元件安装不合适等原因也会造成时滞。图 6-9 是一个蒸汽直接加热器。如果以进入的蒸汽量 Q_i 为输入参数，实际测得的溶液温度为输出变量。并且测温点不是在槽内，而是在出口管道上，测温点离槽的距离为 L。那么，当蒸汽量增大时，槽内溶液温度升高，然而槽内溶液流到管道侧温点处还要经过一段时间。所以，相对于蒸汽流量变化的时刻，实际测得的溶液温度 t 要经过一段时间 τ_0 后才开始变化。这段时间 τ_0 也为时滞。由于测量元件或测量点选择不当引起时滞的现象在成分分析过程中尤为常见。安装成分分析仪表时，取样管线太长、取样点安装得离设备太远，都会引起较大的时滞，这是实际工作中要尽量避免的。

时滞对象对任何输入信号 x 的响应都是把它推迟一段时间，其大小等于纯滞后时间 τ_0，输出量 y 的曲线形状保持不变。

因此,对于前面讨论的固体传送带定量控制系统,其传递函数 $G(s)$ 可表达为

$$G(s)=e^{-\tau_0 s} \tag{6-16}$$

相应的频率特性为

$$G(j\overline{w})=e^{-j\overline{w}\tau_0} \tag{6-17}$$

由式(6-16)可知,时滞对象的静态增益和动态增益均为1。由它产生的相角,其大小为

$$\varphi=-\overline{\omega}\tau_0$$

如果一个对象(如图6-9所示的蒸汽直接加热器),其本身的特性是一个一阶惯性环节,但由于某种原因,使输入变量与输出变量之间又有一段时滞,这时整个对象的特性为一阶惯性对象和时滞对象的串联,其传递函数可表达为

$$G(s)=\frac{1}{Ts+1}e^{-\tau_0 s} \tag{6-18}$$

蒸汽加热器的飞升曲线如图6-10所示。显然,相比于无滞后的一阶惯性对象,其飞升曲线在时间轴上推迟一段纯滞后时间 τ_0,但输出曲线 y 的形状不发生变化。

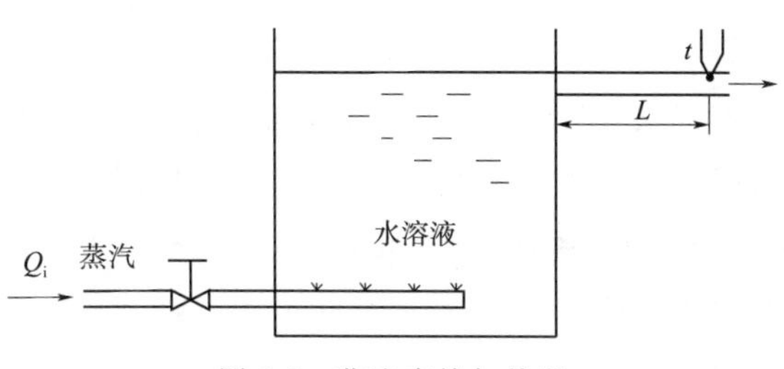

图6-9 蒸汽直接加热器

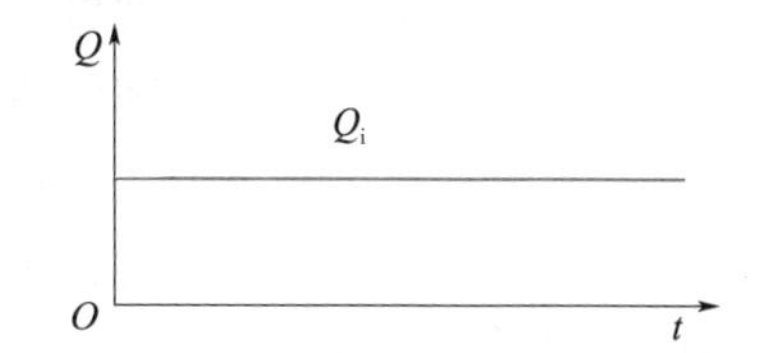

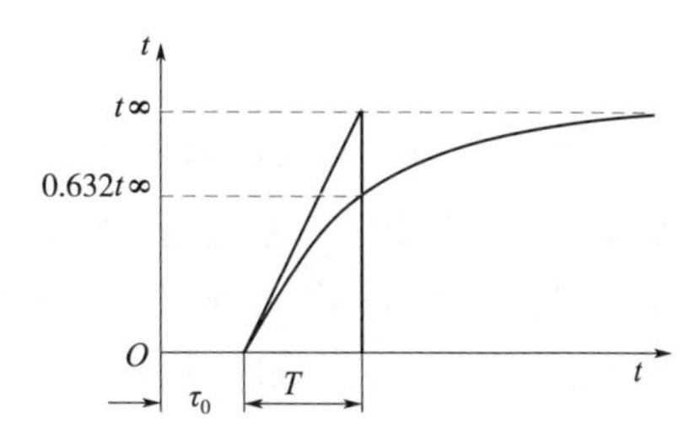

图6-10 蒸汽加热器的飞升曲线

应注意到,滞后时间 τ_0 也是一个反映系统过渡过程中的变化规律的特征参数,因此,它是对象的一个动态参数。

(三)双容对象

实际工业过程中往往是由两个或多个容积组成的。研究双容对象(或多容对象)的动态特性具有重要意义。图6-12所示为两个水槽相互串联的情况,水槽1流量供给水槽2,所以水槽1会影响水槽2的动态品质,水槽2却不会影响水槽1,二者不存在相互影响。

如果以水槽1的流量 Q_i 为输入参数(变量),水槽2的水位 h_2 为输出变量,则研究双容对象的动态特性即是研究当流量 Q_i 变化时水位 h_2 的变化情况。由于二者不存在相互影响,对于任何一个对象特性仍然可采用单容对象的研究方法,无非水槽2的输入参数即为水槽1的输出流量。因此,基于单容对象的特性研究方法,我们不难得出双容对象串联时的信号方框图,如图6-11所示。

根据信号方框图,可得传递函数

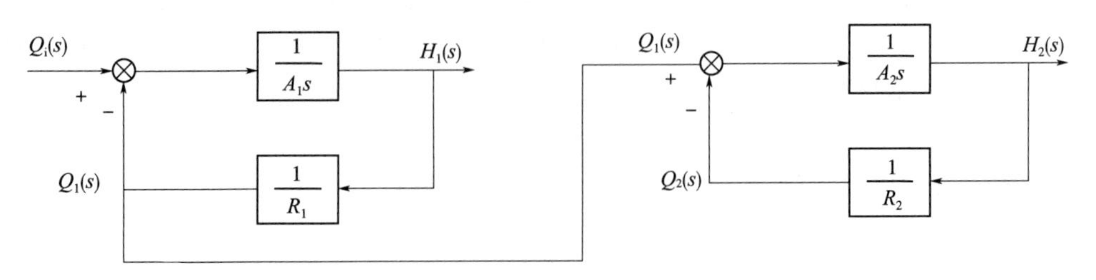

图 6-11　双容对象串联时的信号方框图

$$\frac{H_1(s)}{Q_i(s)}=\frac{R_1}{A_1R_1s+1}=\frac{R_1}{T_1s+1}$$

$$\frac{H_2(s)}{Q_i(s)}=\frac{Q_1(s)}{Q_i(s)}\cdot\frac{H_2(s)}{Q_1(s)}=\frac{1}{A_1R_1s+1}\cdot\frac{R_2}{A_2R_2s+1}$$

$$\frac{H_2(s)}{Q_i(s)}=\frac{K}{T_1T_2s^2+(T_1+T_2)s+1} \tag{6-19}$$

式中：T_1——水槽 1 的时间常数；

T_2——水槽 2 的时间常数；

K——整个对象的放大系数。

下面研究双容对象的阶跃响应曲线。当输入流量 Q_i 有一阶跃变化时，对式(6-19)求解，不难得出水位 h_2 随时间的变化规律：

$$y(t)=KQ_i\left(1+\frac{T_1}{T_2-T_1}e^{-\frac{1}{T_1}}-\frac{T_2}{T_2-T_1}e^{-\frac{1}{T_2}}\right) \tag{6-20}$$

双客对象串联时的飞升曲线如图 6-13 所示。图中显示，当输入量在作阶跃变化的瞬间，输出变化的速度为零，以后随着时间 t 的增加，变化速度慢慢增大，但当时间 t 大于某一个值 t_1 后，变化速度又慢慢减小，直至 $t\to\infty$ 时，变化速度减小为零。曲线形状不再是简单的指数曲线，而是呈 S 形的一条曲线。

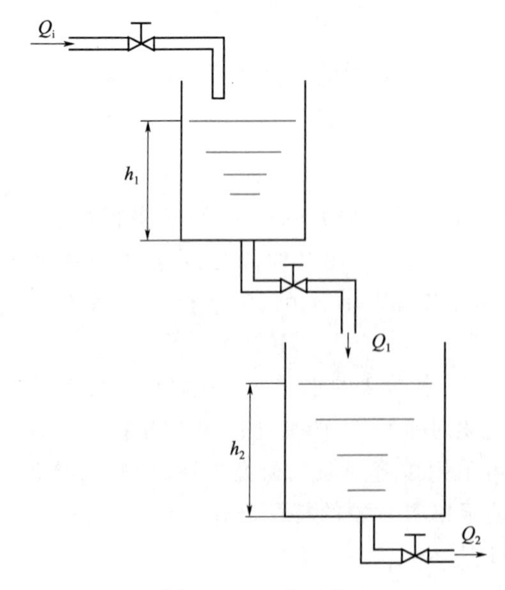

图 6-12　双容对象

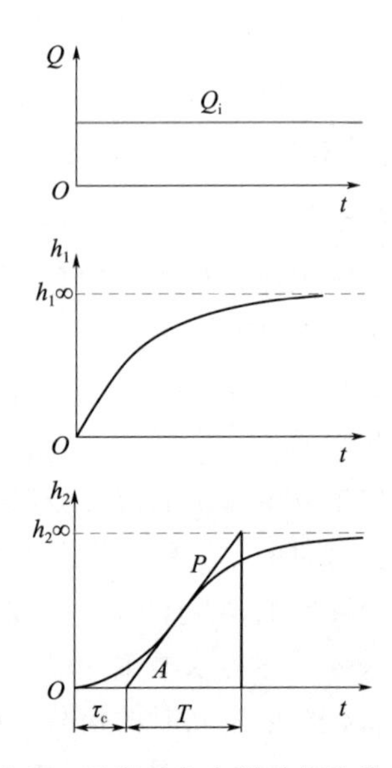

图 6-13　双容对象串联时的飞升曲线

为了与单容对象的特性相比较,对双容特性曲线作近似图解,可总结出更为一般的规律。在 S 形曲线的拐点 P 上做切线,它在时间轴上截出一段时间 OA。这段时间可以近似地衡量由于多了一个容量而使飞升过程向后推迟的程度,因此称为容量滞后,通常以 τ_c 代表。这样,双容对象特性就可近似为纯滞后加一阶惯性的模型,其传递函数的形式与式(6-18)相同,即

$$G(s)=\frac{1}{Ts+1}\mathrm{e}^{-\tau_c s} \tag{6-21}$$

对比单容和双容对象的飞升特性曲线可以看出,双容对象由于容器数目由 1 变为 2,飞升特性就出现一个容量滞后 τ_c。而这个 τ_c 对调节过程的影响是很大的,它是一个很重要的参数。在研究双容对象的飞升特性曲线时,T 值的大小应当用对曲线拐点 P 作切线的方法去求,而放大系数 K 和单容一样,即 $K=h_2(\infty)/Q_i$。

以上讨论的是双容对象的飞升特性。事实上,如果在这基础上再增加一个或更多个的存储容量,理论分析与实际测试都表明,它的飞升特性曲线仍然是 S 形,但是容量滞后 τ_c 更加大了。图 6-14 表示具有 1 ~ 6 个同样大小的存储容量的飞升特性曲线。因此,它们仍然可以用一阶惯性加纯滞后的对象模型近似。

从以上分析可知,实际的调节对象虽然在原理、结构和大小差别很大,但它们的飞升特性曲线和图 6-13 相似,都可以用 τ、T、K 这 3 个参数来表征。需要说明的是,这里滞后时间 τ 包括纯滞后和容量滞后,即 $\tau=\tau_0+\tau_c$。由于实际对象的滞后时间常常两项兼而有之,有时很难区别,为了简化问题统一用 τ 表示。图 6-15 表示既有纯滞后、又有容量滞后的调节对象的飞升特性曲线。

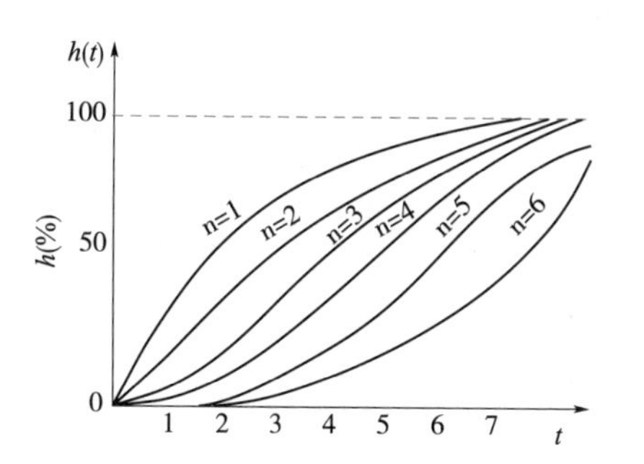

图 6-14　1 ~ 6 个相同容量的对象飞升特性曲线

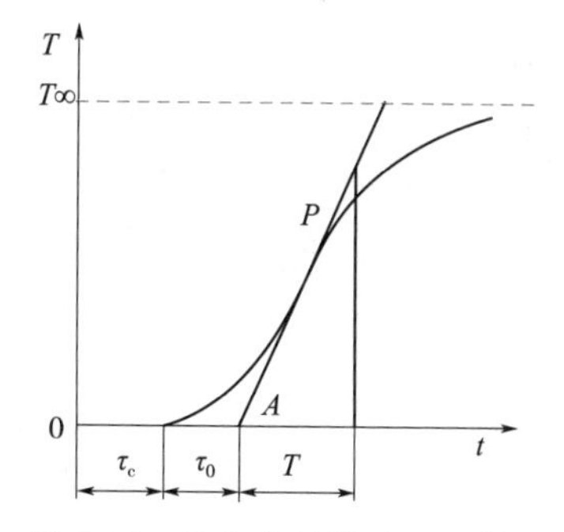

图 6-15　具有容量滞后和纯滞后的对象飞升特性曲线

不论是容量滞后,还是纯滞后,它们对控制都是不利的。它使控制作用不能及时地克服干扰的影响,偏差往往会越来越大,以至整个系统的稳定性和控制指标都会受到严重的影响。所以,在设计和安装控制系统时,都应当尽量把滞后时间减到最小。例如,在选择操纵变量时,应使对象调节通道的滞后小一些;在选择控制阀与检测点的安装位置时,应选取靠近被控对象的有利位置;从工艺角度,应通过工艺改进,尽量减少或缩短不必要的管线及阻力,以使滞后时间尽量减少。

任务 2　单容对象特性的实验测试

前面讨论了典型环节特性的机理建模方法,这类对象的输入/输出关系简单

而明确，因此可以通过机理法求取对象特性的数学模型。但是许多工业对象内部的工艺过程复杂、作用关系不明确，很难采用机理推导法求解数学模型。况且，即使通过机理法能得到数学模型，一般都需要通过实验测定来验证模型。对此，在工业应用中普遍采用实验测定法求取数学模型，它是根据工业过程的输入/输出的实测数据进行数学处理后得到的模型。其主要特点是把被研究的工业过程视作一个黑匣子，完全从外特性上测试和描述它的动态性质。由于系统内部的运动不知，称之为“黑箱模型”。它主要有 3 种方法：时域法、频域法和相关分析法，其中的时域法在工业实践中应用最为广泛。下面，将通过两个实验来讨论时域法建模的具体方法。

首先介绍飞升特性测定法。它是指输入为阶跃函数时的输出变化曲线。实验时，先让对象在某一个稳态下稳定一段时间后，快速地改变它的输入量，使对象达到另一稳定状态。用记录仪等设施记录过程输入/输出的变化曲线，就是对象的飞升特性。现以单容水槽的液位飞升特性为例，介绍其测定方法如下。

一、建立实验系统

按图 6-16 建立实验系统。图中显示，流入水箱中的流量 Q_i 是由管路上的调节阀来控制的，流出的流量 Q_1 取决于出水阀门的开度。

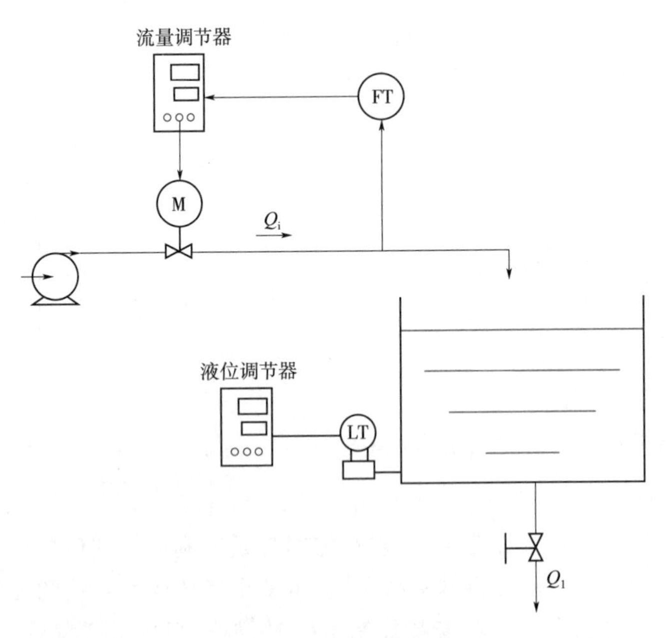

图 6-16　实验系统原理图

二、建立测量系统

按图 6-17 建立测量系统。图中显示，为了得到输入参数与输出参数之间的相互关系，采用涡轮流量计测量输入流量 Q_i，采用压力变送器测量输出液位 h。并且，它们的测量信号分别输入到流量调节器和液位调节器中。调节器的参数设置方法如表 6-1 所示。

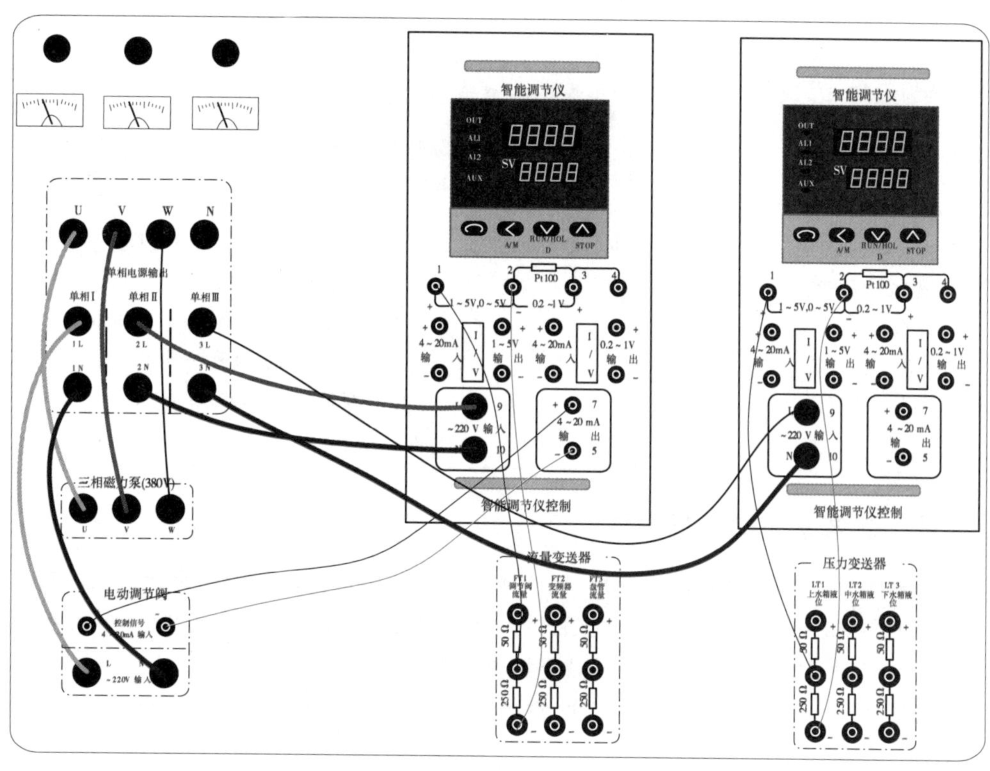

图 6-17　线路连接图

表 6-1　调节器的参数设置方法

	参数类型	参数代号	参数含义	取值	说　明
流量调节器	输入规格	Sn	输入信号	33	输入信号是 1～5 V 的标准电压信号
		dIP	小数点位置	1	小数点取 1 位
		dIL	输入下限显示值	0	对应 1 V 输入信号时，仪表显示 0
		dIH	输入上限显示值	100	对应 5 V 输入信号时，仪表显示 100
	输出规格	oP1	输出方式	4	输出为 4～20 mA 的线性电流
		oPL	输出下限	0	输出下限值无限制
		oPH	输出上限	100	输出上限值无限制
	控制方式	Ctrl	控制方式	0/1	这里采用手动控制方式，此参数不起作用
液位调节器	输入规格	Sn	输入信号	33	输入信号是 1～5 V 的标准电压信号
		dIP	小数点位置	1	小数点取 1 位
		dIL	输入下限显示值	0	对应 0.2 V 输入信号时，仪表显示 0
		dIH	输入上限显示值	17	对应 1 V 输入信号时，仪表显示 17
	输出规格	oP1	输出方式	4	输出为 4～20 mA 的线性电流
		oPL	输出下限	0	输出下限值无限制
		oPH	输出上限	100	输出上限值无限制
	控制方式	Ctrl	控制方式	0/1	此调节器仅作测量之用，输出规格与控制方式都不起作用

三、飞升特性测量

1)手动平衡

首先，将流量调节器设置为手动控制方式，调整输出为50%左右，启动水泵打水。

然后，调整出水阀，努力使水位平衡在10 cm。

2)记录过程

启动监控计算机，做好测量过程的记录准备。

3)测定飞升曲线

首先，快速改变流量调节器的输出至60%，观察过渡过程，直至新的平衡状态。

然后，减小流量调节器的输出至50%，观察过渡过程，直至新的平衡状态。应重复以上过程2～3次。

四、测试结果的数据处理

在描绘生产过程的动态特性时，常用微分方程或传递函数的形式表达。将实验所获得的不同对象的飞升曲线进行处理，以便用一些简单的数学表达式来近似表达，既适合工程应用，又有足够的精度，这就是数据处理。

如前所述，多数工业对象的特性常可用具有纯滞后的一阶或二阶模型近似描述，即

$$G(s)=\frac{Ke^{-s\tau}}{Ts+1} \tag{6-22}$$

或

$$G(s)=\frac{Ke^{-s\tau}}{(T_1s+1)(T_2s+1)} \tag{6-23}$$

对于少数无自衡特性的对象，可用式(6-24)或(6-25)来近似描述，即

$$G(s)=\frac{Ke^{-s\tau}}{Ts} \tag{6-24}$$

或

$$G(s)=\frac{Ke^{-s\tau}}{T_1s(T_2s+1)} \tag{6-25}$$

对于单容液位特性，常用一阶模型(6-22)的表达式描述。那么，应如何由飞升曲线确定 K、T 和 τ 这3个参数呢？方法有多种，现结合实际介绍如下。

根据实验结果，单容水箱的液位飞升曲线如图6-18所示，实验过程数据如表6-2所示。

表 6-2　实验过程数据

状　　态	调节阀开度/%	进水流量/(L·min^{-1})	液位高度/cm
开始	30	2.7	2.7
终态	40	3.7	15.2
变化量	10	1.0	12.5

图6-18显示，$t=0$ 时，曲线斜率最大，之后斜率减小，逐渐上升到稳态值 $y(\infty)$，

则该曲线可用一阶无时滞模型来描述。现采用直角坐标图解法确定 K、T 两个参数。

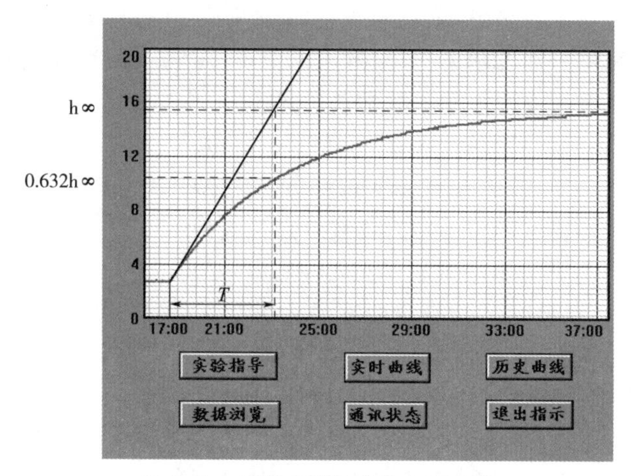

图 6-18　单容水箱的液位飞升曲线

①先求放大系数 K。由式(6-26)求出 K 值

$$K=\frac{\Delta h}{\Delta Q_{\mathrm{i}}}=\frac{12.5}{1.0}=12.5\ \mathrm{cm}\cdot\mathrm{min}\cdot\mathrm{L}^{-1} \tag{6-26}$$

注意:表达式(6-26)是一个增量形式,且 K 是一个有量纲的值。

②再求时间常数 T。过 $t=0$ 点作曲线的切线,该切线与 $h(\infty)$ 线交于 A 点,则 OA 线段在时间轴上的投影即为时间常数 T。按此方法可求得 $T=4.2(\mathrm{min})$。

说明:T 也可以采用另一方法求出。根据一阶无时滞模型的表达式(6-21),可求得其阶跃响应为

$$h(t)=h(\infty)(1-\mathrm{e}^{-\frac{t}{T_0}}) \tag{6-27}$$

由式(6-27)可求得,当 $t=T_0$ 时,$h(T_0)=0.63h(\infty)$。因此,可在飞升曲线上找到 $0.63h(\infty)$ 的点 P(见图 6-18),由 P 点向时间轴作垂直线得交点 B,OB 值即为时间常数 T。

按照以上方法,最后求得的单容水箱数学模型是

$$G(s)=\frac{A}{Bs+1}=\frac{12.5}{4.2\,s+1} \tag{6-28}$$

注意式中参数的单位。

任务 3　双容对象特性的实验测试

阶跃响应法是一种最常用的测定过程特性的方法。但是,此方法需长时间施加阶跃干扰作用,这有可能导致被控变量的变化幅度超出生产工艺允许的范围,这是不允许的。为了解决这一问题,可以在加上阶跃信号后经 Δt,即行撤除阶跃信号。作用在对象上的信号实际上是一个宽度为 Δt 的脉冲方波,如图 6-19 所示。输入为脉冲方波,输出的反应曲线称为“方波响应”。方波响应与飞升曲线具有密切的关系。一旦用实验测得对象的方波响应后,就能够很容易地求出它的飞升曲线。

一、方波响应的原理分析

方波信号可看成是两个阶跃作用的代数和,一个是在时刻 $t=0$ 时加入对象的阶

跃信号 $x_1(t)$，另一个是在时刻 $t=\Delta t$ 时加入对象的负阶跃信号 $x_2(t)$，如图 6-19 所示。这两个信号作用于对象的结果，就是对象的方波响应 $y(t)$。由于两个阶跃信号单独作用时的响应曲线可分别表示为 $y_1(t)$ 和 $y_2(t)=-y_1(t-\Delta t)$，而对象的方波响应便是两条响应曲线的叠加或代数和。数学表达式为

$$y(t)=y_1(t)+y_2(t)$$

$$y(t)=y_1(t)-y_1(t-\Delta t) \tag{6-29}$$

改写式(6-29)得到对象的飞升曲线数学表达式为

$$y_1(t)=y(t)+y_1(t-\Delta t) \tag{6-30}$$

式(6-30)表明：对象的飞升响应曲线是由方波响应和纯滞后的阶跃响应曲线之和。实际求取飞升响应曲线时可将时间轴先分为 3 段：$0\sim\Delta t$、$\Delta t\sim2\Delta t$、$2\Delta t\sim\infty$。

①在 $0\sim\Delta t$ 这一段时间范围内，方波响应即是飞升曲线；

②在 $\Delta t\sim2\Delta t$ 这一段时间范围内，飞升曲线是该段的方波响应加上 Δt 前的飞升曲线；

③经过前面步骤已求得 $0\sim2\Delta t$ 内的飞升曲线，重复第 2 步骤求出在 $2\Delta t\sim\infty$ 时间段内的飞升曲线，即该段的方波响应加上 $2\Delta t$ 时间前的飞升曲线。这样随着时间的推移，就可以由方波响应求得完整的飞升曲线。

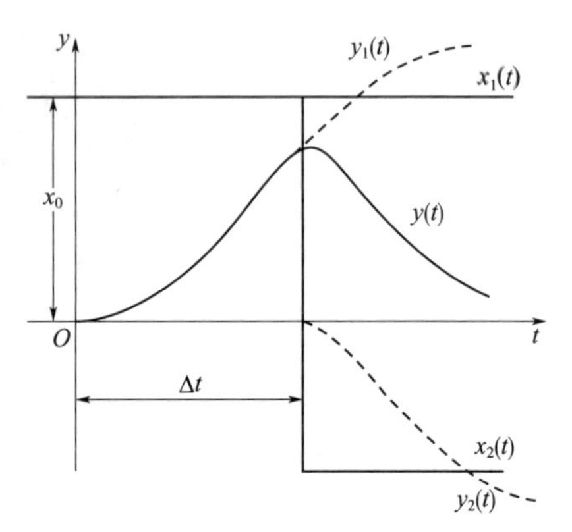

图 6-19　脉冲方波响应特性曲线

二、双容特性的实验测定

为了掌握方波响应的测试技术，现以双容对象为例，介绍其具体方法。

1)建立实验系统

按照单容对象的测定方法建立实验系统，并做好测试准备。

注意，应将下水箱的压力变送器信号输入到流量调节器中。

2)手动平衡工况

首先将流量调节器手动输出在50%左右，启动水泵打水；然后平衡中水箱水位在中间位置；最后平衡下水箱水位在中间位置。

3)测定方波响应

首先启动监控计算机，运行双容对象实验；然后快速改变流量调节器的输出至60%；保持输出15 s后，迅速调整输出至50%。认真观察过渡过程，应重复以上过程2~3次。

三、测试结果的数据处理

实验测得的双容水箱的方波响应曲线后，需对数据处理如下：

①方波响应曲线转换成阶跃响应曲线。将测试时间 $0\sim t$ 划分成 3 等份：

当 $t=0\sim\Delta t$ 时，$y(t)=y_1(t)$。阶跃响应曲线即为方波响应曲线；

当 $t=\Delta t\sim2\Delta t$ 时，$y_1(2\Delta t)=y(2\Delta t)+y_1(\Delta t)$；

当 $t=2\Delta t\sim3\Delta t$ 时，$y_1(3\Delta t)=y(3\Delta t)+y_1(2\Delta t)$。

以此类推，最后求得完整的阶跃响应曲线，如图 6-20 所示。

②确定过程的数学模型。如前所述，双容对象特性可用一阶时滞模型（式(6-22)）表达式来近似。该模型需确定 K、T 和 τ 三个参数，具体方法如下：

①先求放大系数 K。由式 6-31 求出 K 值

$$K=\frac{\Delta h}{\Delta Q_{\mathrm{i}}} \tag{6-31}$$

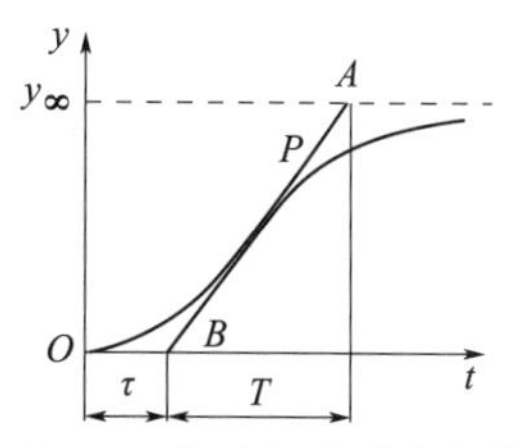

图 6-20　双容对象阶跃响应曲线

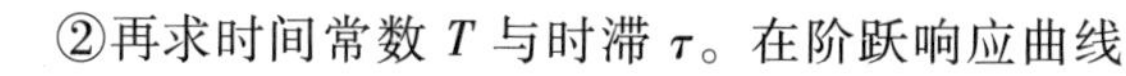

②再求时间常数 T 与时滞 τ。在阶跃响应曲线斜率最大处（拐点 P）做一条切线，交于时间轴 B 点，交于稳态值 $h(\infty)$ 于 A 点。OB 长即为过程的时滞时间 τ，BA 在时间轴的投影即为过程的时间常数 T。按此方法可求得 τ 和 T。

最后得到的对象特性表达式为

$$G(s)=\frac{Ke^{-sT}}{Ts+1}$$

说明：实验测试方法还有多种，有兴趣的同学可参考其他专业资料。

习题

6.1　什么是机理分析法？

6.2　什么是实验测取法？

6.3　什么是对象特性？

6.4　对于一阶对象特性，通常可以用放大系数 K 和时间常数 T 来表示。图 6-21 所示为甲乙两个液体贮罐，假设流入和流出侧的阀门、管道尺寸及配管均相同。对象的输出变量为液位 H，输入变量为流入量 Q_{in}。试分析两对象的放大系数 K 和时间常数 T 是否相同？为什么？

6.5　为了测定某物料干燥筒的对象特性，在 t_0 时刻突然将加热蒸汽量从 25 $\mathrm{m^3/h}$ 增加到 28 $\mathrm{m^3/h}$，物料出口温度记录仪得到的阶跃响应曲线如图 6-22 所示。试写出描述物料干燥筒对象的传递函数（温度变化量作为输出变量，加热蒸汽量的变化量作为输入变量；温度测量仪表的测量范围 0 ~ 200 ℃；流量测量仪表的测量范围 0 ~ 40 $\mathrm{m^3/h}$）。

6.6　定值控制系统的传递函数反映了以干扰量为输入，以被控变量为输出的动态关系，它

A. 与系统本身的结构参数、扰动量的形式及大小均有关

B. 仅与扰动量的形式和大小有关

C. 仅与系统本身的结构参数有关

6.7　一个具有容量滞后对象的响应曲线如图 6-23 所示，被控对象的容量滞后是（　　）s。

A. 12　　　B. 20　　　C. 8　　　D. 50

6.8　什么是自衡特性？

6.9　什么是放大系数 K、时间常数 T、滞后时间 τ？

6.10　图 6-24 所示是自控系统研究中几种典型的输入信号，其中哪一种是阶跃函数信号？为什么常采用它作为输入信号？

甲　　乙

图 6-21　习题 6.4

图 6-22　习题 6.5

图 6-23　习题 6.7

(a) $y=1$　(b) $y=t$　(c) $y=\frac{1}{2}t^2$　(a) $y=\frac{1}{\varepsilon}$

图 6-24　习题 6.10

模块七

控制系统性能分析与设计

通过前面的学习，掌握了控制系统的操作技能，但是如何科学地分析系统性能并改进控制质量、如何根据工艺要求设计出合理的控制系统等更高要求的问题，可能并不清楚，需要进一步学习专业理论知识。事实上，一个控制工程的完整实施过程主要是3项内容：控制方案拟订、控制系统设计、控制系统安装与调试。3项内容既有一定的独立性、又紧密相连。只有正确理解控制方案与设计思路，才能高质量地完成系统安装与调试工作；同时，也只有熟悉与掌握系统安装/调试技术，才能更好地设计出控制系统。本模块就控制系统设计中的共性问题——系统分析与优化、调节阀选择等问题进行讨论，以期达到学习目标。

1. 会系统性能分析；
2. 会系统初步设计。

任务1　控制方案优化

如前所述，控制方案是项目开发与实施的前提与依据，其重要性毋庸置疑。对于简单控制系统而言，系统结构十分明确，关键是被控变量、操纵变量的合理确定，由此可选择变送器、调节器和调节阀而构成一个控制回路。这就要对工艺过程进行全面了解、对控制性能进行深入分析，才能形成合理的控制方案。那么，被控变量、操纵变量应如何确定呢？

一、被控变量的确定

被控变量的选择是十分重要的，它是决定控制系统有无价值的关键。任何一个控制系统，总是希望能对产品产量增加、产品质量提高以及劳动条件改善等发挥作用，而这就要从生产工艺的具体要求与条件出发，找出影响生产的关键变量作为被控变量。所谓“关键”变量是指对产品的产量、质量以及安全等重要指标起到决定性的作用，而人工操作又难以满足要求的；或者人工操作虽然可以满足要求，但是操作是既紧张又频繁的。

通常，简单控制系统的被控变量选择较为简单，只要根据生产工艺上提出的过程参数要求直接确定即可。例如，生产上要求控制的工艺操作参数是温度、压力、流量、液位等，很明显被控变量就是温度、压力、流量、液位。但也有如下一些情况需要对被控变量的选择认真加以考虑：①表示某些质量指标的参数有多个，应如何选择才是最合理的？②某些质量指标，因无合适的测量仪表直接反映质量指标，从而不得已选择间接指标作为被控变量的情况，应遵循什么原则？③虽有直接参数可测，但信号微弱或测量滞后太大，这时又该如何处理？

对此，应按如下原则来选择被控变量。

①尽量选用直接指标作为被控变量，因为它最直接、最可靠。

②当无法获得直接指标的信号，或其测量和变送信号滞后很大时，应选择有单值对应关系的间接指标作为被控变量。

③所选变量和操纵变量之间的传递函数应比较简单，且有较好的动态和静态特性。

二、操纵变量的确定

操纵变量是系统实施控制作用的物料量或能量，控制系统正是通过对操纵变量的控制来克服干扰影响，从而使被控变量保持在设定值上。一般而言，生产工艺上往往有多个变量可选择作为操纵变量。所选变量不同，构成的过程特性也不同。操纵变量选择的目的就是要构成一个合理的控制回路，以使控制系统的综合性能最佳。这就需要研究工艺过程，分析有哪些因素会影响被控变量，它们与系统性能的关系又是怎样的，对象在什么状态下最容易控制，以及采取哪些措施能进一步提高系统性能等问题。

(一)干扰因素分析

确定操纵变量的第一步是干扰因素分析，即搞清楚有哪些干扰作用会影响被控变量，以及这些干扰因素中哪些是可控的，哪些是不可控的。一般而言，该项工作并不难。但是，当工艺过程较为复杂或影响因素较多时，就需要对工艺过程及其内部作用机理进行深入研究后才能确定。以换热器的加热控制为例，工艺上要求物料的出口温度要保持恒定。显然，这里的被控变量就是物料出口温度，而其影响因素至少有蒸汽流量和物料流量两个，由此可能构成如图 7-1 所示的两种控制方案。

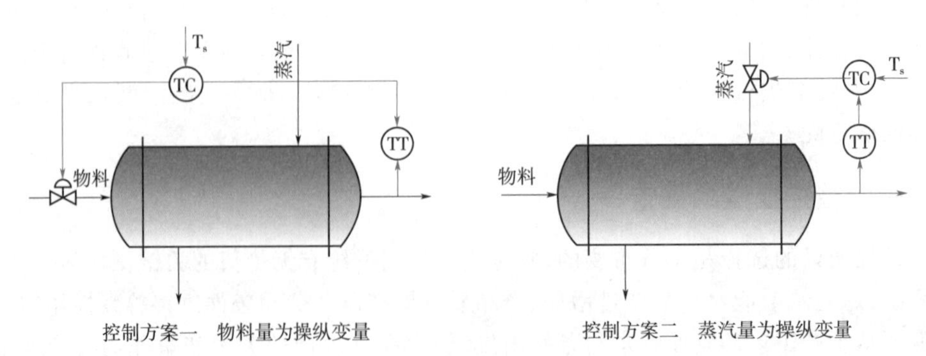

图 7-1　换热器的控制方案

但是进一步分析发现，方案一在工艺上存在明显不足。这是因为如果采用方案一的控制方法，必然要对进料流量进行调节而导致物料量会时大时小。由于物料量的波动就不能保证换热器始终满负荷运行，生产能力就会受到影响。同时，又有可能使后继生产工艺的控制增加难度。因此，物料量不宜选择作为操纵变量。而以蒸汽流量为操纵变量的控制方案二，由于对生产过程影响较小，且对干扰的校正能力强等原因，必然是生产中常用的控制方法。通过这个例子说明，在选择操纵变量时不仅要搞清楚被控变量的影响因素，还要考虑变量的可控性与不可控性，这在生产实际中有时非常重要。

需要说明的是，在方案二的蒸汽流量调节中，从原理上既可以选择进口蒸汽为操纵变量，也可以选择出口蒸汽为操纵变量。那么，为什么通常调节进口蒸汽量呢？要说明这个问题就要分析干扰作用与系统性能的关系。

(二)对象动特性对调节质量的影响

生产过程中的被控对象一般比较复杂，影响被控变量的因素往往不止一个。这些因素在控制方案确定之前，都是干扰量，而且都有可能被选作操纵变量。这时，就要研究干扰对被控变量的影响，熟悉其基本作用规律，搞清楚对象在什么情况下最容易控制。

由于过程控制中，一阶惯性加时滞的被控对象最常遇到，下面主要针对这类问题，讨论对象特性参数 K、T、τ 对控制品质的影响。考虑到实际对象的输入/输出关系中，控制作用 $u(t)$ 与扰动作用 $f(t)$ 的过程参数不一定相同，而且它们的影响也不一样，因此将它们区别开来分析。图 7-2 所示的系统框图是合适的，它表达了扰动作用、控制作用对被控变量影响的过程通道是不相同的，假设其传递函数分别为

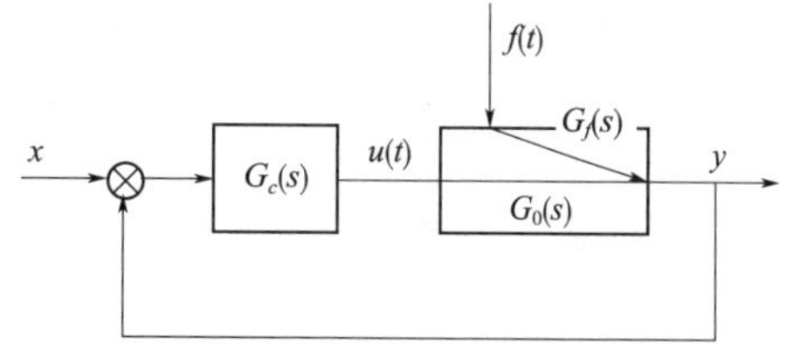

图 7-2　单回路控制系统框图

$$G_0(s)=\frac{K_0 e^{-\tau_0 s}}{T_0 s+1},G_f(s)=\frac{K_f e^{-\tau_f s}}{T_f s+1} \tag{7-1}$$

1. 扰动通道动特性对控制品质的影响

(1)扰动通道放大系数 K_f 的影响

扰动通道的放大系数 K_f 影响着扰动加在系统上的幅值。显然，K_f 越大，扰动幅度越大，就越难于获得满意的控制质量。如果控制系统是有差系统，则扰动通道放大系数越大，控制系统的静差越大，其稳态误差将达到$\frac{K_f}{1+K_0K_c}$。所以，希望扰动通道的放大系数越小越好，可以使控制质量得到提高。一般，扰动通道放大系数是由对象特性所决定的，如果发现某扰动量的幅值太大，那就需要另外增加一个控制系统来稳定该扰动量，或采取别的措施以减小扰动的幅度。

(2)扰动通道时间常数 T_f 的影响

扰动通道时间常数 T_f 对扰动起了滤波作用。当扰动通过惯性环节的通道时，其过渡过程的动态分量被滤波而幅值减小了。这样一来，使控制过程最大偏差随着 T_f 的增大而减小，从而提高了控制质量。同样道理，如果扰动通道进一步增加惯性环节，则扰动的动态分量将更大地减小，这一通道的动态响应也将变慢。图 7-3 表示扰动通道具有不同响应情况时，被控变量的过渡过程曲线。从中可以看出：若无动态滞后，相当于扰动直接影响被控变量，此时质量最差；随着扰动通道响应变慢，控制质量得到改善。

(3)扰动通道纯滞后 τ 的影响

当扰动通道存在纯滞后 τ 时,它对被控变量的影响可用式(7-2)表示

$$y_{\tau}=y(t-\tau) \tag{7-2}$$

式中的 $y(t-\tau)$ 是指仅具有时间常数表示的 $G_f(s)$ 时的反变换时间特性。由此可作出相应的过渡过程曲线,如图 7-4 所示。

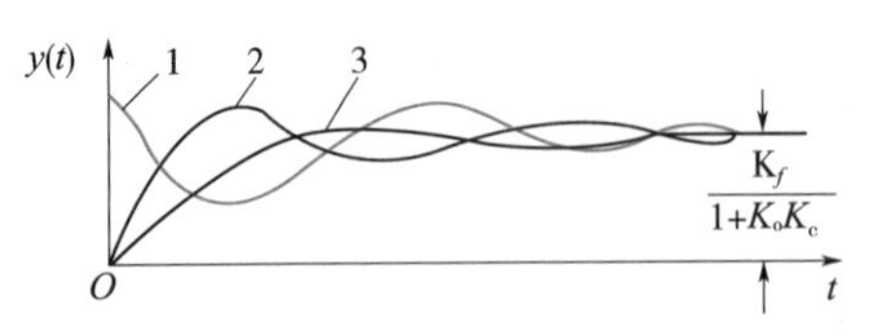

图 7-3 不同扰动通道特性的过渡过程

1—无动态滞后;2—动态滞后较弱;3—动态滞后强

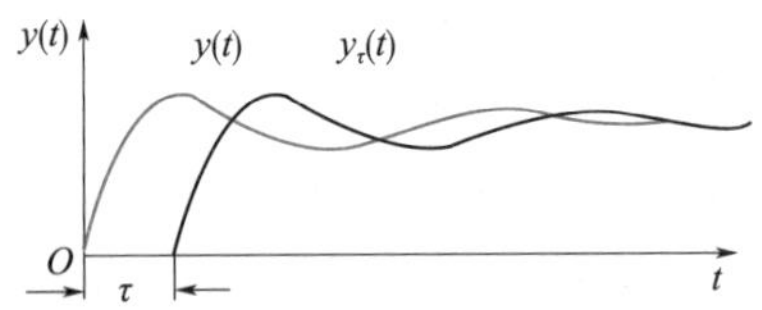

图 7-4 扰动通道具有纯滞后与无纯滞后的过渡过程

由图 7-4 可见,纯粹在扰动通道出现纯滞后的结果,并不影响控制质量,而仅是将时间坐标右移了一个距离 τ。从物理概念上看,τ 的存在等于使扰动隔了 τ 的时间再进入系统,而扰动在什么时间出现,本来是无法预知的。因此,扰动通道纯滞后 τ 并不影响控制系统的品质。需要注意的是,τ 不影响控制系统的品质,是仅对反馈控制来说的,对于前馈控制,τ 值将影响到前馈控制规律。

(4)扰动作用点位置的影响

扰动进入系统的位置不同,则对被控变量的影响是不一样的。为了说明问题,可构建如图 7-5(a)所示的三容液位控制实验系统,图中显示 3 个水箱串联工作。现要求控制下水箱的水位恒定,试考察系统在图示位置加入 f_1、f_2、f_3 3 个扰动量后,对系统的控制质量影响。

假设 3 个水箱都是一阶惯性环节,则根据流程图可以得到 7-5(b)的系统框图。由自动控制原理可以得到系统的输出为

$$Y(s)=\frac{G_0(s)G_c(s)}{1+G_0(s)G_c(s)}X(s)+\frac{G_{0f1}(s)}{1+G_0(s)G_c(s)}f_1(s)+\frac{G_{0f2}(s)}{1+G_0(s)G_c(s)}f_2(s)+\frac{G_{0f3}(s)}{1+G_0(s)G_c(s)}f_3(s) \tag{7-3}$$

式中:$G_0(s)=G_{01}(s)G_{02}(s)G_{03}(s)=G_{0f3}(s)$;

$G_{0f2}(s)=G_{01}(s)G_{02}(s)$;

$G_{0f1}(s)=G_{01}(s)$。

由于给定值 x 在控制系统中一般保持不变,系统的运动是由式(7-3)等号右边第 2 项及其以后 2 项决定,它可表示为

$$\sum_{i=1}^{n}\frac{G_{0fi}(s)}{1+G_0(s)G_c(s)} \tag{7-4}$$

这是各扰动量对被控变量的闭环传递函数。可以看出,各个扰动通道的闭环传递函数是不同的,当然,各扰动量对控制质量的影响也不同。但是,各扰动通道闭环传递函数的分母是一样的,亦即系统的特征方程都一样。因此,不管是哪一个扰动量,系统的稳定程度、过渡过程的衰减系数、振荡周期等都一样,但最大动态偏差及静差则有可能不相同。

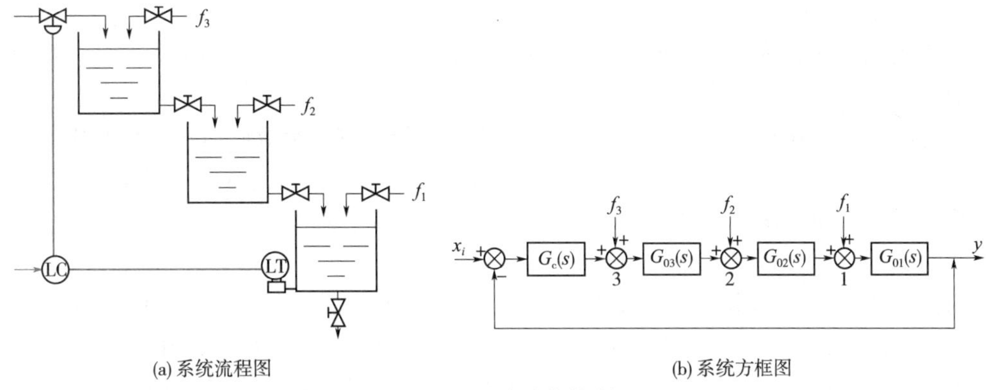

图 7-5　三容液位控制

其次，再来考察扰动作用的位置对最大动态偏差的影响。

对于 f_1、f_2、f_3 这 3 个扰动分别发生阶跃变化所引起的被控变量的反应曲线(开环)，可分别用图 7-6 的 a_1、a_2、a_3 表示。假设采用位式调节器，y_x 为调节器的灵敏限，b 表示调节器所产生的反馈校正作用。当被控变量上升到 y_x 时，信号为调节器所感受，调节器发出控制信号，被控变量在调节作用影响下沿着曲线 c 变化。比较 3 种情况可知，当扰动作用点的位置距离测量点近时，则动差大；反之，扰动离测量点远时，则动差小，控制质量高。这也可以由各扰动量和被控变量通道间的传递函数不同来解释，即 f_1 通道的惯性小，受扰动后被控变量变化速度快，而调节器作用的控制通道惯性大，要经过 3 个环节，控制被控变量的变化速度要慢得多，当控制作用见效时，被控变量已经变化不少了。若扰动直接从测量点进入系统，那么调节过程的超调量与没有调节时完全一样，调节器不能及时起克服扰动的作用。扰动作用点向离开测量点方向移动，扰动通道的容量滞后增加，调节质量变好。从这个意义上讲，如果扰动和控制作用一起进入系统，系统控制质量最好。

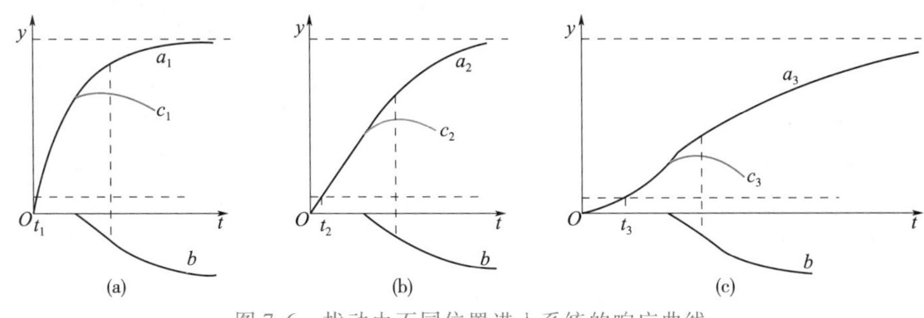

图 7-6　扰动由不同位置进入系统的响应曲线

2. 控制通道动特性对控制品质的影响

(1)控制通道放大系数 K 的影响

控制通道的放大系数 K_0 影响着控制作用的幅值。显然，K_0 越大，则控制作用 $u(t)$ 的效应越强；反之，K_0 越小，则 $u(t)$ 的影响越弱。但是，由控制理论可知，控制通道的静态总增益 $K=K_0K_c$ 都有一个最佳值。控制作用 $u(t)$ 可以根据 K_0 值作相应调整：当 K_0 大的时候，K_c 应该取得小一些，以保证系统有足够的稳定裕度；而在 K_0 小的时候，K_c 必须取大一些，以增强克服偏差的能力。所以从这个角度讲，控制通道的放大系数 K_0 值不影响系统质量。但须注意，K_0 不能过小过大，一般适中就好。

(2)控制通道纯滞后 τ 的影响

控制通道的影响主要体现在时间常数 T_0 和滞后 τ,先分析纯滞后 τ 对控制质量的影响。

纯滞后 τ 的存在总是不利的,它使控制作用不能及时产生效应而导致控制质量恶化。这可以图 7-7 来说明。假设曲线 1 为对象的飞升曲线,当输入 x 为阶跃变化时,其输出不是立即变化,而是经过一个时间滞后 τ_1 后开始变化,逐渐趋向于稳态值 y_∞。在时间 τ_1 以内 y 的变化甚微,即实际上可以认为输入作用 x 的变化在这一段时间内尚未作用到 y 上,因此调节器是不动作的。当 $t=\tau_1$ 时,输出量 y 开始变化,假如调节器十分灵敏,没有死区,则调节器应在 $t=\tau_1$ 开始作用。但调节器的作用同样需经过 τ_1 的时间后才在被控变量上反映出来。此时输出量已经达到 A 点,然后沿 C_1 曲线下降。因此,不论调节器作用如何强烈,控制过程中的最大偏差不可能再比 A 点的 y 值更小。这个值是由对象的这种纯滞后所造成的。

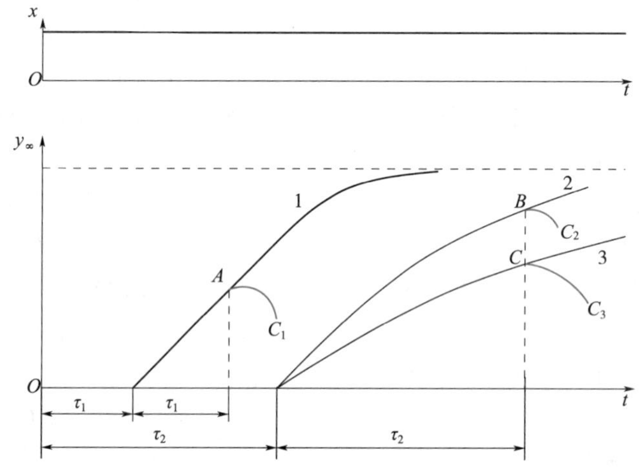

图 7-7 纯滞后对控制质量的影响

如果对象的其他变量不变,而纯滞后增大为 τ_2,如图 7-7 中的曲线 2。和上述分析的道理一样,调节器动作后输出量要变化到 B 点后才开始沿曲线 C_2 下降。由于纯滞后增大了 B 点的输出值,它比 A 点的大。可见,纯滞后的存在,超调量将会增加,调节质量将会恶化。调节通道的纯滞后越大,这现象就越严重,控制质量也就越差。

(3)控制通道时间常数 T_0 的影响

一般来讲,时间常数 T_0 越大,系统响应就慢,需要较长的过渡过程时间,但过程平稳;而时间常数小,响应就快,过渡过程时间也相应减小。时间常数过小,容易引起振荡和超调。图 7-7 中曲线 3 纯滞后为 τ_2(与曲线 2 相同),但对象的时间常数不一样,曲线 3 时间常数大,因而曲线的斜率小。由图中可以看出,其最大偏差 C 点的 y 值要比 B 点小。表示不同时间常数对控制质量的影响。

需要说明两点。

首先,以上时间常数 T_0 对控制质量的影响分析,主要是针对单容对象。当对象特性是多容环节时,其影响关系将变得稍微复杂。以三阶过程为例,即

$$G(s)=\frac{1}{(T_1s+1)(T_2s+1)(T_3s+1)} \tag{7-5}$$

如果时间常数满足 $T_1 > T_2 > T_3$，那么时间常数对控制性能的影响，有以下规律。

①其他参数不变，增加最大时间常数 T_1 会改善控制质量，特别当 T_1 数值较大时，效果将更加明显。

②其他参数不变，减小最小时间常数 T_3 都使控制质量提高。

③其他参数不变，减小 T_2，一般情况（指纯滞后所占比重不是很大）都会改善控制质量，特别是当 T_2 值较小时（接近 T_3）效果更明显。

注意：尽管增加 T_1 可提高控制质量，但 T_1 的增大往往意味着增大工艺设备本身，经济上并不可取。此外，虽然减小最小时间常数能提高控制质量，但在实际过程中很难确定哪一个是最小时间常数。所以，合适的做法是，努力减小中间一些时间常数以提高控制性能。在过程控制中，控制阀、测量元件、换热器夹套等一般都属于"中间一些时间常数"，应努力减小它们的时间常数值。

其次：对于有时滞的控制对象，采用 τ_0/T_0 作为衡量时滞影响的尺度更为合适。它表明，在 T_0 大的时候，τ_0 的值可稍大一些，过渡过程尽管慢一些，但很易稳定；反之，在 T_0 小的时候，即使 τ_0 的绝对数值不大，影响却可能很大，系统容易振荡。一般认为 $\tau_0/T_0 \leqslant 0.3$ 的对象较易控制，而 $\tau_0/T_0 \geqslant (0.5 \sim 0.6)$ 的对象较难处理，往往需用特殊控制规律。

（三）确定操纵变量的一般原则

通过以上分析，根据过程特性来分析和设计单回路控制系统时，选择操纵变量的一般原则是：

①操纵变量应是可控的，即工艺上允许调节的变量，而且在控制过程中该变量变化的极限范围也是生产允许的，除了物料平衡的控制之外，不应该因设置控制系统而改变了原有的生产能力。

②所选控制通道的放大系数 K_0 要适当大一些，以增强偏差校正能力；时间常数 T_0 要适当小一些，以加快过渡过程；纯时滞 τ_0 越小越好，以提高系统的可控性能。在有纯时滞 τ_0 的情况下，τ_0/T_0 之比应小一些（小于 0.5），若其比值过大，则不利于控制。

③所选扰动通道的放大系数 K_f 要尽可能小，以减小扰动作用；扰动引入系统的位置要远离控制过程（即靠近调节阀），而时间常数 T_f 要大，这样可增强系统对扰动的滤波而提高质量；扰动通道的时滞对系统性能无影响，可不予考虑。

④广义对象（包括调节阀和测量变送器）由几个一阶环节组成，在选择操纵变量时，应尽量设法把几个时间常数错开，使其中一个时间常数比其他常数大得多。这样，系统允许有较大放大倍数而仍能保证闭环系统有一定稳定余量，从而使系统调节性能提高（调节时间短、偏差小）。同时要努力减小第二、第三时间常数。

三、应用分析

下面举一个实际例子来说明如何确定控制方案。

图 7-8 是喷雾式干燥设备生产过程及调节系统示意图，生产的工艺要求是将浓缩的乳液用空气干燥成乳粉。已浓缩的乳液由高位槽流下，经过滤器（两个轮换使用，以保证连续操作）去掉凝结块，然后经干燥器从喷嘴喷出。空气则由鼓风机送至加热器加热（用蒸汽间接加热），热空气经风管至干燥器，乳液中水分即被蒸发，而乳粉则随湿空气

一道送出再行分离。干燥后成品质量要求高，含水量波动不能太大。干燥器出口的气体温度和产品质量有密切关系，要求维持在一定值上，因此就选作被调量。至于操纵变量，则需先对扰动进行分析。在这里影响出口温度的因素有乳液量的变化、空气流量及蒸汽流量变化等。因此可以选择 3 种调节参数，组成以下 3 个调节方案。

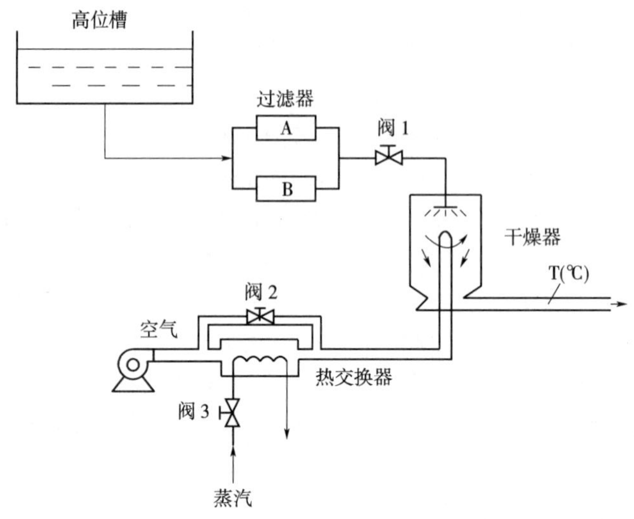

图 7-8　喷雾式干燥设备生产过程及调节系统示意图

方案Ⅰ：取乳液流量为操纵变量，来达到调节温度的目的（调节阀 1）；

方案Ⅱ：取旁通的冷风为操纵变量（调节阀 2）；

方案Ⅲ：取蒸汽为操纵变量（调节阀 3）。

对应的控制系统方框图见图 7-9。G_0 表示干燥器，G_c 为调节器，x_1 为乳液流量或喷雾口热风温度的变化。在第Ⅱ方案中，调节器作用到旁路管路，由于有管路的传递纯滞后存在，故较第Ⅰ方案多一个纯滞后环节 $\tau=3$ s（对本例而言）。x_2 为热交换器后热风温度的变化。在第Ⅲ方案中，调节器调节热交换器的蒸汽流量，热交换器本身为一双容积对象，因而又多了两个容积。这里每个容积的时间常数 $T=100$ s。x_3 为送入热交换器的蒸汽流量的变化。

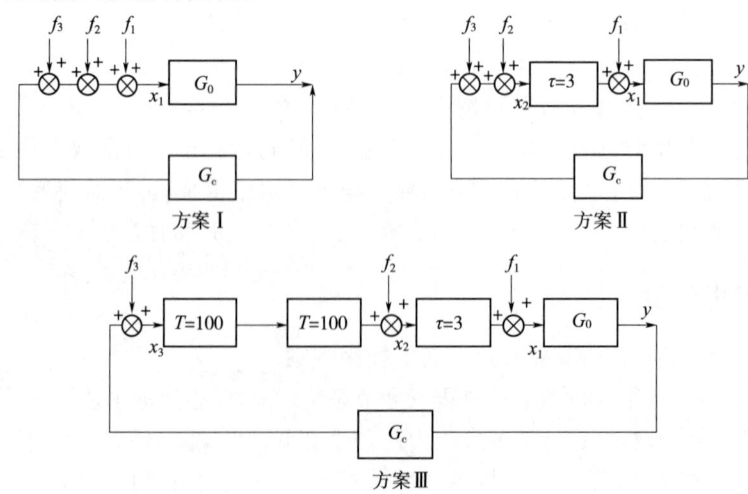

图 7-9　三种调节方案的方框图

要判别各方案的控制性能，还要考虑各方案中扰动作用点的分布情况。在本例中存在着下列3种扰动：

①扰动f_1——乳液流量的变化；

②扰动f_2——热交换器散热及温度变化；

③扰动f_3——蒸汽压力的变化。

由图7-9可看出，各扰动的作用点的分布对方案Ⅲ来说是很清楚的；对方案Ⅱ来说，无论是鼓风温度的变化或蒸汽压力的变化，都是影响到热交换器后的热风温度。因此f_2、f_3作用在同一点上；对方案Ⅰ来说，无论何种扰动都使乳液量或喷雾口温度发生变化，因而三个扰动都作用在同一点上。

扰动作用点对调节质量影响的分析，方案Ⅰ的扰动作用点与对象的输入重合，因而其控制性能最佳，方案Ⅱ次之，方案Ⅲ最差。从控制的品质这方面考虑，应该选择方案Ⅰ，即选择乳液流量作调节量。但是，在选择调节方案时，还得从工艺角度来考虑，方案Ⅰ并不是最有利的。因为若以乳液量作为调节参数，则它就不可能始终在最大值上工作，也就限制了该装置的生产能力。另外，在乳液管线上装了调节阀，容易使浓缩乳液结块，降低产量和质量。因此，综合分析比较，选择方案Ⅱ是比较好的。

通过以上的分析可以看到，对象是调节系统的主要因素。从工艺的实际情况出发，分析干扰因素，合理选择调节参量，以组成控制性能较好的系统，这是调节系统设计中的一个十分重要的工作。

任务2　测量信号处理

测量和变送是控制系统获取信息的重要环节，也是系统进行控制的依据。它必须能正确地、及时地反映被控变量的状况。如果测量信号处理不当，轻者会引起控制质量下降，严重时会造成事故。因此，不能忽视测量和变送环节的重要性。那么，测量误差是如何产生的？又是采取什么措施能提高信号质量呢？这就要从仪表选用说起。

一、仪表精度等级的影响

任何信号都要用仪表进行测量获得。显然，选用合适的仪表及其精度等级是保证测量精度的基本前提。仪表精度等级是按全量程的最大百分比误差来定义的，所以量程越宽，绝对误差就越大。因而在选用仪表量程时应尽量选窄一些。

例如，工艺上要求测温范围为0～200 ℃，测量精度不大于0.5级。现选用精度等级均为0.5级的两块测温仪表，但仪表1的测温范围为0～250 ℃，而仪表2的测温范围为0～1 000 ℃。则两块仪表实际应用时的绝对误差与测量精度可计算如下。

仪表的绝对误差分别为

$$\Delta_1 = 仪表量程 \times 精度等级 = (250-0) \times (\pm 0.5\%) = \pm 1.25\ ℃$$

$$\Delta_2 = 仪表量程 \times 精度等级 = (1\ 000-0) \times (\pm 0.5\%) = \pm 5\ ℃$$

仪表的测量精度分别为

$$\delta_1 = \frac{\Delta_{1\max}}{测量量程} \times 100\% = \frac{\pm 1.25}{200-0} \times 100\% = \pm 0.625\%，即测量精度为0.625\%$$

$$\delta_2 = \frac{\Delta_{2\max}}{测量量程} \times 100\% = \frac{\pm 5}{200-0} \times 100\% = \pm 2.5\%，即测量精度为2.5\%$$

通过以上计算说明:虽然两块仪表的精度等级都为0.5级,但因量程不同,它们的绝对误差是不同的,量程小的为±1.25 ℃,量程大的为±5 ℃,两者相差较大;其次,它们的实际测量精度也不相同,量程小的为0.625%,量程大的为2.5%。并且说明,两块仪表在温度为200 ℃时的测量精度都不能满足0.5级的工艺要求,应选择更高精度等级的测温仪表。

一般,仪表选用的基本原则是应使仪表经常工作在量程的2/3附近,这样既保证测量的精确度,又保证了仪表的安全操作。

二、仪表安装质量的影响

测量仪表是安装在现场的一次元件,其安装与维护质量对仪表正常工作具有重要的影响,必须要按规范进行施工与操作,否则会引入很大误差。如流量测量中,孔板反向安装、直管段不足,或者差压计的引压管线不按规范安装;温度测量中,热电偶传输线未做好温度补偿等问题,都会对测量信号的准确度产生较大影响。为此,对测量仪表的安装与维护工作,必须予以足够重视。详细内容可参考检测仪表等课程内容。

三、信号通道动特性的影响

测量变送环节作线性化处理后,一般可表示为一阶时滞特性,即

$$G_m(s)=\frac{K_m}{T_m s+1}e^{-\tau_m s} \tag{7-6}$$

由于测量变送环节可以作为广义对象的一部分,所以前面讨论的控制通道动特性对系统质量指标的影响,在此也同样适用:减小 τ_m 会提高系统频率、增强系统稳定性、减小过渡过程面积。而减小时间常数 T_m 也总是提高控制质量——提高系统频率、减小过渡过程面积。

(一)时间常数 T_m 的影响

图7-10给出了时间常数 T_m 对测量的影响。图7-10(a)显示,当被控变量 y 作阶跃变化时,测量值 z 是逐渐靠近 y,显然,前一阶段两者差距很大;图7-10(b)显示,若 y 作递增变化,则 z 一直跟踪不上,总存在着偏差;图7-10(c)显示,若 y 作周期性变化,z 的振荡幅值将比 y 减小,而且落后一个相位。

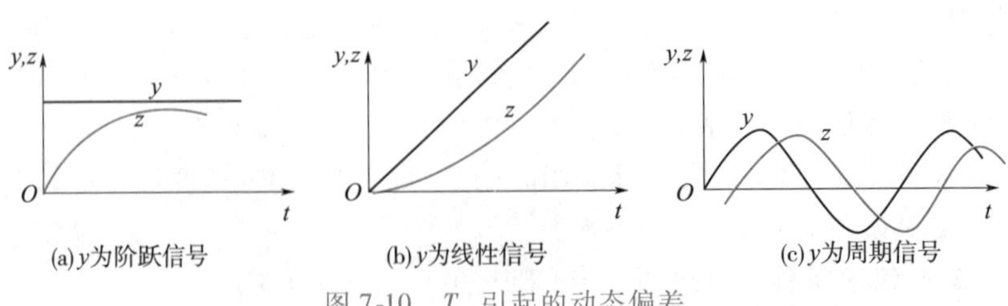

图7-10 T_m 引起的动态偏差

测量元件时间常数 T_m 过大对控制系统的影响是显然的。当被控变量变化之时,由于测量值不等于被控变量的真实值,所以控制器接收到的是一个失真信号,它就不能发挥正确的校正作用,控制质量无法达到要求。这种现象在温度测量中体现的尤为明显,如采用温包、热电阻或热电偶进行测温时,由于受元件结构及周围介质的影响,时间常数可在几秒至几分钟之间——这对控制十分不利。对此,可从以下几个方面采

取措施。

①尽量选用时间常数小的测温元件，如用快速热电偶代替普通热电偶或温包。

②要努力避免把测温元件安装在死角或者易被介质挂料引起较大热阻的场合。

③要积极做好维护、检查工作，特别是在使用条件比较恶劣的情况（如介质腐蚀性强、易结晶/结焦等），更应该加强维护/维修工作。

④必要时，在测量元件的输出端引入微分作用，以加快信号的响应速度、消除动态误差。测量环节串接微分作用的系统方框图如图 7-11所示。

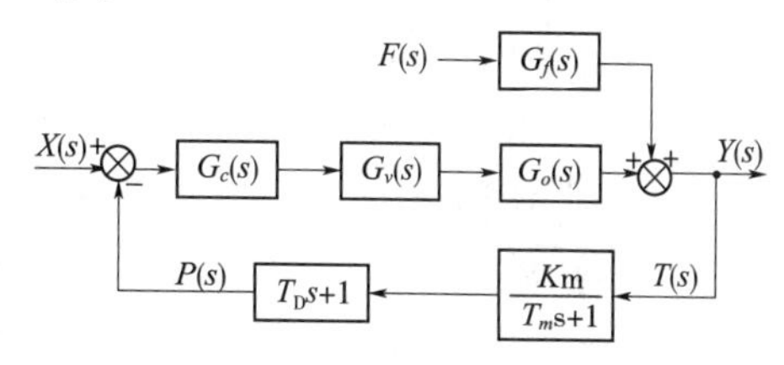

图 7-11　测量环节串接微分作用时的系统方框图

由图 7-11 可知，在测量与变送的输出端串接微分作用（$T_D s+1$）后，这时的信号输出/输入关系为

$$\frac{P(s)}{T(s)}=\frac{K_m(T_D s+1)}{T_m s+1} \tag{7-7}$$

式中：K_m——测量/变送环节的放大系数；

T_m——测量环节的时间常数；

T_D——微分环节的微分时间常数。

要获得真实的测量值，可使 $T_m=T_D$，则有

$$P(s)=K_m T(s) \tag{7-8}$$

这样，就能实现输入/输出信号的无失真传递。

需要说明的是，当测量元件的时间常数 T_m 小于对象时间常数的 1/10 时，对系统的控制质量影响不大。这时就没有必要盲目追求更小时间常数的测量元件。

（二）纯时滞 τ_m 的影响

当测量信号存在纯时滞时，也和对象控制通道存在纯时滞一样，会严重地影响控制质量。纯滞后对控制质量的影响可以用图 7-12 来定性地分析。

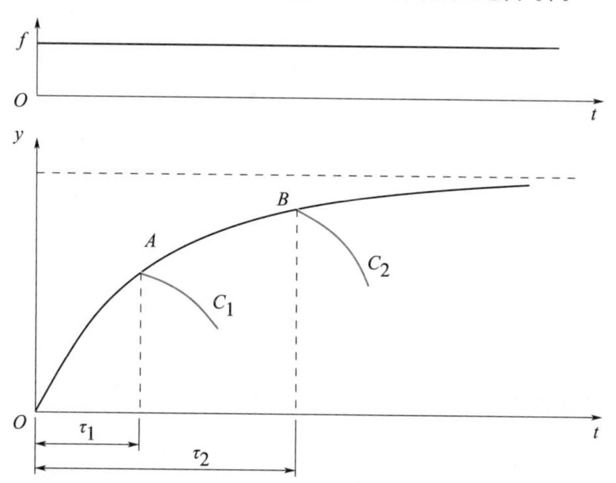

图 7-12　纯滞后对控制质量的影响

设对象特性为飞升曲线。当有一阶跃扰动 f 作用于对象时，输出 y 将沿飞升曲线上升。由于存在测量滞后，调节器在 τ_1 时间并没有感知输出 y 的变化，调节器是不动

作的。而当时间 τ_1 后才接收到输出 y 的变化，并开始调节作用。此时输出量已经达到 A 点，然后沿曲线 C_1 变化。因此，不论调节作用如何强烈，调节过程中的最大动态偏差不可能再比 A 点的 y 值更小。这个值是由测量信号的纯滞后所造成的。

如果对象的其他参数不变，而纯滞后增大为 τ_2，和前面的分析过程相同，输出量 y 要达到 B 点后才开始沿曲线 C_2 下降。由于纯滞后增大了，此时的输出动偏差要比 A 点的大。通过以上分析可见，测量信号存在纯滞后 τ_m 对控制质量的影响，完全和控制通道的情况类似。因此，都要尽量减小。

实际中，纯滞后主要产生于物料的检测与传输问题。一是测量元件的安装位置距离被测物料过大，由物料信息的传输而引起的时间延迟。例如图 7-13 中的 pH 值控制系统，如果被控变量是中和槽内出口溶液的 pH 值，但作为测量元件的测量电极却安装在远离中和槽的出口管道处，并且将电极安装在流量较小、流速很慢的副管道（取样管道）上。这样一来，电极所测得的信号与中和槽内溶液的 pH 值在时间上就延迟了一段时间 τ_0，其大小为

$$\tau_0 = \frac{l_1}{v_1} + \frac{l_2}{v_2} \tag{7-9}$$

式中：l_1, l_2——分别为电极距离中和槽的主、副管道的长度；

v_1, v_2——分别为主、副管道内流体的流速。

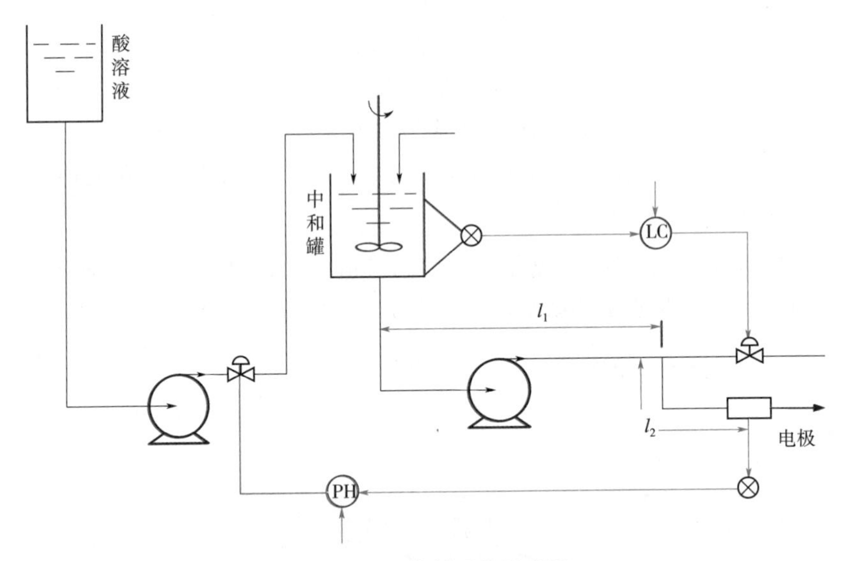

图 7-13 pH 控制系统示意图

这一纯滞后使测量信号不能及时反映中和槽溶液 pH 值的变化，因而降低了控制质量。目前，以物性作为被控变量时往往都有类似问题，这时即使引入微分作用也是徒劳的，有时须采用复杂控制系统等措施。所以，在测量元件安装上，一定要尽量减小纯滞后。

信号传输引起的纯滞后是另一个主要原因。它实际上包括测量信号传输滞后和控制信号传输滞后两部分。由于现场仪表（变送器与调节阀）与控制室仪表之间存在一定的距离，它们之间的信号传输必然需要一定时间而引起时间滞后。一般而言，电信号的传输时延可以忽略不计。但是，对于气信号来说，由于气动信号管线具有一定

的气阻，因此会存在一定的传输滞后。所以，一般气压信号管路不能超过 300 m，直径不能小于 6 mm，或者采用气/电转换装置(如阀门定位器)等措施，以减小传输滞后。

四、噪声信号的影响

在实际生产中，有些参量呈周期脉动状态，有些信号呈波动状态，这些都是随机干扰，或称噪声，这给控制系统运行带来不少麻烦。因为，对于周期脉动信号，或者随机干扰，控制系统根本不需要工作。但是控制器是按信号偏差调节的，周期脉动信号或干扰信号将形成波动的偏差，它使控制器的输出信号也呈波动变化，从而使控制阀不停地开大关小。显然这种控制过程是徒劳无益的，搞不好系统会产生共振，反而加剧了被控变量的扰动。同时，也使控制阀阀杆加速磨损，影响使用寿命。对此，需要进行信号滤波处理，以提高系统的平稳性。对于低频干扰信号可采用高通滤波器；对于高频干扰信号，可采用低通滤波器；对于跳变脉动干扰信号，应采用剔除跳变信号的措施。

任务3　调节阀的选择

大家知道，调节阀是控制系统实施控制的终端装置，通过它对物料或能量的调节才使自动控制真正发挥作用。由于使用条件的不同，调节阀常常工作在高温、高压、深冷、强腐蚀、高黏度、易结晶、闪蒸、气蚀、高压差等恶劣工况。因此，它是整个控制系统的最薄弱环节。如果调节阀选择或使用不当，往往会给生产过程自动化带来困难。在许多场合下，会导致控制质量下降、调节失灵，甚至因介质的易燃、易爆、有毒而造成严重的事故。为此，对于调节阀的正确选用和安装、维护等各个环节，必须给予足够的重视。

围绕着调节阀应用技术，合理选择是前提、正确使用是基础、定期维护是关键。基于此，本节中将对一般性流体控制中的调节阀选择进行讨论(一般性流体常称牛顿流体)，以进一步搞清各类调节阀的性能特点、对控制质量影响等问题，从而正确指导调节阀的选择、使用与维护等工作。调节阀的选择主要有 3 项内容：结构选择、口径计算、流量特性确定。

一、调节阀的结构型式及选择

调节阀有气动、电动与液动之分，而调节阀的阀体有单座、双座、角形等多种类型，以及为满足不同工况所需的特殊结构。那么，在不同使用条件下应如何选择调节阀的阀体结构呢？这是调节阀选择中首先要考虑的问题，那就要对调节阀的阀体结构有一全面的认识。

(一)阀体类型

根据阀芯的动作形式，调节机构可分为直行程和角行程两大类。直行程式的调节机构有直通单座调节阀、直通双座调节阀、角形阀、三通阀、高压阀、隔膜阀、波纹管密封阀、超高压阀、小流量套筒阀和低噪音阀等；角行程式调节机构有蝶阀、凸轮挠曲阀、V 形球阀和 O 形球阀等。下面介绍几种常用的调节机构。

1. 直通单座调节阀

图 7-14 为直通单座调节阀的结构原理图。它由上阀盖、下阀盖、阀体、阀座、阀

芯、阀杆、填料和压板等零部件组成。阀芯与阀杆连接时，为了防止阀芯受介质切向力影响而产生旋转脱落现象，采用两种连接方式：大口径阀靠螺纹连接，并用固定销固紧；小口径阀的阀杆直接插入阀芯，并用两个互相垂直的圆柱销固紧。一般阀盖中装有衬套，为阀芯移动起导向作用。上、下阀盖中都装有衬套的，为双导向，如 DN ≥ 25 mm的直通单座阀，此时，只要改变阀杆、阀芯的连接位置就可实现正装或反装；只有一个阀盖中装有衬套的，为单导向，如 DN < 25 mm 的直通单座阀，它只能正装，不能反装。阀盖的斜孔连通它的内腔，当阀芯移动时，阀盖内腔的介质很容易通过斜孔流入阀后，不会影响阀芯的移动。

直通单阀座的阀体内只有一个阀芯和一个阀座。特点是泄漏量小，易于保证关闭，甚至完全切断。但介质对阀芯推力大，即不平衡力大，特别是在高压差、大口径时更为严重，所以仅适用于低压差场合。否则应该适当选用推力大的执行机构或配以阀门定位器。

2. 直通双座调节阀

图 7-15 为直通双座调节阀的结构原理图。结构与直通单座阀类似，只是它有两个阀芯和两个阀座。流体从左侧进入，通过上、下阀座和阀芯后汇合在一起，再由右侧流出。它比同口径的单座阀能流过更多的介质，流通能力提高 20% ~25%。由于流体作用在上、下阀芯上的不平衡力大小接近相等，且方向相反，可以互相抵消，所以不平衡力小，允许压差大，适用于高静压、高压差的场合。但受加工限制，上、下阀芯不容易保证同时关闭，所以泄漏量较大，尤其在高温或深冷的场合，因材料的热膨胀不同，更容易引起较严重的泄漏。另外，阀体的流路较复杂，在高压差流体中使用时，对阀体的冲刷及气蚀损坏较严重，不适用于高黏度介质和含纤维介质的调节。

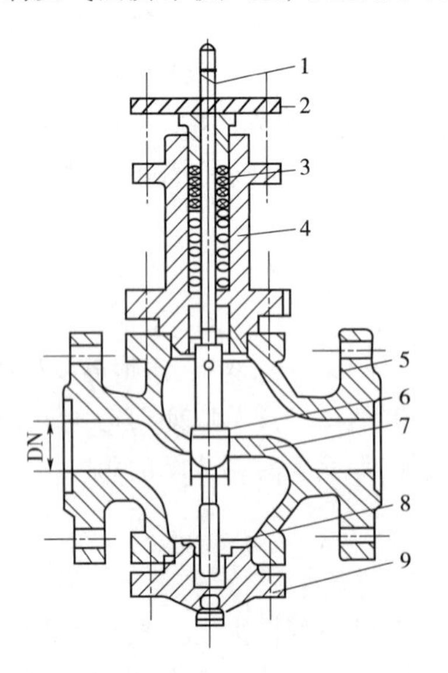

图 7-14　直通单座调节阀结构原理图

1—阀杆；2—压板；3—填料；4—上阀盖；5—阀体；6—阀芯；7—阀座；8—衬套；9—下阀盖

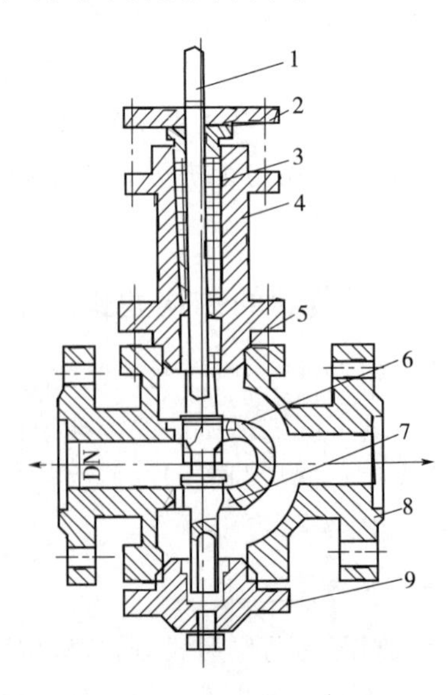

图 7-15　直通双座调节阀结构原理图

1—阀杆；2—压板；3—填料；4—上阀盖；5—衬套；6—阀芯；7—阀座；8—阀体；9—下阀盖

由于直通双座调节阀采用双导向结构，其阀芯正装、反装都可以，所以改变作用方式也很方便。

3. 高压阀

图 7-16 为角型高压调节阀的结构原理图。高压阀多为角形单座阀,是专为高静压、高压差系统提供的特殊阀门,最大公称压力可达 PN =3 200 kPa。上、下阀体为锻造结构形式,填料箱与阀体做成整体,下阀体与阀座分开制造,这种结构加工简单,便于配换阀座。阀芯为单导向结构,只能正装;阀的不平衡力大,一般要配用阀门定位器。

在高压差情况下,液体对材料的冲刷和气蚀很严重,为延长阀的使用寿命,可以从结构和材料两个方面进行考虑。采用的措施有:阀芯头部可采用硬质合金或渗铬,或整个阀芯用钨铬钴合金制作,也可以用特殊合金;根据多级降压原理,采用多级阀芯来提高其使用寿命。

4. 角形调节阀

图 7-17 为角形调节阀的结构原理图。它的阀体为直角形,其他结构与直通单座阀相似。其阀芯为单导向结构,只能正装。角形阀的流路简单,阻力小,适用于高压差、高黏度、含悬浮物和颗粒状物质流体的控制,可避免堵塞和结焦,便于自净和清洗。

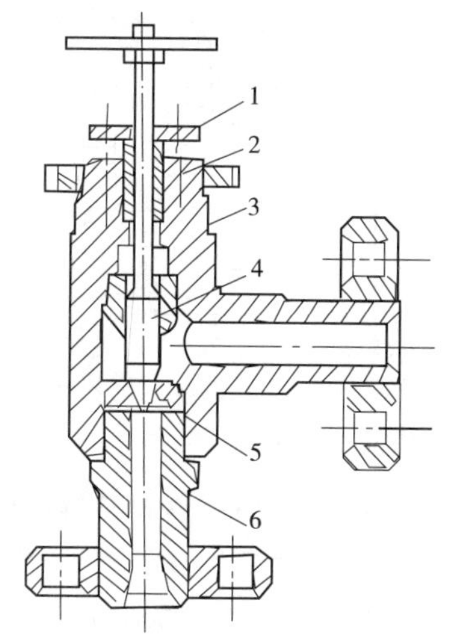

图 7-16　角型高压调节阀的结构原理图

1—压板;2—填料;3—上阀体;4—阀芯;
5—阀座;6—下阀体

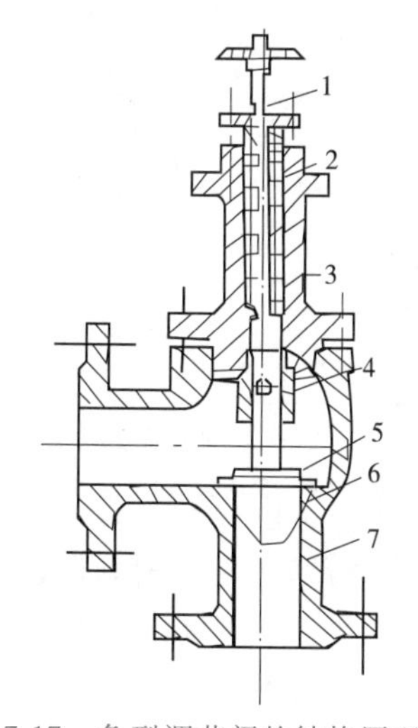

图 7-17　角型调节阀的结构原理图

1—阀杆;2—填料;3—阀盖;4—衬套;
5—阀芯;6—阀座;7—阀体

有时,由于现场条件的限制,要求两管道成直角时,也可用角形调节阀。

角形调节阀既可以让流体底进侧出,也可以让流体侧进底出。当底进侧出时,阀芯密封面易受损伤,当侧进底出时,阀座易受损伤。

从调节性能出发,角形阀在使用时多采用底进侧出形式。但在高压差场合,为了延长阀芯使用寿命,可采用侧进底出方式。这样,也有利于介质的流动。但侧进时,应避免在小开度使用,否则易产生震荡。

5. 套筒阀(笼式阀)

套筒阀又称笼式阀,是 20 世纪 70 年代的产品,其结构原理图如图 7-18 所示。其阀体与一般直通单座阀相似,但又不同于一般阀门。它是在一个单座阀的阀体内插入了一个可拆装的圆柱型的套筒(又称笼子),并以套筒为导向,装配了一个能沿轴向自由滑动的阀芯。套筒上切开了具有一定流量特性的孔(窗口),根据流量系数的大小,

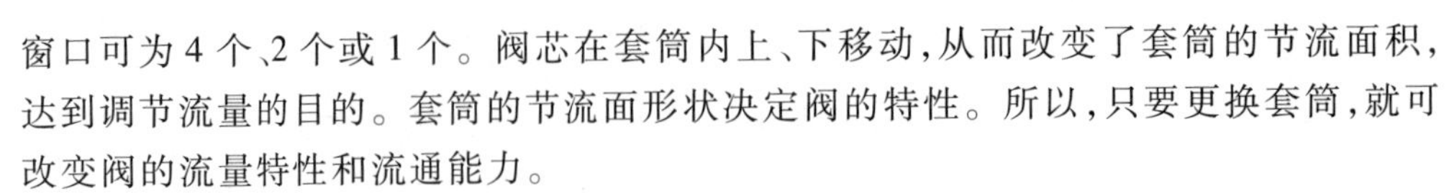

窗口可为4个、2个或1个。阀芯在套筒内上、下移动，从而改变了套筒的节流面积，达到调节流量的目的。套筒的节流面形状决定阀的特性。所以，只要更换套筒，就可改变阀的流量特性和流通能力。

由于套筒阀采用平衡型阀芯结构，阀芯上下受压相同，不平衡力较小，阀芯和套筒侧面导向，所以此种阀的稳定性好，不易震荡，阀芯不易受损，这种控制阀的允许压差大、噪声低。套筒阀的阀座不用螺纹连接，维修方便、加工容易、通用性强。

6. 隔膜调节阀

图7-19为隔膜调节阀剖视图。隔膜阀由阀体、隔膜、阀芯、阀盖、阀杆等零部件组成。隔膜用销钉和阀芯连接，并被阀体、阀盖用螺柱、螺母夹紧。阀杆的位移通过阀芯使隔膜作上、下动作，改变它与阀体堰面间的流通截面，达到调节流量的目的。

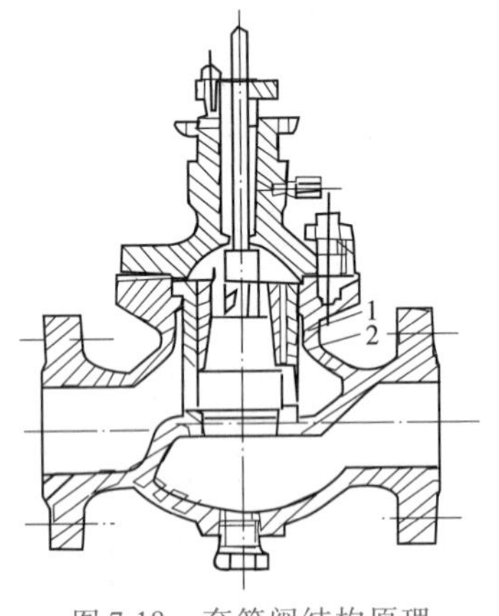

图7-18　套筒阀结构原理

1—套筒；2—阀芯

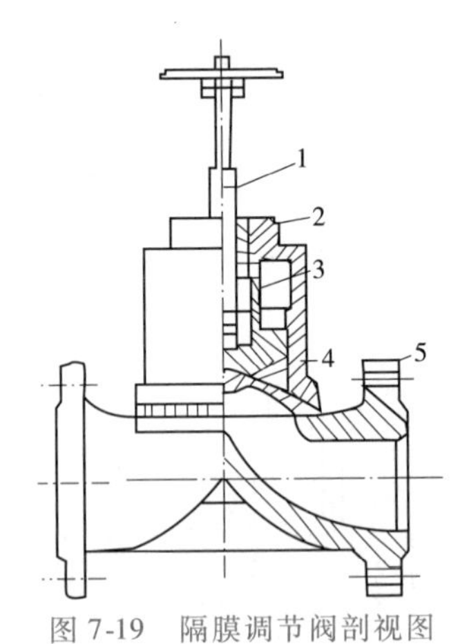

图7-19　隔膜调节阀剖视图

1—阀杆；2—阀盖；3—阀芯；4—隔膜；5—阀体

阀体用铸铁或不锈钢制作，内部衬上各种耐腐蚀、耐磨的材料，隔膜材料有橡胶和聚四氟乙烯等。隔膜调节阀用于对强酸、强碱等强腐蚀性介质的控制。

隔膜调节阀结构简单，流路阻力小，流通能力比同口径的一般控制阀大；由于阀体流路形状简单，特别适用于高黏度流体和带有悬浮颗粒物与纤维的流体控制；流体被隔膜与外界隔离开，故无须用填料函，流体也不会外漏；它的流量特性近似于快开特性；由于隔膜和衬里的材料性质所限，其耐压、耐温性能较差，一般用于1 MPa压力、150 ℃温度的环境条件下工作。

7. 三通调节阀

三通调节阀的阀体上有3个通道与管道相连。它是由直通单座阀、直通双座阀改型而成。在原来直通双座阀下阀盖处改为接管，即为三通合流阀（两进一出）或三通分流阀（两出一进）。其结构原理图如图7-20所示。三通调节阀的阀芯为单导向，所以只能正装。

8. 蝶阀

蝶阀也称翻板阀，它由阀体、挡板、挡板轴和轴封等部分组成，其结构原理图如图7-21所示。一般与长行程执行机构相配合。其特点是阻力损失小，结构简单，价格低，使用寿命长，特别适用于低压差、大口径、大流量气体及悬浮固体物质的流体的场合，但泄漏量大。蝶阀的流量特性在 60°转角前与等百分比特性相似，60°后转矩增大，工作不稳定，特性也不好。所以，蝶阀常在 60°转角范围内使用。

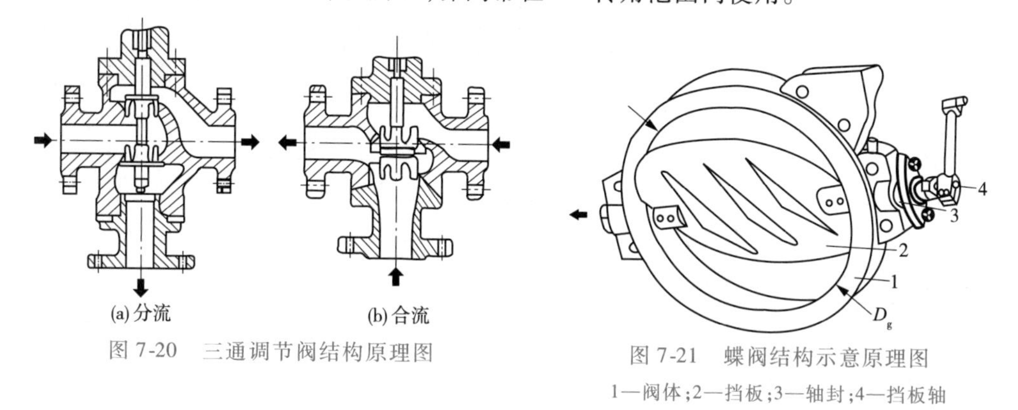

图 7-20　三通调节阀结构原理图

图 7-21　蝶阀结构示意原理图

1—阀体；2—挡板；3—轴封；4—挡板轴

9. 球阀

球阀按阀芯形式不同可分为 O 形球阀和 V 形球阀。

1. O 形球阀

O 形球阀的结构如图 7-22(a)所示。球体上开有一个直径和管道直径相等的通孔，阀杆可以使球体在密封座中旋转，从全开位置到全关位置的转角为 90°。这种阀结构简单，维修方便，因为其流量特性是快开特性，所以，一般作两位调节用；采用软材料密封座，所以密封可靠；流体进入阀门无方向性，所以流通能力大；一般只适用于 220 ℃以下的温度和 100 kPa 以下的压力，不适用于腐蚀性流体。

2. V 形球阀

V 形球阀的结构如图 7-22(b)所示。它的球体上开有一个 V 形口，随着球的旋转，开口面积不断发生变化，但开口面的形状始终保持为三角形。当 V 形口旋转到阀体内，球体和阀体中的密封圈紧密接触。开、关的角度范围是 90°。这种阀的 V 形口与阀座之间有剪切作用，可以切断纤维的流体，如纸浆、纤维、含颗粒的介质，关闭性能好；流通能力大，比同口径普通阀高 2 倍；流量特性近似等百分比特性，可调比大，可高达 300∶1；结构简单，维修方便，但使用温度/压力的极限受到限制，不适用于腐蚀性流体。

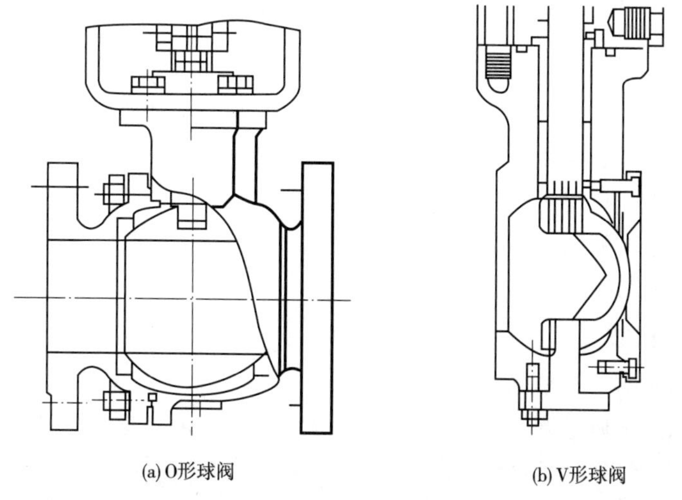

图 7-22　球阀结构示意图

以上 9 大类控制阀的性能对比见表 7-1。

表 7-1　九大类控制阀的性能对比

种类 \ 性能		调节	切断	克服压差	防堵	耐蚀	耐压	耐温	重量	外观	最佳性能数量
直行程	单座阀	√	0	×	×	√	√	√	×	×	4
	双座阀	√	×	√	×	0	√	√	×	×	4
	套筒阀	√	×	√	×	0	√	√	×	×	4
	角形阀	√	0	×	0	√	√	√	×	×	4
	三通阀	√	0	×	×	×	√	√	×	×	3
	隔膜阀	×	√	×	√	0	×	×	×	×	2
角行程	蝶阀	√	√	×	√	0	√	√	√	√	7
	球阀	√	√	√	√	√	√	√	×	×	7
	偏心旋转阀	√	√	√	√	√	√	√	×	×	7

符号说明:"√"表示最佳;"0"表示基本可以;"×"表示差

(二)阀芯结构型式

为了获得不同的流量特性,以满足各种控制要求,控制阀的阀芯可制成多种型式,但概括起来可分为直行程阀芯和角行程阀芯两大类。

1. 直行程阀芯

直行程阀芯类型图如图 7-23 所示。

①平板形阀芯。如图 7-23(a)所示,这种阀芯的底面为平板形,其结构简单,加工方便,具有快开特性,可用来实现两位式控制。

②柱塞型阀芯。如图 7-23(b)、(c)、(d)所示,柱塞型阀芯可分为上、下双导向和上导向两种。图 7-23(b)左面两种为双导向阀芯,特点是上、下可以倒装,倒装后可以改变控制阀的正、反作用方式。常见的阀特性有线性和等百分比两种,这两种特性所用的阀芯形状是不相同的。图 7-23(b)右面两种阀芯都为上导向,用于角形阀、高压阀和小口径的直通单座阀。图 7-23(c)为针形球型阀芯,图 7-23(d)为圆柱开槽型阀芯,它们都适用于小流量阀中。

③窗口型阀芯。如图 7-23(e)所示,图中左边的阀芯为合流型,右边的为分流型,适用于三通阀中。窗口型阀芯常见的特性有直线、等百分比和抛物线 3 种。

④多级阀芯。如图 7-23(f)所示,多级阀芯是把几个阀芯串接在一起,起到逐级降压的作用。适用于高压阀中,可防止气蚀的破坏作用。

⑤套筒阀芯。如图 7-23(g)所示,套筒阀芯为圆筒状,套在套筒内,在阀杆带动下作上下移动。适用于干净气体或液体的控制。

2. 角行程阀芯

角行程阀芯的种类形状如图 7-24 所示。

角行程阀芯是通过旋转运动来改变它与阀座间的流通面积。图 7-24(a)所示为偏心旋转阀芯,它用于偏旋阀。图 7-24(b)所示为蝶形阀芯,它用于蝶阀。图 7-24(c)所示为球形阀芯,用于球形阀,它有"O"型和"V"型两种。

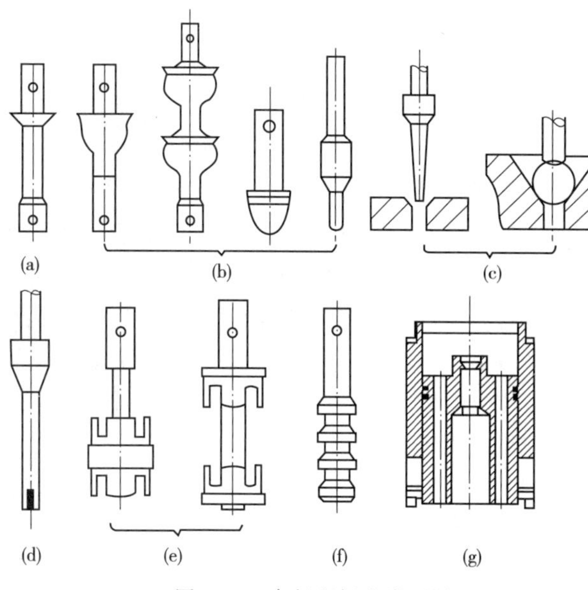

图 7-23　直行程阀芯类型图

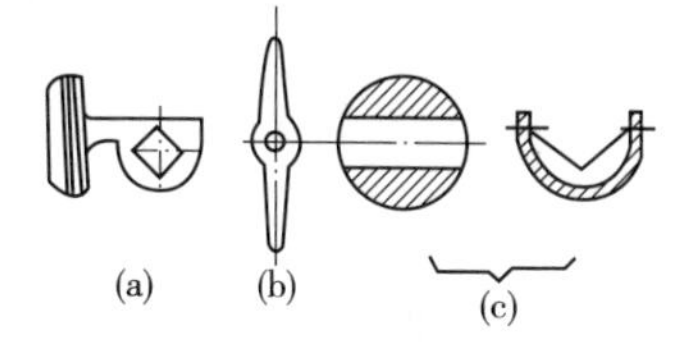

图 7-24　角行程阀芯的种类形状

(三)上阀盖型式简介

上阀盖是装在控制阀的执行机构与阀之间的部件,其中装有填料函,能适应不同的工作温度和密封要求。我国生产的控制阀的上阀盖常见的结构形式有 4 种,如图 7-25 所示。

①普通型。如图 7-25(a)所示,它适用于常温工作环境,工作温度为 -20 ~ +200 ℃。

②散(吸)热型。如图 7-25(b)所示,它适用于高低温变化大的环境,工作温度为 -60 ~ +450 ℃,散(吸)热片类似于暖气片的作用,是散掉高温流体传给控制阀的热量,或吸收外界传给控制阀的热量,以保证填料在允许的温度范围之内工作。

③长颈型。如图 7-25(c)所示,它适用于深度冷冻的场合,工作温度为 -250 ~ -60 ℃。它的上阀盖增加了一段直颈,有足够的长度,可以保护填料在允许的低温范围而不致冻结,颈的长短取决于介质温度和阀口径的大小。

④波纹管密封型。如图 7-25(d)所示,它适用于有毒性、易挥发或贵重的流体,可避免介质外泄漏,减少漏损耗,避免易燃、有毒的介质外泄漏所产生的危险。

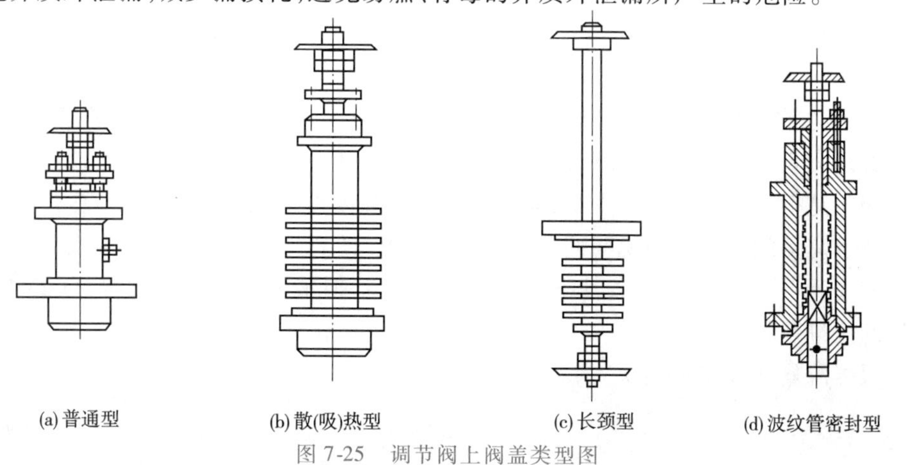

图 7-25　调节阀上阀盖类型图

上阀盖内具有填料室,内装聚四氟乙烯或石墨、石棉及柔性石墨填料,起到密封的作用。

二、流量系数的计算

确定了调节阀的结构型式,接下来就要选择其尺寸大小,通常用公称直径 D_g 和阀座直径 d_g 来表示,而这与调节阀的流量系数 C_V 有关。那什么是流量系数呢?调节阀的尺寸大小具体又是如何确定的?要说清这些问题需从调节阀的工作原理说起。

调节阀和普通阀门一样,是一个局部阻力可以改变的节流元件。流体流过调节阀时,由于阀芯和阀座之间流通面积的局部缩小,形成局部阻力,使流体在调节阀处产生能量损失,如图 7-26 所示。根据流体力学原理,对于不可压缩的一元稳定流体,在通过调节阀时产生的压力损失 Δp 与流体速度之间有如下关系

$$\Delta p = \xi\rho\frac{v^2}{2} \tag{7-10}$$

式中:v——流体的平均流速;

ρ——流体密度;

ξ——调节阀的阻力系数,与阀门的结构形式及开度有关。

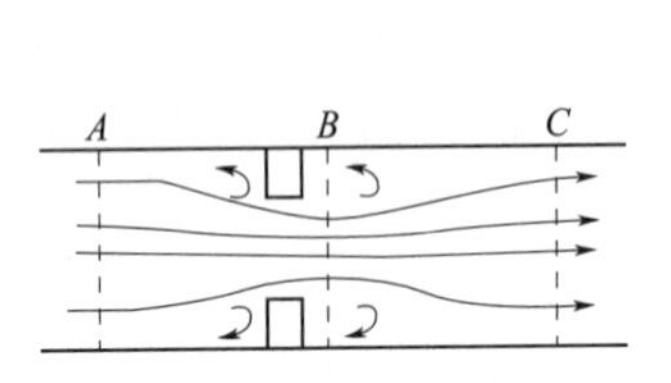

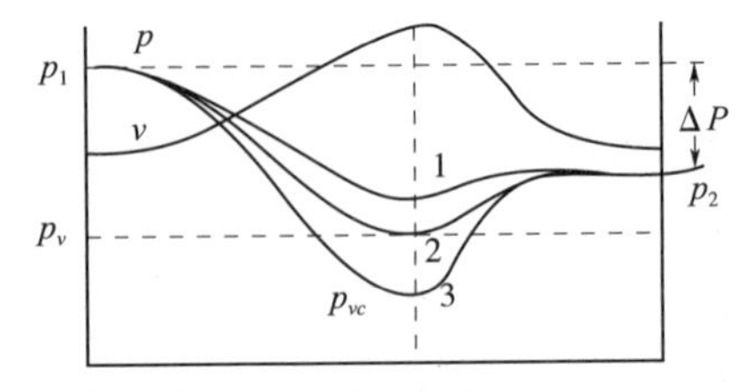

图 7-26　流体经过调节阀前后静压力和流速的变化情况

由于流体的平均流速 v、调节阀接管面积 A、流体的体积流量 Q 之间,必有关系式 $v = Q/A$,将其代入式(7-10)并整理,即得流量表达式

$$Q = \frac{A}{\sqrt{\xi}}\sqrt{\frac{2\Delta p}{\rho}} \tag{7-11}$$

式中:若面积 A 的单位取 cm^2,压差 Δp 的单位取 kPa,密度 ρ 的单位取 kg/m^3,流量 Q 的单位取 m^3/h,则式(7-11)可写成数值表达式

$$Q = 3\ 600 \times \frac{1}{\sqrt{\xi}}\frac{A}{10^4}\sqrt{2\times 10^3\ \frac{\Delta p}{\rho}} = 16.1\ \frac{A}{\sqrt{\xi}}\sqrt{\frac{\Delta p}{\rho}} \tag{7-12}$$

由式(7-12)可见,在调节阀口径一定(即 A 一定)和 $\Delta p/\rho$ 不变的情况下,流量 Q 仅随着阻力系数 ξ 而变化。阻力系数 ξ 越小,则流量 Q 增大;反之,ξ 增大,则 Q 减小。调节阀就是根据输入信号的大小,通过改变阀的开度即行程,来改变阻力系数 ξ,从而达到调节流量的目的。为说明调节阀的结构参数,工程上将阀门前后压差为 100 kPa、流体密度为 1 000 kg/m^3 的条件下,阀门全开时每小时能通过的流体体积(m^3)称为该阀门的流量系数 C。

根据流量系数 C 的定义,由式(7-12)可得

$$C = 5.09\ \frac{A}{\sqrt{\xi}} \tag{7-13}$$

将式(7-13)代入式(7-12)并整理,即得到流量系数 C 的一般计算公式

$$C_{\mathrm{v}}=Q\sqrt{\frac{\rho}{10\Delta p}} \tag{7-14}$$

式中:流量 Q 的单位取 $\mathrm{m^3/h}$;压差 Δp 的单位取 kPa;密度 ρ 的单位取 $\mathrm{kg/m^3}$。

由式(7-14)计算得到的流量系数 C_{v} 后,就可以根据调节阀手册选取相近的产品规格,从而确定出调节阀的尺寸。表 7-2 给出常用单座调节阀、双座调节阀的流量系数 C 与阀体尺寸的关系。

表 7-2 常用单座调节阀、双座调节阀的流量系数 C_{v} 与阀体尺寸的关系

公称直径 D_g/mm		3/4						20				25	32	40	50	65
阀门直径 d_g/mm		2	4	5	6	7	8	10	12	15	20	25	32	40	50	65
流量系数 $C/\mathrm{m^3h^{-1}}$	单座调节阀	0.08	0.12	0.20	0.32	0.50	0.80	1.2	2.0	3.2	5.0	8	12	20	32	56
	双座调节阀	—	—	—	—	—	—	—	—	—	—	10	16	25	40	63

公称直径 D_g/mm		80	100	125	150	200	250	300
阀门直径 d_g/mm		80	100	125	150	200	250	303
流量系数 $C/\mathrm{m^3h^{-1}}$	单座调节阀	80	120	200	280	450	—	—
	双座调节阀	100	160	250	400	630	1 000	1 600

【例题 7-1】 流过某一油管的最大体积流量为 40 $\mathrm{m^3/h}$,流体密度为 500 $\mathrm{kg/m^3}$,阀前后压差 $\Delta p=200$ kPa,试选择调节阀的尺寸。

解:根据式(7-14)可得调节阀的流量系数 C_{v} 为

$$C_{\mathrm{v}}=Q\sqrt{\frac{\rho}{10\Delta p}}=40\sqrt{\frac{500}{10\times 200}}=20\ \mathrm{m^3/h}$$

从表 7-2 可查得,$C_{\mathrm{v}}=20\ \mathrm{m^3/h}$,$d_g=40$ mm,$D_g=40$ mm。若对泄漏量有严格要求,可选直通单座调节阀;若对泄漏量无要求,可选直通双座调节阀,此时 $C_{\mathrm{v}}=25\mathrm{m^3/h}$,保留一定余量。

式(7-14)也可以用来在已知调节阀的流量系数 C_{v}、阀前后差压 Δp 及流体密度 ρ 的情况下,确定调节阀的流量大小。需要注意的是,当流体是气体、蒸汽或二相流时,以上的计算公式必须进行相应的修正。

三、流量特性的分析

调节阀的流量特性是指被调介质流过阀门的相对流量与阀门的相对开度(相对位移)之间的关系,即

$$\frac{Q}{Q_{\max}}=f\left(\frac{l}{L}\right) \tag{7-15}$$

式中:$\frac{Q}{Q_{\max}}$——相对流量,即调节阀某一开度流量与全开时流量之比;

$\frac{l}{L}$——相对开度,即调节阀某一开度行程与全开时行程之比。

从自动控制的角度看,调节阀阀芯位移与流量之间的关系,对整个自动调节系统的调节品质有很大影响。直观地认为调节阀阀芯位移与流量之间应是线性关系,但实

际并非如此。一方面人们为了得到满足现有工艺要求的调节阀流量特性,对调节阀的阀芯曲面进行人为处理,不同形状的阀芯具有不同的流量特性;同时,在实际使用中还会受到多种因素的影响,使调节阀的原有流量特性发生变化。如节流面积改变的同时,还会引起阀前后压差变化,而压差的变化又会引起流量的变化,结果使调节阀的原有流量特性发生变化。为了便于分析比较,先假定阀前后压差固定,然后再引伸到真实情况,于是流量特性又有理想特性与工作特性之分。

(一)理想流量特性

在调节阀的阀前后压差保持不变时得到的流量特性称为理想流量特性。它取决于阀芯的形状,不同的阀芯可得到不同的流量特性,它是调节阀的固有特性。

目前,常用的调节阀中有3种典型的固有流量特性。第一种是直线特性,其流量与阀芯位移成直线关系;第二种是对数特性,其阀芯位移与流量间成对数关系,由于这种阀的阀芯移动所引起的流量变化与该点原有流量成正比,即引起的流量变化的百分比是相等的,所以也称为等百分比流量特性;第三种典型的特性是快开特性,这种阀在开度较小时,流量变化比较大,随着开度增大,流量很快达到最大值,所以叫快开特性,它不像前两种特性可有一定的数学式表达。

上述3种典型的固有流量特性如图7-27所示,在作图时为便于比较,都用相对值,其阀芯位移和流量都用自己的最大值的百分数表示。由于阀常有泄漏,实际特性可能不经过坐标原点。从流量特性来看,线性阀的放大系数在任何一点上都是相同的;对数阀的放大系数随阀的开度增加而增加;快开阀与对数阀相反,在小开度时具有最高的放大系数。从阀芯的形状来说,如图7-28所示,快开特性的阀芯是平板形的,加工最为简单;对数和直线特性的阀芯都是柱塞形的,两者的差别是对数阀阀芯曲面较胖,而直线特性的阀芯较瘦。阀芯曲面形状的确定,目前是在理论计算的基础上,再通过流量试验修正得到的。3种阀芯中以对数阀芯的加工最为复杂。

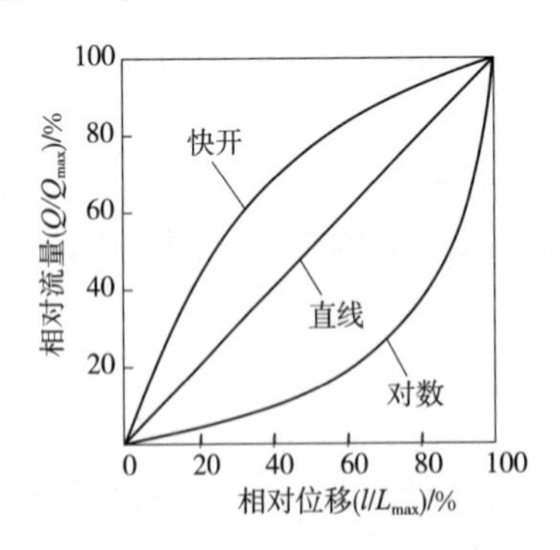

图7-27 调节阀的典型固有流量特性

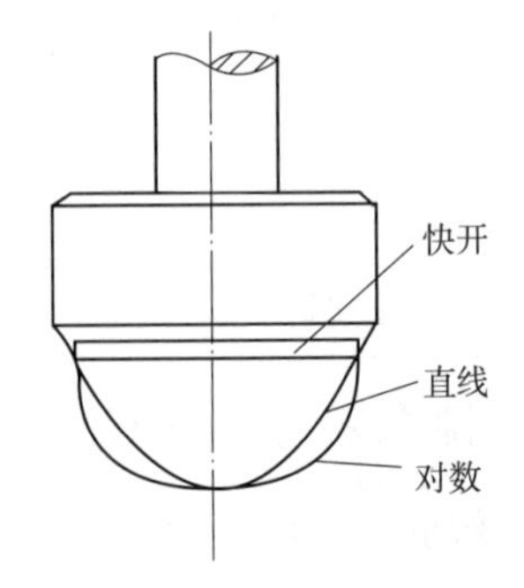

图7-28 三种阀芯形状

(二)工作流量特性

调节阀在实际使用时,其前后压差是变化的。在各种具体的使用条件下,阀芯位移对流量的控制特性,称为工作流量特性。在实际的工艺装置上,调节阀由于和其他阀门、设备、管道等串联或并联,使阀两端的压差随流量变化而变化。其结果使调节阀的工作流量特性不同于固有流量特性。串联的阻力越大,流量变化引起的调节阀前后压差变化也越大,特性变化得也越厉害。所以,阀的工作流量特性除与阀的结构有关外，还取决于配管情况。同一个调节阀，在不同的外部条件下，具有不同的工作流量特性，在实际工作中，使用者最关心的也是工作流量特性。

下面通过一个实例，分析调节阀如何在外部条件影响下，由固有流量特性转变为工作流量特性的。图 7-29(a)表示的是调节阀与工艺设备及管道阻力串联的情况，这是一种最常见的典型情况。如果外加压力 P_0 恒定，那么当阀开度加大时，随着流量 Q 的增加，设备及管道上的压降 Δp_g 将随流量 Q 的平方增加，如图 7-29(b)所示。随着阀门的开大，阀前后的压差 Δp_T 将逐渐减小。因此，在同样的阀芯位移下，此时的流量变化与阀前后保持恒压差的理想情况相比要小一些。特别是在阀开度较大时，由于阀前后压差 Δp_T 变化厉害，阀的实际控制作用可能变得非常迟钝。如果用固有特性是直线特性的阀，那么由于串联阻力的影响，实际的工作流量特性将变成图 7-30(a)中表示的曲线。该图纵坐标是相对流量 Q/Q_{max}，Q_{max} 表示串联管道阻力为零时，阀全开时达到的最大流量。图上的参变量 $s = \Delta p_{Tmin}/p_0$ 表示存在管道阻力的情况下，阀全开时阀前后最小压差 Δp_{Tmin} 占总压力 p_0 的百分数。

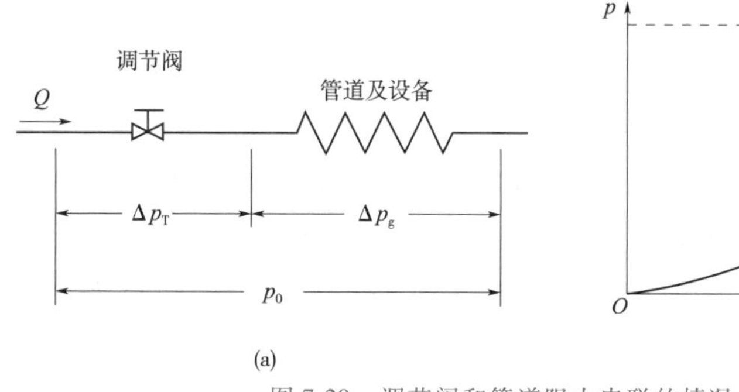

图 7-29　调节阀和管道阻力串联的情况

从图可知，当 $s=1$ 时，管道压降为零，阀前后的压差始终等于总压力，故工作流量特性即为固有流量特性；在 $s=0$ 时，由于串联管道阻力的影响，使流量特性产生两个变化：一个是阀全开时的流量减小，也就是阀的可调范围变小；另一个变化是使阀在大开度时的控制灵敏度降低。例如图 7-30(a)中，固有流量特性是直线的阀，工作流量特性变成快开特性。图 7-30(b)中，固有特性为对数的趋向于直线特性。参变量 s 的值愈小，流量特性变形的程度愈大。

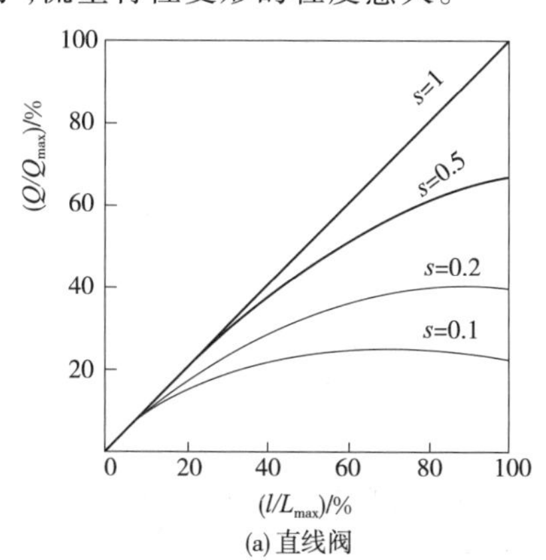

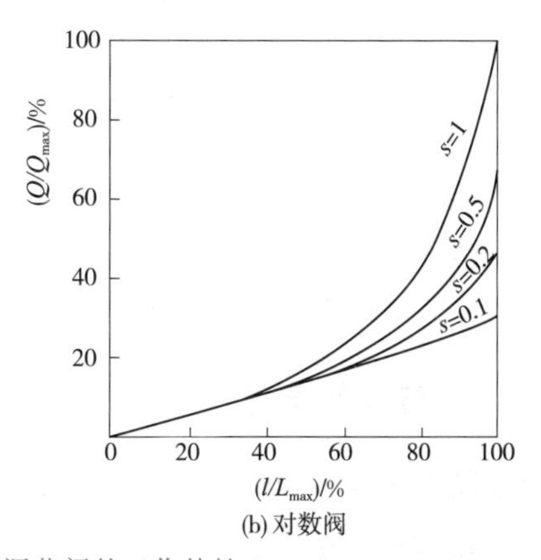

图 7-30　串联管道中调节阀的工作特性

(三)调节阀的可调比分析

在调节阀选择时必须要考虑调节阀的一个特性参数——可调比。它是指调节阀所能控制的最大流量 Q_{max} 与最小流量 Q_{min} 之值,以 R 来表示,即

$$R=\frac{Q_{max}}{Q_{min}} \tag{7-16}$$

必须指出,这里 Q_{min} 是调节阀可调流量的下限值,并不等于调节阀全开时的泄漏量。通常,最小可调流量为最大流量的(2 ~4)%;而泄漏量仅为最大流量的(0.1 ~0.01)%。

1. 理想可调比

当调节阀上压差一定时,可调比称为理想可调比,即

$$R=\frac{Q_{max}}{Q_{min}}=\frac{C_{max}\sqrt{\frac{\Delta p}{\rho}}}{C_{min}\sqrt{\frac{\Delta p}{\rho}}}=\frac{C_{max}}{C_{min}} \tag{7-17}$$

也就是说,理想可调比等于最大流量系数与最小流量系数之比,它反映了调节阀调节能力的大小,是由结构设计所决定的。一般总是希望可调比大一些为好,但由于阀芯结构设计及加工方面的限制,流量系数 C_{min} 不能太小。因此,理想可调比一般均小于 50,目前我国统一设计时取 R 为 30。

2. 实际可调比

如前所述,实际工作时调节阀的阀前后压差会随着流量的变化而变化,致使调节阀的实际可调比不同于理想可调比 R。仍以串联管道为例,理想可调比 R 与实际可调比 R' 之间的关系如下。

$$R'=\frac{Q_{max}}{Q_{min}}=\frac{C_{max}\sqrt{\frac{\Delta p_{Tmin}}{\rho}}}{C_{min}\sqrt{\frac{\Delta p_{Tmax}}{\rho}}}=R\sqrt{\frac{\Delta p_{Tmin}}{\Delta p_{Tmax}}}=R\sqrt{\frac{\Delta p_{Tmin}}{\Delta p_0}}$$

令

$$s=\frac{\Delta p_{Tmin}}{\Delta p_0}$$

则

$$R'=R\sqrt{s} \tag{7-18}$$

由式(7-18)可知,当 s 值越小,即串联管道的阻力损失越大时,实际可调比越小。串联管道时的可调比如图 7-31 所示。

四、调节阀的选择

通过以上内容的分析,现在可以讨论调节阀的选择问题。具体方法如下。

(一)结构型式选择

调节阀的结构型式选择包括执行机构和调节机构两项内容。

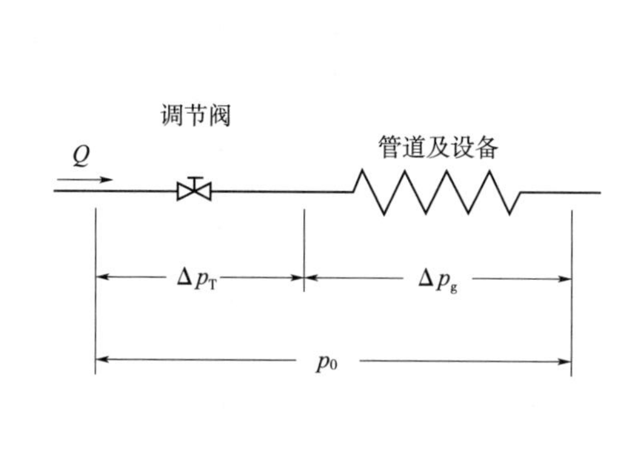

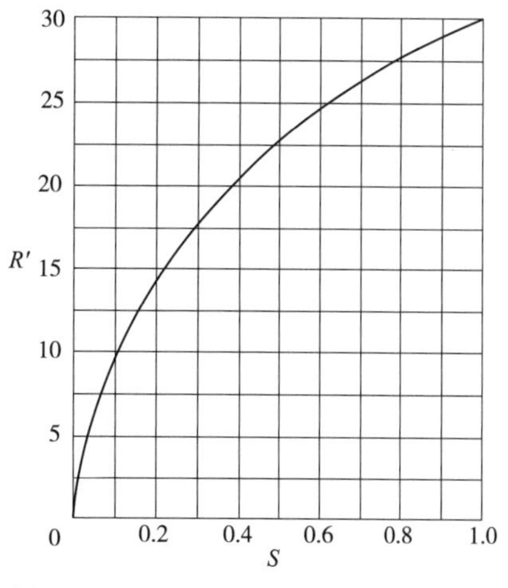

图 7-31　串联管道时的可调比

1. 执行机构的选择

(1)执行机构的型式

气动和电动执行机构各有特点,且都包括几种不同的规格品种。选择时,可以根据能源、介质的工艺要求、调节系统的精度以及经济效益等因素,结合执行机构的特点,综合考虑确定选用哪一种执行机构。

选择执行机构时,还必须考虑执行机构的输出力。不论是何种执行机构,总的选择原则是执行机构的输出力(力矩)必须大于调节阀的不平衡力(力矩)。对于气动执行机构来说,薄膜执行机构的输出力通常能满足调节阀的要求,所以大多均选用它。但当所用调节阀的口径较大或压差较高时,执行机构要求有较大的输出力,此时就可考虑用活塞式执行机构,当然也仍可选用薄膜执行机构再配上阀门定位器。

这里给出了选用参考表 7-3 和参考图 7-32,从中可对各项性能指标进行比较。

表 7-3　电动执行机构与气动薄膜执行机构的比较

序　号	比 较 项 目	电动执行机构	气动执行机构
1	可靠性	差(电器元件故障多)	高(简单、可靠)
2	驱动能源	简单、方便	另设气源装置
3	价格	高	低
4	推力	大	小
5	刚度	大	小
6	防火防爆	差(严加防护、防爆装置)	好
7	工作环境温度范围	小(-10 ~ +55 ℃)	大(-40 ~ +80 ℃)

(2)执行机构的作用方式

在选择气动执行机构时,还必须考虑作用方式,如气开或气关。确定调节阀开关方式的原则是:当信号压力中断时,应保证工艺设备和生产的安全。如阀门在信号中断后处于打开位置,流体不中断最安全,则选用气关阀;如果阀门在信号压力中断后处

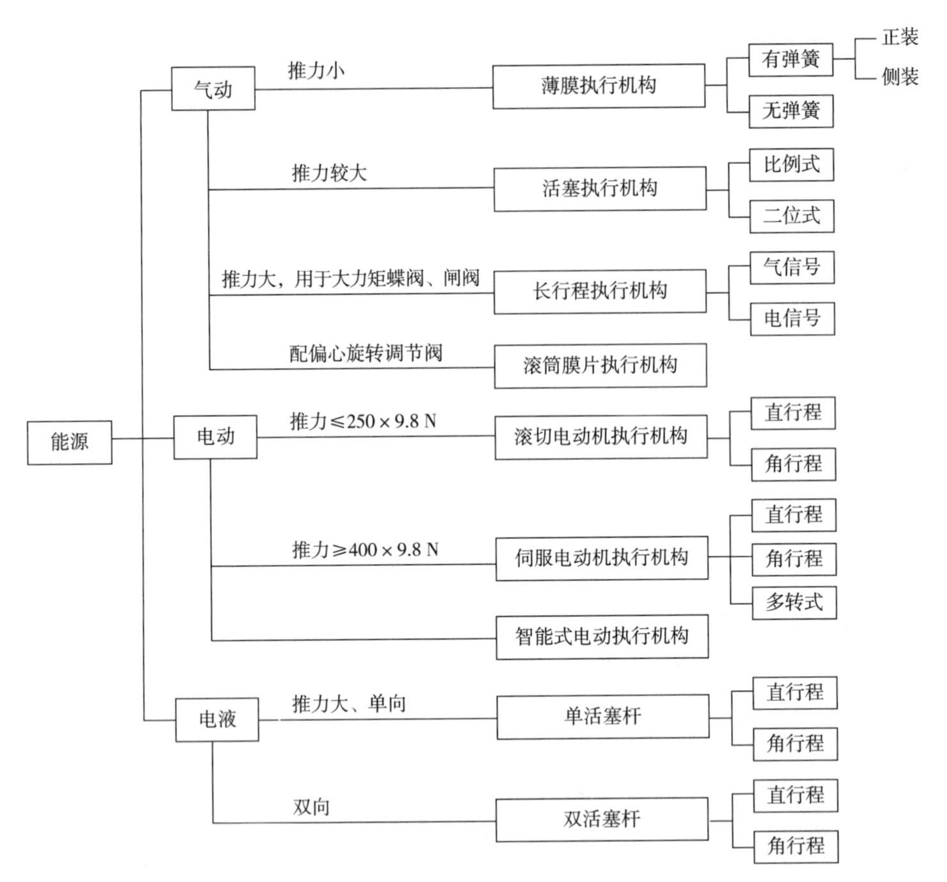

图 7-32　执行机构类型选择图

于关闭位置，流体不通过最安全，则选用气开阀。例如，加热炉的燃料气或燃料油管路上的调节阀，应选用气开阀，当信号中断后，阀自动关闭，燃料被切断，以免炉温过高而发生事故；又例如锅炉进水管路上的调节阀，应选用气关阀，当信号中断后，阀自动打开，仍然向锅炉内送水，可避免锅炉烧坏。

注意，在一个自动控制系统中，应使调节器、调节阀、对象 3 个环节组合起来，能在控制系统中起负反馈作用。

一般步骤，首先由操纵变量对被控变量的影响方向来确定对象的作用方向，然后由工艺安全条件来确定调节阀的气开、气关型式，最后由对象、调节阀、调节器 3 个环节组合后为“负”来确定调节器的正、反作用。现举例说明。

【例题 7-2】　有一液位控制系统如图 7-33 所示，根据工艺要求调节阀选用气开式，调节器的正反作用应该如何？

解：先做两条规定

①气开调节阀为 +A，气关调节阀为 −A；

②调节阀开大，被调参数上升为 +B；下降为 −B。

则 A×B =“ + ”调节器选择反作用；

A×B =“ − ”调节器选择正作用。

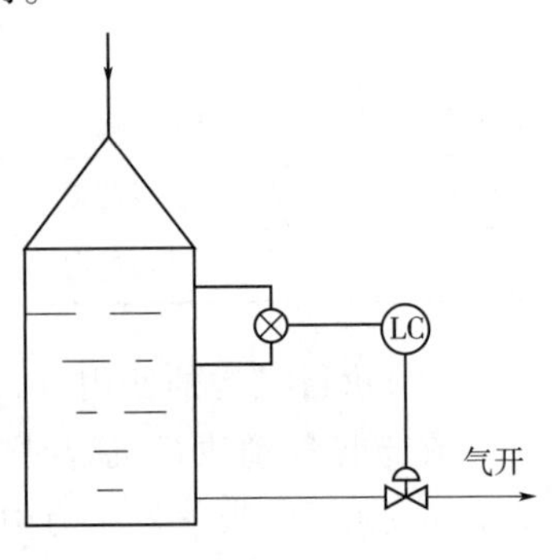

图 7-33　例题 7-2 图

在图 7-33 中，阀为气开是 +A，阀开大，液位下降是－B，则有：

（＋A）×（－B）＝"－"调节器选择正作用。

【例题 7-3】 如图 7-34 所示的液面调节回路，工艺要求故障情况下送出的气体中不允许带有液体。试选择调节阀气开、气关型式和调节器的正、反作用，再简单说明这一调节回路的工作过程。

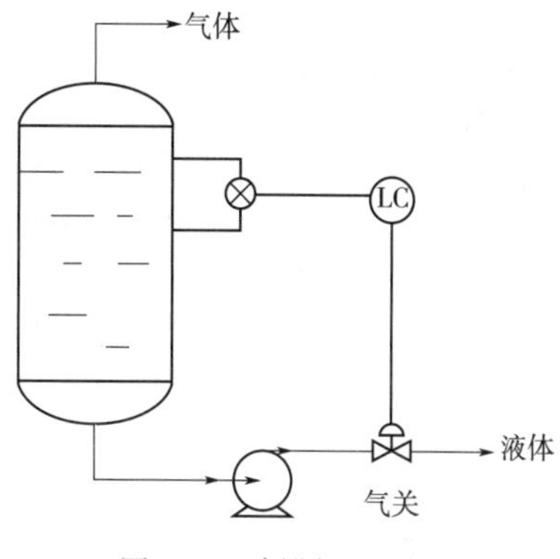

图 7-34 例题 7-3 图

解：因工艺要求故障情况下送出的气体不允许带液，故当气源压力为零时，阀门应打开，所以调节阀是气关式。当液体上升时，要求调节阀开度增大，由于所选取的是气关调节阀，故要求调节器输出减少，调节器是反作用。

其工作过程如下：液体↑→液位变送器输出↑→调节器输出↓→调节阀开度↑→液体输出↑→液位↓。

2. 调节阀的选择

调节阀的选择依据主要是：

①流体性质——如流体种类、黏度、毒性、腐蚀性、是否含有悬浮颗粒等。

②工艺条件——如温度、压力、流量、压差、泄漏量等。

③过程控制要求——如调节系统精度、可调比、噪声等。

对以上各点进行综合考虑，参照各种调节阀的特点，同时兼顾经济性，来选择满足工艺要求的调节阀。这里给出调节机构的选用表 7-4，以供参考之用。

表 7-4 调节阀选用参考表

序号	名 称	主要优点	应用注意事项
1	直通单座阀	泄漏量小	阀前后压差小
2	直通双座阀	流量系数及允许使用压差比同口径单座阀大	耐压较低
3	波纹管密封阀	适用于介质不允许泄漏的场合，如氰氢酸、联苯醚等有毒物	耐压较低
4	隔膜阀	适用于强腐蚀、调黏度或含有悬浮颗粒，以及纤维的流体，在允许压差范围内可作切断阀用	耐压、耐温较低，适用于对流量特性要求不严的场合（近似快开）
5	小流量阀	适用于小流量要求泄漏量小的场合	—
6	角形阀	适用于调黏度或含有悬浮物和颗粒状物料	输入与输出管道成角形安装
7	高压阀	结构较多级高压阀简单，用于高静压、大压差、有气蚀或空化的场合	介质对阀芯的不平衡力较大，必须选配定位器
8	多级高压阀	基本上解决以往调节阀在控制高压差介质的寿命短的问题	必须选配定位器

续上表

序号	名　　称	主 要 优 点	应用注意事项
9	阀体分离阀	阀体可拆为上、下两部分,便于清洗。阀芯、阀体可采用耐腐蚀衬压件	加工、装配要求高
10	三通阀	在两管道压差和温差不大的情况下能很好地代替两个二通阀,并可用作简单的配比调节	二流体的温差小于15 ℃
11	碟阀	选用于大口径、大流量和浓稠浆液及悬浮颗粒的场合	流体对阀体的不平衡力矩大,一般碟阀允许压差小
12	套筒阀(笼式阀)	适用于阀前后压差大和液体出现闪蒸或空化的场合,稳定性好、噪声低,可取代大部分直通单、双座阀	不适用于含颗粒介质的场合
13	低噪音阀	比一般阀可降低噪音 10～30 dB,适用于液体产生闪蒸、空化和气体在阀缩流面处流速超过音速且预估噪声超过 95 dB 的场合	流通能力为一般阀的1/2～1/3,价格贵
14	超高压阀	公称压力达 3 500 MPa,是化工过程控制高压聚合釜反应的关键执行器	价格贵
15	偏心旋转阀(凸轮挠曲阀)	流路阻力小,流量系数较大,可调比大,适用于大压差、严密封的场合和黏度大及有颗粒介质的场合,很多场合可取代直通单、双座调节阀	由于阀体是无法兰的,一般只能用于耐压小于6.4 MPa
16	卫生阀(食品阀)	流路简单,无缝隙、死角积存物料,适用于啤酒、番茄酱及制药、日化工业	耐压低
17	球阀(O 形、V 形)	流路阻力小,流量系数大,密封好,可调范围大,适用于调黏度、含纤维、固体颗粒和污秽流体的场合	价格较贵,O 形球阀一般作二位调节用,V 形球阀作连续调节用
18	二位式(三)通切断阀	几乎无泄漏	仅作位式调节用
19	低压降比(低 s 值)阀	在低 s 值时有良好的调节性能	可调比 $R\approx10$
20	塑料单座阀	阀体、阀芯为聚四氟乙烯,用于氯气、硫酸、强碱等介质	耐压低
21	全钛阀	阀体、阀芯、阀座、阀盖均为钛材,耐多种无机酸、有机酸	价格贵
22	锅炉给水阀	耐高压,为锅炉给水专用阀	—

（二）调节阀的流量特性选择

生产过程中常用的调节阀流量特性有直线、等百分比和快开 3 种。其中，快开特性主要用于二位调节及程序控制中，因此，调节阀的流量特性选择实际上是指如何选择直线和等百分比流量特性。它可以通过理论计算得出，但所用方法较为复杂，目前工程上常用经验法来确定调节阀的流量特性。具体从以下几个方面考虑。

1. 从调节系统的品质指标分析

一个理想的调节系统，希望它的总放大系数在系统的整个操作范围内保持不变。但在实际生产过程中，操作条件的改变、负荷的变化等原因都要会造成被控对象特性改变。因此，系统的放大系数要随着外部条件的变化而变化。适当地选择调节阀的特性，以阀的放大系数的变化来补偿被控对象放大系数的变化，可使调节系统总的放大系数保持不变或近似不变，从而达到较好的控制效果。即有

被控对象放大系数 × 调节阀放大系数 = 常数

例如，被控对象的放大系数随负荷的增加而减小时，如果选用具有等百分比流量特性的调节阀，它的放大系数随负荷增加而增大，那么，就可使调节系统的总放大系数保持不变，近似为线性，从而提高了控制质量。

2. 从工艺管道情况分析

调节阀总是与管道、设备连在一起使用，管道阻力的存在必然会使阀的工作特性与固有特性不同。所以，应根据系统的特点选择合适的工作特性，再根据配管情况选择相应阀的固有流量特性。选择的基本原则如表 7-5 所示。

表 7-5　考虑工艺配管状况表

配管状况	$s=1\sim0.6$		$s=0.6\sim0.3$		$s<0.3$
阀的工作特性	直线	等百分比阀	直线	等百分比阀	不宜控制
阀的固有特性	直线	等百分比阀	等百分比阀	等百分比阀	不宜控制

确定阀阻比 s 的大小应从两方面考虑，首先应考虑调节性能，s 值越大，工作特性畸变越小，对调节有利；但 s 值越大说明调节阀上的压差损失越大，会造成不必要的动力消耗，从节省能源的角度考虑，极不合算。一般设计时取 $s=0.3\sim0.5$。

3. 从负荷变化情况分析研究

直线特性调节阀在小开度时流量相对变化量大，过于灵敏，容易引起震荡，阀芯和阀座容易损坏，在 s 值小、负荷变化幅度大的场合不宜采用。等百分比阀的放大系数随阀门行程增大而增大，流量相对变化量恒定不变，它对负荷波动有较强的适应性。所以，在生产过程自动控制中等百分比阀被广泛采用。

（三）调节阀的口径选择

调节阀的口径大小直接关联控制质量。口径选择得过小，会使流经调节阀的介质达不到所需要的最大流量。在大的干扰情况下，系统会因操纵变量的调节能力不足而失控，因而控制质量变差，此时若企图通过开大旁路阀来弥补操纵变量的不足，则会使阀的流量特性产生畸变；口径选择得过大，不仅会浪费设备投资，而且会使调节阀经常

处于小开度工作，控制性能也会变差，容易使控制系统变得不稳定。

调节阀的口径选择主要依据是流量系数。从工艺提供数据到算出流量系数，再到阀口径的确定，需经过以下几个步骤。

①计算流量的确定。根据现有的生产能力、设备的负荷及介质的状况决定计算流量 Q_{max} 和 Q_{min}。

②计算压差的确定。根据已选择的调节阀流量特性及系统特点选定 s 值，然后确定计算压差。

③流量系数的计算。按照工作情况判定介质的性质及阻塞流，选择合适的计算公式或图表，根据已确定的计算流量和计算压差，求取最大和最小流量时的流量系数 C_{max} 和 C_{min}。根据阻塞流情况，必要时进行噪声预估计算。

④流量系数值的选用。根据已经求取的最大值 C_{max}，进行放大或圆整，在所选用的产品型号标准系列中，选取大于 C_{max} 值并与其最接近的那一级 C 值。

⑤调节阀开度验算。一般求最大计算流量时的开度不大于 90%，最小计算流量时的开度不小于 10%。

⑥调节阀实际可调比的验算。一般要求实际可调比不小于 10。

⑦阀座直径和公称直径的确定。验证合格之后，根据 C 值来确定。

1. 计算流量的确定

计算流量是指通过调节阀的最大流量。其值应根据工艺设备的生产能力、对象负荷的变化、操作条件及系统的调节品质等因素综合考虑，合理确定。实践中可能有两种情况：一是工艺上提出了在最大生产能力下的流量要求，则就以此流量值作为计算流量 Q_{max}；二是工艺上提供的是正常生产能力下的流量 Q，则应以这个流量的 1.15～1.5 倍作为最大计算流量 Q_{max}（一般取 $1.25Q$）。

2. 计算压差的确定

计算压差是指最大流量时调节阀上的压差，即调节阀全开时的压差。要使调节阀能起到调节作用，就必须在阀前、阀后有一定的压差。阀上的压差占整个系统压差的比值越大，则调节阀流量特性的畸变就越小，调节性能能够得到保证。但是，此比值也不能过大，以免造成不必要的动力消耗。因此，必须兼顾调节性能及能源消耗，合理地选择计算压差。

选择调节阀上的计算压差主要依据工艺管路、设备等组成系统的压降及其变化情况，其基本步骤如下。

①选择系统的两个恒压点。把调节阀阀前、阀后最接近的两个压力基本稳定的设备作为系统的计算范围。

②求系统总压力损失 Δp_{Σ}。在最大流量条件下，分别计算系统内各项设备及局部阻力（调节阀除外）所引起的压力损失，再求出它们的总压损 Δp_{Σ}。

③选取 s 值。s 值是调节阀全开时阀的压差 Δp_v 和系统的压差损失总和 Δp_s 之比，这个阀阻比的数学表达式为

$$s = \frac{\Delta p_v}{\Delta p_v + \Delta p_{\Sigma}} \tag{7-19}$$

一般 s 值取 0.3～0.5。

④求取调节阀计算压差 Δp_v。按求出的 Δp_Σ 及选定的 s 值，由下式求取调节阀的计算压差 Δp_v，即

$$\Delta p_v = \frac{s\Delta p_\Sigma}{1-s} \tag{7-20}$$

考虑到系统设备中静压经常波动对阀上压差的影响，计算压差应增加系统设备中静压 p 的 5% ~10%，即

$$\Delta p_v = \frac{s\Delta p_\Sigma}{1-s} + (0.050.1)p \tag{7-21}$$

3. 流量系数的计算

根据流量系数 C_v 的一般计算公式(7-14)求出理论流量系数值，即

$$C_v = Q\sqrt{\frac{\rho}{10\Delta P}}$$

式中：流量 Q 的单位取 m^3/h，压差 Δp 的单位取 kPa，密度 ρ 的单位取 kg/m^3。

4. 流量系数值的选用

由计算得到的流量系数 C_v 后，查调节阀手册选取相近的产品规格，从而确定出调节阀的尺寸。表 7-6 给出常用单座阀、双座阀的流量系数 C_v 与阀体尺寸的关系。

表 7-6　单座调节阀、双座调节阀流量系数 C_v 与阀体尺寸的关系

公称直径 D_g/mm		3/4						20				25	32	40	50	65
阀门直径 d_g/mm		2	4	5	6	7	8	10	12	15	20	25	32	40	50	65
流量系数 $C/m^3 \cdot h^{-1}$	单座调节阀	0.08	0.12	0.20	0.32	0.50	0.80	1.2	2.0	3.2	5.0	8	12	20	32	56
	双座调节阀	—	—	—	—	—	—	—	—	—	—	10	16	25	40	63

公称直径 D_g/mm		80	100	125	150	200	250	300
阀门直径 d_g/mm		80	100	125	150	200	250	303
流量系数 $C/m^3 \cdot h^{-1}$	单座调节阀	80	120	200	280	450	—	—
	双座调节阀	100	160	250	400	630	1 000	1 600

5. 调节阀开度验算

根据流量和压差计算得到值 C_v，并按制造厂家提供的各类调节阀的标准系列选取调节阀的口径后，考虑到选用时要圆整，因此，工作时的阀门开度应该进行验算。

验算开度时应按不同特性进行。由理论分析可得到开度验算公式如下。

理想流量特性为直线时的开度 K 为

$$K \approx \left[1.03\sqrt{\frac{s}{s+\left(\frac{C_v^2\Delta p_v}{Q_i^2\rho}-1\right)}}-0.03\right]\times 100\% \tag{7-22}$$

理想流量特性为等百分比的开度 K 为

$$K \approx \left[\frac{1}{1.48} \lg \sqrt{\frac{s}{s + \left(\frac{C_v^2 \Delta p_v}{Q_i^2 \rho} - 1 \right)}} + 1 \right] \times 100\% \tag{7-23}$$

式中：C_v——所选用的调节阀的流量系数；

Δp_v——调节阀全开时的压差，即计算压差，100 kPa；

ρ——介质密度，g/cm^3；

Q_i——被验算开度处的流量，m^3/h。

一般来说，最大流量时调节阀的开度应在 90% 左右。最大开度过小，说明调节阀选得过大，它经常在小开度下工作，可调比缩小，造成调节性能的下降和经济上的浪费。同时，一般不希望最小开度小于 10%，否则阀芯和阀座由于开度太小，受流体冲蚀严重，特性变坏，甚至失灵。

6. 可调比的验算

目前，我国统一设计的调节阀，其理想可调比 R 一般均为 30。但在使用时最大开度和最小开度受到限制，都会使可调比下降，R 值一般只有 10 左右。

可调比的验算可按式（7-24）近似计算

$$R' \approx 10\sqrt{s} \tag{7-24}$$

若 $R' > \frac{Q_{max}}{Q_{min}}$ 时，则表明选取的调节阀可调比大于工艺上要求的可调比 R，因此符合要求。生产中一般最大流量与最小流量之比为 3 左右。当选用的调节阀不能同时满足工艺上最大流量和最小流量的调节要求时，除增加系统压力外，还可采用两个调节阀进行分程控制来满足可调比的要求。为熟悉调节阀的口径选择方法，现举例说明。

【例题 7-4】 在某系统中，拟选用一台直线流量特性的直通双座阀，根据工艺要求，最大流量为 $Q_{max} = 100\ m^3/h$，最小流量 $Q_{min} = 30\ m^3/h$，阀前压力 $p_1 = 800$ kPa；最小压差为 $\Delta p_{min} = 60$ kPa，最大压差 $\Delta p_{max} = 500$ kPa。被调介质是水，水温为 18 ℃，安装时初定管道直径为 125 mm，阀阻比 $s = 0.5$，问应选择多大的阀门口径？

解：

①计算流量确定。根据题意可知，计算流量即取最大流量 $Q_{max} = 100\ m^3/h$。

②计算压差确定。计算压差是阀门全开时的压差值，根据题意应取最小压差 $\Delta p_{min} = 60$ kPa。

③流量系数的计算。根据公式（7-14）可得

$$C_v = Q\sqrt{\frac{\rho}{10\Delta p}} = 100\sqrt{\frac{1\ 000}{10 \times 60}} = 129$$

④流量系数的选用。根据 C_v 为 129，查直通双座阀产品，得相应的流量系数为 $C_v = 160$（圆整值），初选 DN = 100 mm。

⑤验算开度。根据开度验算公式（7-22），最大开度 K_{max} 应有

$$K_{max} \approx \left[1.03\sqrt{\frac{s}{s+\left(\frac{C_v^2 \Delta p_v}{Q_i^2 \rho}-1\right)}}-0.03\right] \times 100\%$$

$$=\left[1.03\sqrt{\frac{0.5}{0.5+\left(\frac{160^2 \times 0.60}{100^2 \times 1}-1\right)}}-0.03\right] \times 100\% = 68.8\%$$

最小开度 K_{min} 应有

$$K_{min} = \left[1.03\sqrt{\frac{0.5}{0.5+\left(\frac{160^2 \times 0.60}{30^2 \times 1}-1\right)}}-0.03\right] \times 100\% = 14.8\%$$

⑥实际可调比 R' 的验算

$$R' \approx 10\sqrt{s} = 10\sqrt{0.5} = 7$$

而工艺要求的可调比为

$$\frac{Q_{max}}{Q_{min}} = \frac{100}{30} = 3.3$$

因为 $R' > \frac{Q_{max}}{Q_{min}}$，所以满足要求。

结论：所选用的 VN 双座阀 DN100（C_v 值为 160）是适用的。

习题

7.1 如何确定操纵变量？

7.2 仪表选用的基本原则是什么？

7.3 某台差压计的最大差压为 1 600 mmH_2O，精度等级为 1 级，试问该差压计最大允许误差是多少？若校验点为 800 mmH_2O，那么该点差压变化允许变化的范围是多少？

7.4 有两台测温仪表，其测量范围分别是 0～800 ℃和 600～1 100 ℃，已知其最大绝对误差均为 ±6 ℃，试分别确定它们的精度等级。

7.5 简述直通单座调节阀的特点及应用场合。

7.6 简述直通双座调节阀的特点及应用场合。

7.7 调节阀所能控制的最大流量 Q_{max} 与最小流量 Q_{min} 之比，称为调节阀的（　　），以 R 表示。

7.8 一台气动薄膜调节阀，若阀杆在全行程的 50% 位置，则流过阀的流量是否也在最大量的 50%？

7.9 有一直线流量特性调节阀，其最大流量为 50 Nm^3/h，最小流量为 2 Nm^3/h，若全行程为 16 mm，那么在 4 mm 行程时流量是多少？

7.10 有一台直通双座调节阀，表 7-7 是 VN 型直通双座调节阀的参数表。根据工艺要求，其最大流量是 65 m^3/h，最小压差是 0.5×10^5 Pa；其最小流量是 13 m^3/h，最大压差是 0.975×10^5 Pa，阀门为直线流量特性，$s = 0.5$，被调介质为水，试选择阀门口径。

表 7-7　VN 型直通双座调节阀的参数表

公称通径 D_g(mm)	阀座直径 d_0(mm)		流通能力 C	最大行程 L(mm)	薄膜有效面积 A(cm^2)	流量特性	公称压力 P_g(MPa)	允许压差 (MPa)	工作温度 t(℃)
	下阀座	上阀座							
25	24	26	10	16	280	直线 等百分比	1.6 4.0 6.4	≥1.7	普通型 −20～+200(铸铁);散热型 −40～+450 (铸钢);−60～+450(铸不锈钢);长颈型 −2 350～−60
32	30	32	16						
40	38	40	25	25	400				
50	48	50	40						
65	64	66	63	40	630				
80	78	80	100						
100	98	100	160						
125	123	125	250	60	1 000				
150	148	150	400						
200	198	200	630						
250	247	250	1 000	100	1 600				
300	297	300	1 600						

7.11　说明图 7-35 中容器压力控制系统中的调节阀应选用气开式还是气关式。

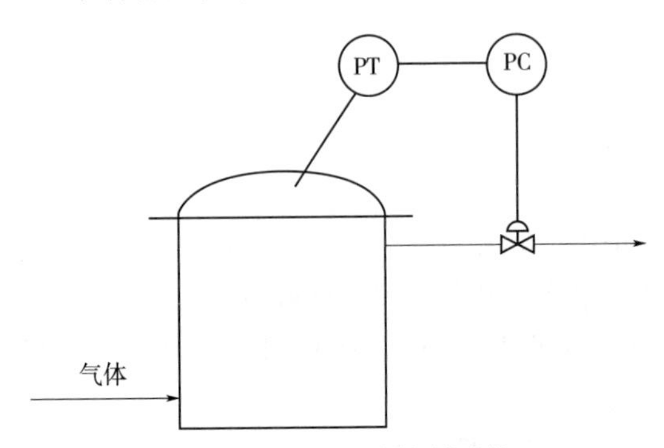

图 7-35　容器压力控制系统

模块八 串级控制系统

到目前为止，只讨论了简单控制系统。这种单回路控制系统解决了工程上大量的恒值控制问题，它是使用最广泛的一种系统。但是，随着现代工业的发展，生产过程变得越来越复杂、控制品质的要求也越来越高，简单控制系统的控制质量有时不高，甚至根本无法实施有效控制。这就有了串级控制系统、前馈控制系统、比值控制系统等复杂控制系统的产生，它们对某些对象特性的控制十分有力。下面先讨论串级控制系统的技术特点及其应用。

1. 会分析/调试串级控制系统；
2. 会设计串级控制系统。

任务1　串级控制系统分析

串级控制是改善控制质量的有效方法之一，在生产实践中得到了广泛应用。那么它的控制原理是怎样的呢？这可以从一个控制实例说起。

一、串级控制系统的结构原理

在模块五中，曾讨论过单容/双容对象的控制系统调试问题，它们的系统结构可用图8-1表示。它们都采用了单回路控制系统，但一个是单容液位控制，另一个是双容液位控制。实验表明，两个控制系统都是稳定的、能正常工作，但在控制质量上存在显

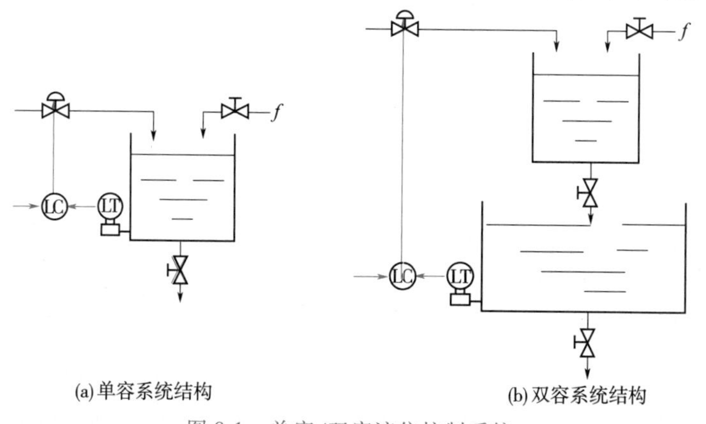

图8-1　单容/双容液位控制系统

著差异——在施加相同干扰流量 f 时，从图 8-2的阶跃响应曲线可以得知，双容控制系统的调节时间长、动态偏差大。为什么会产生这种差异？有什么方法可以解决？显然，结合对象特性可以很好地解释其原因。

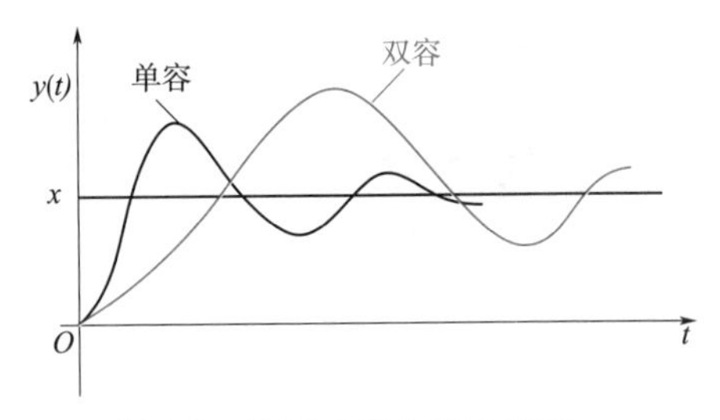

图 8-2　阶跃响应曲线示意图

对于单容对象，当有干扰作用而产生液位偏差时，调节器能及时发出控制作用去调节进水量。由于单容对象的时间常数小，因此其调节时间短、动态偏差就小。

但是，对于双容对象来说，当有干扰作用时并不会立即影响下水箱的液位，而是要经过时间 τ 使上水箱液位增高而导致出水量增大时，才会影响水箱的液位。同样道理，当调节器感知偏差而发出控制作用后，也要经过时间 τ 使上水箱液位下降而导致出水量减小后，才能调节下水箱液位而纠正偏差。显然，在时间 τ 内调节器的控制作用并没有立即影响被控变量，必然使动态偏差增大、调节时间变长。那么，有什么方法能提高双容对象的控制质量呢？

通过外加干扰对双容对象控制系统的影响分析可以得知，如果能及时发现上水箱的液位变化，并且尽快克服其偏差而保持上水箱的液位基本恒定，就会显著地提高下水箱的控制质量。自然，可以有这样的解决方法——在上水箱上增加一个液位控制系统，以及时克服外加干扰的影响，单回路控制系统如图 8-3 所示。

应该说，图 8-3 所示的控制方案对解决外干扰对控制质量的影响，是完全可行、有效。但是，仔细想想似乎存在不足——同一进水管上设置两个调节阀进行流量调节，显得有点多余或浪费。能否协同考虑而用一个调节阀调节进水量，并且同时满足两个控制系统的要求呢？

可以这样分析：下水箱控制系统的作用是根据液位变化提出进水量的要求，由于下水箱的进水量大小受上水箱的液位高度控制，因此，可以认为下水箱控制系统的作用相当于根据液位变化提出了上水箱的液位高度要求；而上水箱控制系统的作用是根据下水箱给出的液位要求及时调节进水量，以保证上水箱的液位高度满足出水量的要求、维持下水箱的液位调节要求。按照这样设想，便可以组成如图 8-4 所示的液位串级控制系统。

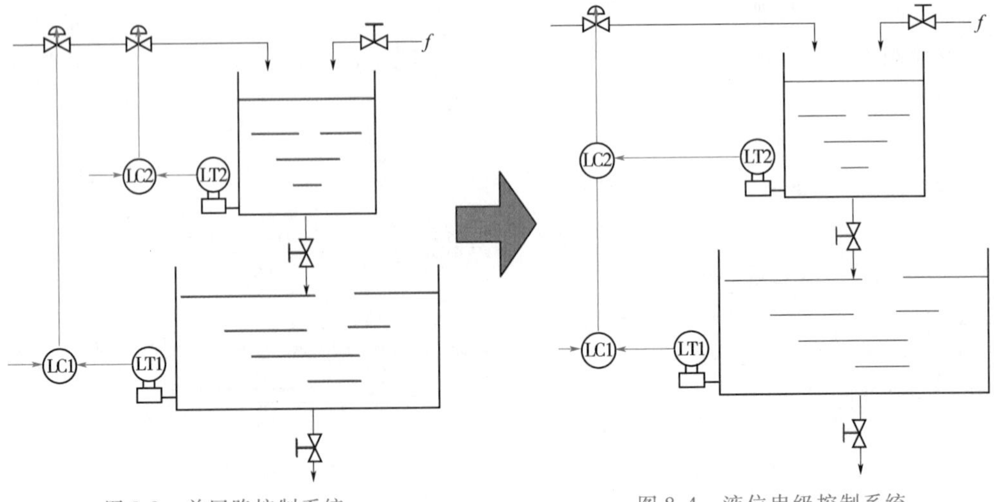

图 8-3　单回路控制系统

图 8-4　液位串级控制系统

液位串级控制系统的方框图如图8-5所示，它采用了两级调节器。这两级调节器串在一起工作，各有其特殊任务。调节阀直接受调节器Ⅱ的控制，而调节器Ⅱ的给定值则受调节器Ⅰ的控制。调节器Ⅰ称为主调节器，调节器Ⅱ称为副调节器。它和单回路控制系统有一个显著的区别，就是它形成了双闭环系统。由副调节器和信号 y_2 形成的闭环称为副环，由主调节器和主信号 y_1 形成的闭环，称为主环。可见，副环是串联在主环之中，故称之为串级控制系统。

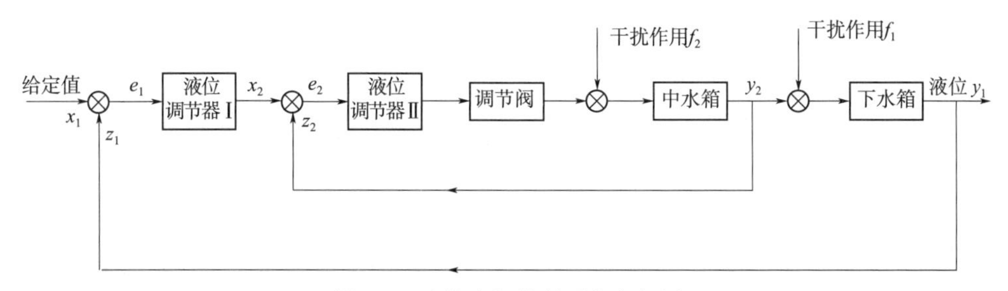

图8-5　液位串级控制系统方框图

串级控制系统中的常用名词如下。

①主变量。是工艺控制指标，在串级控制系统中起主导作用的被控变量，如图8-5中的下水箱液位 y_1。

②副变量。串级控制系统中为了稳定主变量或因某种需要而引入的辅助变量，如图8-5中的上水箱液位 y_2。

③主对象。为主变量表征其特性的生产设备，如图8-5中的下水箱。

④副对象。为副变量表征其特性的生产设备，如图8-5中的上水箱。

⑤主调节器。按主变量的测量值与给定值而工作，其输出作为副变量给定值的调节器，称为主调节器，如图8-5中的液位调节器Ⅰ。

⑥副调节器。其给定值来自主调节器的输出，并按副变量的测量值与给定值的偏差而工作的调节器称为副调节器，如图8-5中的液位调节器Ⅱ。

⑦主回路。是由主变量的测量变送装置，主、副调节器，执行器和主、副对象构成的外回路，又称外环或主环。

⑧副回路。是由副变量的测量变送器、副调节器、执行器和副对象构成的内回路，又称内环或副环。

二、串级控制系统的特点

相比较于单回路系统，串级控制系统多了一个副回路，因此有以下特点。

（一）改善过程动态特性

串级控制系统可以被看作是一个改变了过程特性的单回路系统。由于副回路的存在，相当于改善了部分过程的动态特性，使过程时间常数和放大系数都减小了，从而使系统的反应速度加快，控制更为及时，提高了系统的控制质量。

为了说明问题，可用控制理论对串级控制系统的性能进行分析。考虑如图8-6所示的串级控制系统，图中的 $G_{m1}(s)$、$G_{m2}(s)$ 分别是主、副测量变送器的传函，$G_{c1}(s)$、$G_{c2}(s)$ 分别是主、副调节器的传函，$G_v(s)$ 是调节阀的传函，$G_{01}(s)$、$G_{02}(s)$ 分别是主、副对象的传函。

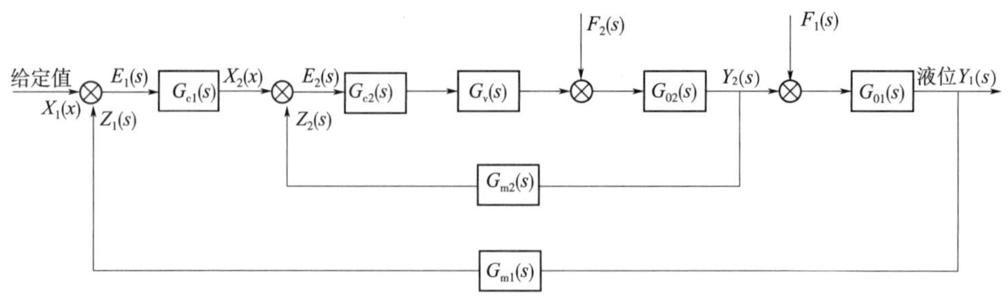

图 8-6　串级控制系统框图

如将副回路看作等效对象 $G'_{02}(s)$，则根据控制理论必有如下等式

$$G'_{02}(s)=\frac{Y_2(s)}{X_2(s)}=\frac{G_{c2}(s)G_v(s)G_{02}(s)}{1+G_{c2}(s)G_v(s)G_{m2}G_{02}(s)} \tag{8-1}$$

不失一般性，假设 $G_{02}(s)=\dfrac{K_{02}}{1+T_{02}}$，$G_{c2}(s)=K_{c2}$，$G_v(s)=K_v$，$G_{m2}(s)=K_{m2}$，代入式(8-1)应有

$$G'_{02}(s)=\frac{Y_2(s)}{X_2(s)}=\frac{K_{c2}K_v\dfrac{K_{02}}{1+T_{02}s}}{1+K_{c2}K_vK_{m2}\dfrac{K_{02}}{1+T_{02}s}}=\frac{\dfrac{K_2/K_m}{1+T_{02}s}}{1+\dfrac{K_2}{1+T_{02}s}}$$

$$G'_{02}(s)=\frac{Y_2(s)}{X_2(s)}=\frac{\dfrac{K_2/K_{m2}}{1+K_2}}{\dfrac{T_{02}s}{1+K_2}+1}=\frac{K'_{02}}{T'_2s+1} \tag{8-2}$$

式中：$K_2=K_{c2}K_vK_{m2}K_{02}$，故有

$$\begin{cases}K'_{02}=\dfrac{K_2/K_{m2}}{1+K_2}\\ T'_2=\dfrac{T_{02}}{1+K_2}\end{cases} \tag{8-3}$$

式中：$K'_{02}=\dfrac{K_2/K_m}{1+K_2}$——等效被控过程的放大系数；

$T'_2=\dfrac{T_{02}}{1+K_2}$——等效被控过程的时间常数。

可见等效后的被控过程的时间常数小于原被控过程的时间常数，而且随着 K_{c2} 的增大，时间常数减小的效果更明显，副回路的动态响应要比简单控制系统快得多，对副回路中的扰动抑制作用明显，改善了被控过程的动态特性，提高了系统的控制品质。

（二）增强了对二次扰动的克服能力

串级控制系统比单回路系统多一个副回路，当二次扰动进入副回路，还没有等它影响到主变量时，副调节器就开始动作，因而对主变量的影响较小，从而提高了主变量的控制质量。对于进入副回路的扰动，串级控制系统比在相同条件下的单回路系统具有较强的抗扰动能力。另外，由于串级控制系统副回路的存在，控制作用的总放大倍数提高了，抗扰动能力比单回路系统强，克服扰动更为迅速有效，因而控制质量较高。

(三)系统工作频率提高

由于串级控制系统副回路的存在,改善了过程的动态特性。其等效过程的时间常数 T'_2 是原过程时间常数 T_{02} 的 $\frac{1}{K_{c2}K_vK_{m2}K_{02}}$。因此,在采用串级控制时系统的工作频率就比采用单回路控制时高(在相同衰减比下)。这对及时克服干扰、消除偏差、提高控制质量是有利的。

(四)有一定的自适应能力

串级控制系统,就其主回路来看是一个定值系统,副回路则是一个随动系统。主调节器能按照负荷和操作条件的变化不断改变副回路调节器的给定值,使副调节器的给定值适应负荷和操作条件的变化,即具有一定的自适应能力,串级系统的控制将随着负荷的变化具有很强的适应性。

三、串级控制系统的工程整定

串级控制系统中有两个调节器,为获得系统最佳控制性能,必须对两个调节器的PID参数进行整定。由于两个调节器的作用不同,它们的控制规律是不一样的,具体说明如下。

(一)控制规律的选择

在串级控制系统中,副回路具有快速抗干扰的功能,起着"粗调"和"先调"的作用。而且设置副变量的目的是为了提高主变量的控制质量,对副变量本身没有严格的要求。因此,副调节器一般只需选择比例作用(P)。而主变量需要严格控制,因此,主调节器常采用比例-积分式(PI)或比例-积分-微分式(PID)控制规律。这一点在应用时必须清楚。

(二)工程整定方法

串级控制系统的实施有不可主控与可以主控两种方案。

不可主控的方案可实现遥控、副回路单投和串级控制3种操作。这种方案在投运时只能按先副后主的顺序进行。

可以主控的方案除可以实现上述3种操作外,还可以进行主回路单投,实现主控。这种方案在投运时往往是先投主控,后投串级。无论投运的次序如何,在投运过程中必须保证做到无扰切换。

串级控制系统的调节器参数整定可采取下述两种方法。

1. 两步整定法

两步整定法的步骤如下:

①将主回路闭合,主、副调节器的积分时间置于最大值,微分时间置于零,系统以纯比例运行。

②将主调节器比例度置于100%,按某种衰减比(如4:1)整定副回路(整定时副调节器比例度应由大到小逐渐改变),求取在该衰减比下副调节器的比例度 δ_{2s} 数值和操作周期 T_{2s}。

③将副调节器比例度置于 δ_{2s} 值,用同样方法和同样衰减比整定主回路,求取在该衰减比下主调节器的比例度 δ_{1s} 数值和操作周期 T_{1s}。

④由 δ_{1s}、T_{1s}及 δ_{2s}、T_{2s}数据，结合调节器的选型，按整定时所选择的衰减比，选择适当的经验公式，求取主、副调节器的参数。

当整定时选用衰减比为 4∶1 时，主、副调节器参数可按表 8-1 中的数据计算。

表 8-1　两步整定法的调节器参数经验数据

调节规律	调节器参数		
	比例度 δ%	积分时间 T_I	微分时间 T_D
P	δ_s	—	—
PI	$1.2\delta_s$	$0.5T_s$	—
PID	$0.8\delta_s$	$0.3T_s$	$0.1T_s$

2. 一步整定法

一步整定法的步骤如下：

①根据副变量的类型，按表 8-2 的经验数据选择好副调节器的比例度。

表 8-2　一步整定法的调节器参数经验数据

副变量类型	副调节器放大系数 K_{c2}	副调节器比例度 δ%
温度	5 ~ 1.7	20 ~ 60
压力	3 ~ 1.4	30 ~ 70
流量	2.5 ~ 1.25	40 ~ 80
液位	5 ~ 1.25	20 ~ 80

②将副调节器参数置于经验值，然后按单回路系统中任一整定方法整定主调节器参数。

③观察调节过程，根据主、副调节器放大系数匹配的原理，适当调整主、副调节器的参数，使主变量控制质量最好。

④若出现震荡，可加大主（或副）调节器的比例度 δ，即可消除。如出现剧烈震荡，可先转入遥控，待过程稳定后，重新投运和整定。

任务 2　串级控制系统调试

为掌握好串级控制技术的应用，现利用 TH-3 过程控制实验装置详细说明串级系统的集成与调试方法。

一、实验内容与要求

实验系统原理见图 8-7 所示。工艺流程如下：贮水箱的水经水泵加压后流过电动调节阀，再经阀 F1-4 后进入中水箱中，中水箱的水由出水阀 F1-7 流出至下水箱，最后经出水阀 F1-8 回流到贮水箱中。此外，可利用变频泵支路，给水箱施加小流量的干扰 f_1、f_2。

现采用串级控制系统来自动控制下水箱的水位在 10 cm 位置，要求控制系统的动态性能最佳，并分析系统抗干扰的性能。系统中所用仪表规格如表 8-3 所示。

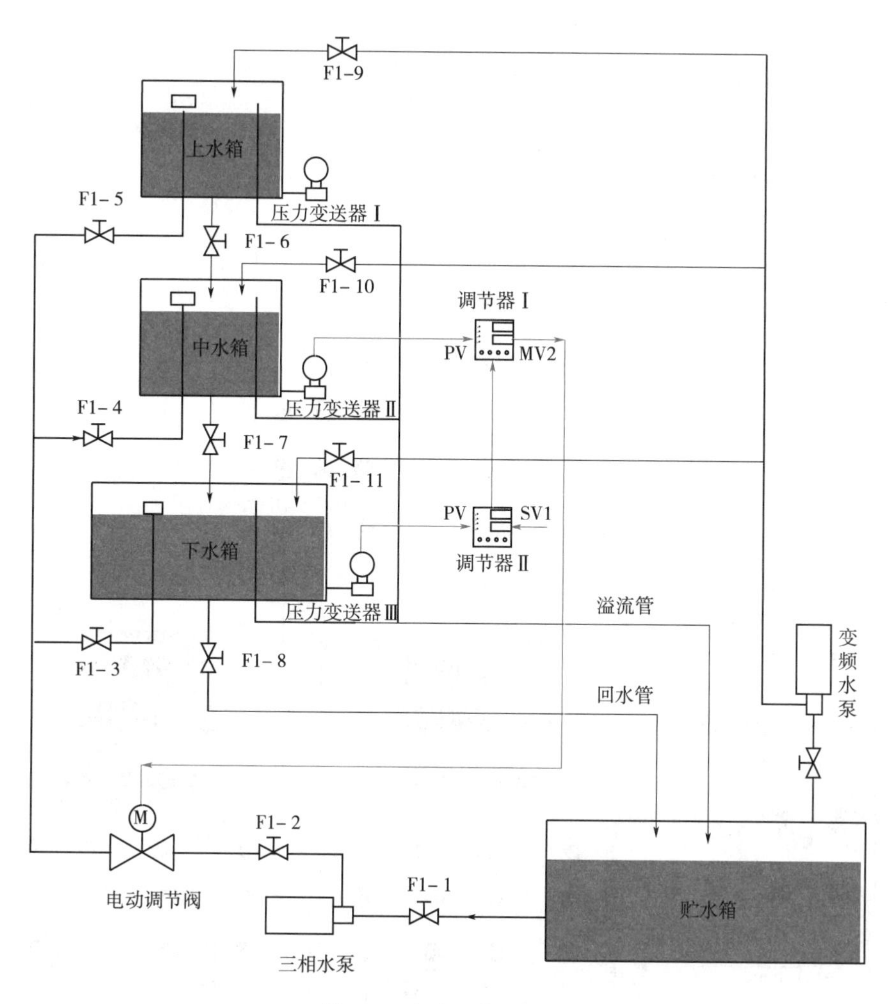

图 8-7 实验系统原理图

表 8-3 控制系统仪表规格

序号	设备名称	主要性能	数量	说明
1	压力变送器	量程 0~5 kPa,输出 4~20 mA	2	—
2	调节器	人工智能 PID 调节器	2	上海万迅生产
3	电动调节阀	直线阀,输入 4~20 mA,行程 16 mm,公称压力 1.6 MPa,公称直径 20 mm	1	上海万迅生产
4	三相水泵	流量,扬程。电压 380 V	1	—
5	变频器	输入 220 V,输出三相电压	1	—
6	三相水泵	流量,扬程。电压 220 V	1	—
7	中水箱	高度 17 cm,直径 18 cm	1	浙江天湟生产
8	下水箱	高度 17 cm,直径 18 cm	1	浙江天湟生产

二、实验步骤

(一)准备工作

实验前需做好准备工作,主要是4项:电气连接、管路调整、调节器参数设置和变送器零点与量程调整。

1. 电气连接

按图8-8所示的实验系统电气接线图连接线路。先连接信号线,再连接电源线,要注意正负极性。

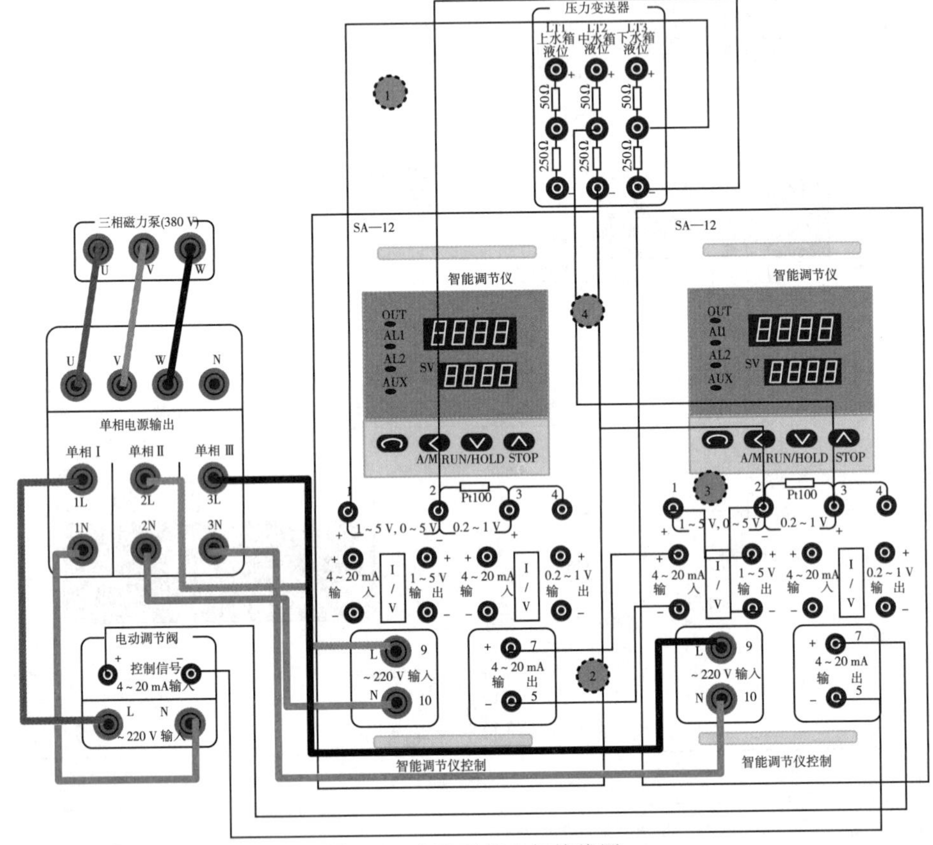

图8-8　实验系统电气接线图

注意:实验装置由控制对象和控制台两部分组成,控制对象的仪表信号已经由线路连接到控制台,因此,电气连接工作都在控制台上进行。图8-8中显示,在连接测量信号线路时,只需将测量回路中的1~5 V信号电压输入到相应调节器的输入端口。完整的电气系统线路连接方法见图8-9所示,以供参考。

2. 管路调整

按图8-7调整好管路中的阀门,具体操作为:打开进水管路上的阀门F1-1、F1-2、F1-4,以及出水阀F1-7、F1-8。注意出水阀门F1-7开度要小于进水阀F1-4开度;阀门F1-8的开度要小于阀门F1-7的开度。其余阀门均要关闭。

3. 调节器参数设置

先给调节器通电,检查无误后按表8-4进行参数设置。

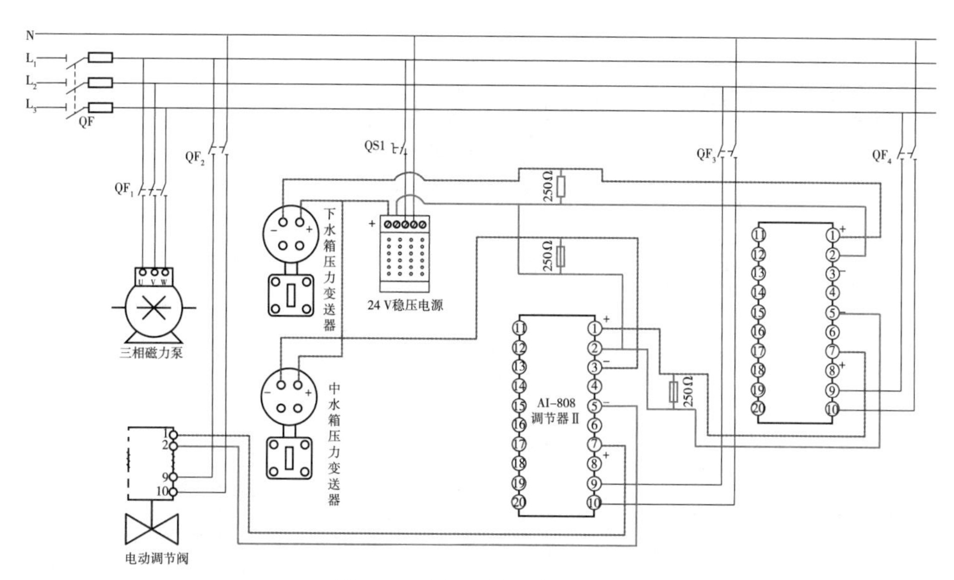

图 8-9　实际系统电气接线图

表 8-4　调节器参数设置

	参数类型	参数代号	参数含义	取值	说明
主调节器	输入规格	Sn	输入信号	33	输入信号是 1～5 V 的标准电压信号
		dIP	小数点位置	1	小数点取 1 位
		dIL	输入下限显示值	0	对应 1 V 输入信号时，仪表显示 0
		dIH	输入上限显示值	17	对应 5 V 输入信号时，仪表显示 17
	输出规格	oP1	输出方式	4	输出为 4～20 mA 的线性电流
		oPL	输出下限	0	输出下限值无限制
		oPH	输出上限	100	输出上限值无限制
	控制方式	CtrI	控制方式	1	采用人工智能 PID 调节，且允许面板启动自整定
		CF	系统功能选择	0	仪表为反作用调节，无上电免除报警功能，仪表辅助功能模块为通信接口，不允许外给定，无分段功率限制功能，无光柱
		P	比例带	100	纯比例运行。此参数也可以通过上位机设定
		I	积分时间	9 999	纯比例运行，消除积分作用。可通过上位机设定
		D	微分时间	0	纯比例运行，消除微分作用。可通过上位机设定

续上表

	参数类型	参数代号	参数含义	取值	说明
副调节器	输入规格	Sn	输入信号	32	输入信号是0.2～1 V的标准电压信号
		dIP	小数点位置	1	小数点取1位
		dIL	输入下限显示值	0	对应0.2 V输入信号时，仪表显示0
		dIH	输入上限显示值	17	对应1 V输入信号时，仪表显示17
	输出规格	oP1	输出方式	4	输出为4～20 mA的线性电流
		oPL	输出下限	0	输出下限值无限制
		oPH	输出上限	100	输出上限值无限制
	控制方式	CtrI	控制方式	1	采用人工智能PID调节，且允许面板启动自整定
		CF	系统功能选择	8	仪表为反作用调节，无上电免除报警功能，仪表辅助功能模块为通信接口，允许外给定，无分段功率限制功能，无光柱
		P	比例带	100	纯比例运行。此参数也可以通过上位机设定
		I	积分时间	9 999	纯比例运行，消除积分作用。可通过上位机设定
		D	微分时间	0	纯比例运行，消除微分作用。可通过上位机设定

4. 变送器零点与量程调整

调节器正常工作后，给系统通电。确认调节阀与水泵工作正常后，对压力变送器进行量程压缩至0～17 cm，同时进行零点调整，直至测量数据显示正确（变送器操作方法见模块二）。

（二）手动平衡系统

仪表的单体调试完成后就可开展系统调试工作。先要根据工艺要求手动平衡运行工况，具体方法是：首先，将调节器设置在手动控制方式，调整输出50%左右；随后，积极调整出水阀F1-7的开度，使中水箱的水位恒定在中间位置（10 cm左右）；最后，调整出水阀F1-8的开度，使下水箱的水位恒定在10 cm位置（只要在中间位置平衡就可）。这项工作一定要认真细心，否则下水箱的水位很难平衡在10 cm位置，具体操作见步骤1～步骤3。

1. 步骤1

主、副调节器切换至手动方式，并调整副调节器的输出为50%，并保持此值不变。

具体操作如图 8-10 所示。

2. 步骤 2

手动调整中水箱的出水阀 F1-7 开度,以使水箱液位平衡在中间位置。具体操作如图 8-11 所示。

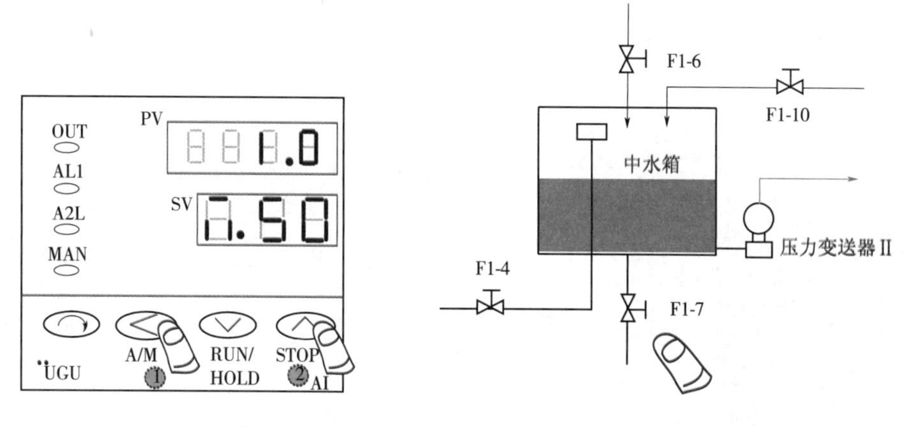

图 8-10　步骤 1 操作示意图　　　　图 8-11　步骤 2 操作示意图

3. 步骤 3

手动调整下水箱的出水阀 F1-8 开度,以使下水箱液位平衡在 10 cm 左右位置。具体操作如图 8-12 所示。

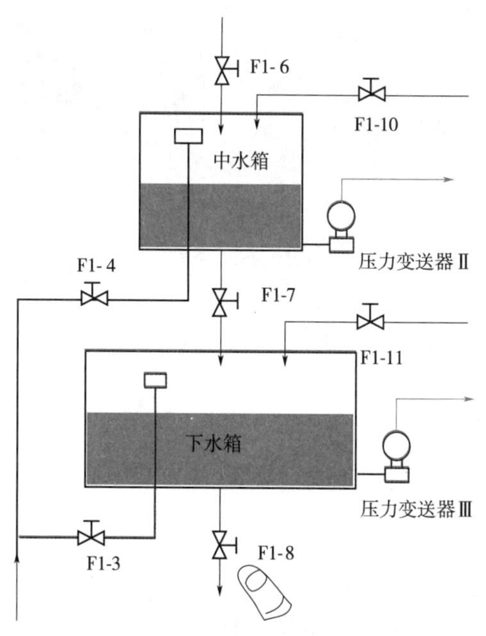

图 8-12　步骤 3 操作示意图

(三)手/自动无扰切换

运行工况平衡后就可进行控制系统投运工作,即手/自动无扰切换。具体操作见步骤 1 ~ 步骤 3。

1. 步骤 1

运行“水箱液位串级控制”实时监控软件,具体操作如图 8-13 所示。

2. 步骤 2

首先按照纯比例规律设置好主调节器 PID 控制参数;然后设置 SV1 = PV1,MV1 = PV2;最后按动手/自动切换键,使主调节器运行在自动方式。具体操作如图 8-14 所示。

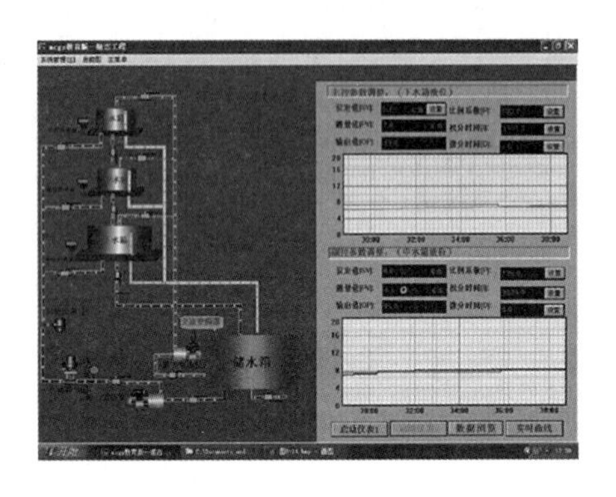

图 8-13　步骤 1 操作示意图

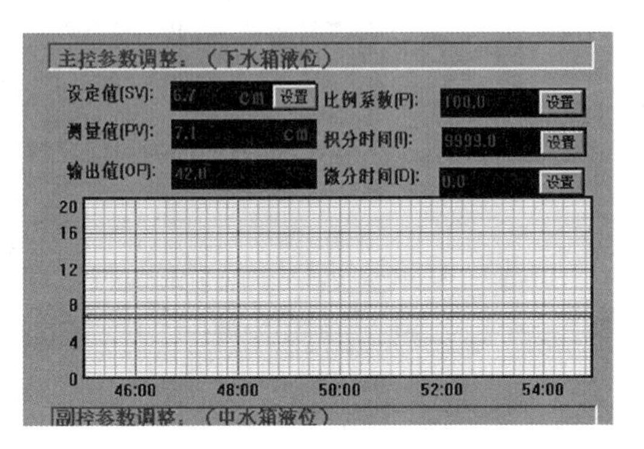

图 8-14　步骤 2 操作示意图

3. 步骤 3

首先按照纯比例规律设置好副调节器 PID 控制参数;然后设置 SV2 = PV2(可以不设置,副调节器处于跟踪状态);最后按动手/自动切换键,使副调节器运行在自动方式。具体操作如图 8-15 所示。

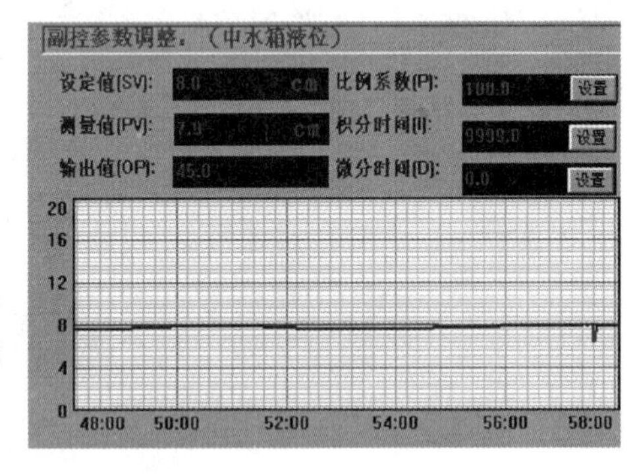

图 8-15　步骤 3 操作示意图

至此,系统已投入自动运行状态。此步骤的关键是——在手/自动切换前后主、副调节器的输出应保持不变,才能使调节阀的开度保持不变,这样就不会破坏原系统的平衡工况。所以称无扰切换。

(四)二步法参数整定

系统设运后按二步法进行 PID 参数整定,先副后主。具体步骤见步骤 1 ~ 步骤 4。

1. 步骤一

按 4∶1 衰减比整定副回路,即逐渐减小比例度值,直至副对象的阶跃响应曲线呈 4∶1。记下此时比例度 δ_{2s} 和振荡周期 T_{2s}。具体操作如图 8-16 所示。

实验表明,$\delta_{2s} = 2.5$,$T_{2s} = 42$ s。

2. 步骤二

首先将副回路比例度置于 δ_{2s} 值;然后按同样方法和衰减比整定主回路。求取在该衰减比下的比例度 δ_{1s} 和振荡周期 T_{1s}。具体操作如图 8-17 所示。

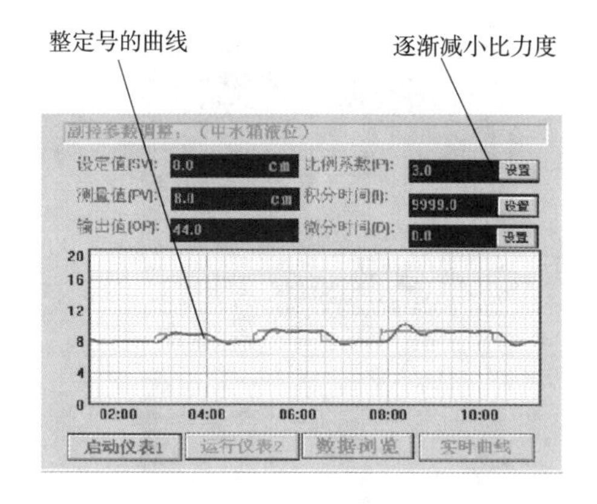

图 8-16　步骤 1 副回路整定操作示意图

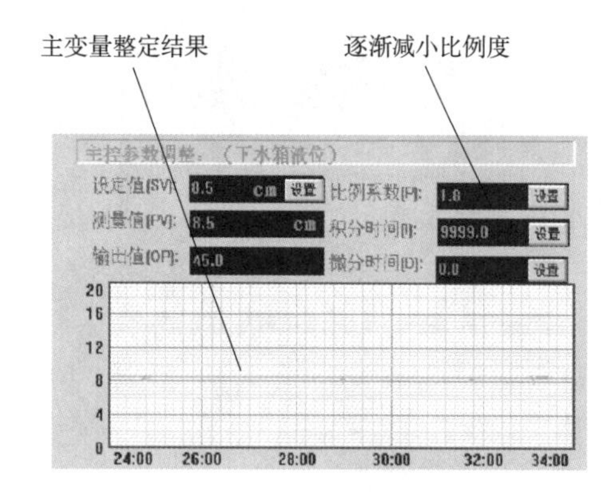

图 8-17　步骤 2 主回路整定操作示意图

3. 步骤三

由 δ_{1s}、T_{1s}、δ_{2s}、T_{2s} 数值，按照表 8-1 求取主、副调节器的参数值。根据实验结果可以得到，副调节器的比例度为 $\delta_{2s}=2.5$。主调节器采用 PI 控制规律，因此其比例度为 $\delta_{1s}=1.5$、$T_{1s}=152$ s。

4. 步骤四

按照先副后主、先比例后积分再微分的程序，设置主、副调节器的参数。再观察过渡过程曲线，必要时进行适当调整，直到系统质量达到最佳为止。

（五）系统抗干扰性能分析

串级控制系统的抗干扰性能到底如何，通过实验可以清楚地验证。

1. 抗设定值干扰的性能分析

改变主调节器的设定值，由原来 10 cm 突变为 12 cm。系统的设定值阶跃响应曲线如图 8-18 所示。实验表明，对于设定值干扰，串级系统的性能并没有改善多少，几乎与单回路系统一样。

2. 抗二次干扰 f_2 的性能

给中水箱突加干扰流量 f_2，观察系统的动态过程。图 8-19 是系统的二次干扰阶跃响应曲线，可以看到，与单回路系统相比，当干扰进入副回路时，由于副回路控制通道短，时间常数小，因此，其调节时间明显缩短、频率加快，且动态偏差减小。因此，串级系统的动态性能得到了显著改善。

3. 抗一次干扰 f_1 的性能

给下水箱突加干扰流量 f_1，观察系统的动态过程。图 8-20 是系统的一次干扰阶跃响应曲线，可以看到，当干扰 f_1 作用于主对象时，由于副回路的存在，可以及时改变副变量的数值，以达到稳定主变量的目的，由此可以获得比单回路系统更高的控制质量。

4. 抗一、二次干扰的性能

给中、下水箱同时突加干扰流量 f_1、f_2，观察系统的动态过程。图 8-21 是系统的一、二次干扰阶跃响应曲线，可以看到，通过主、副调节器的协调控制，系统控制质量也得到了明显提高。

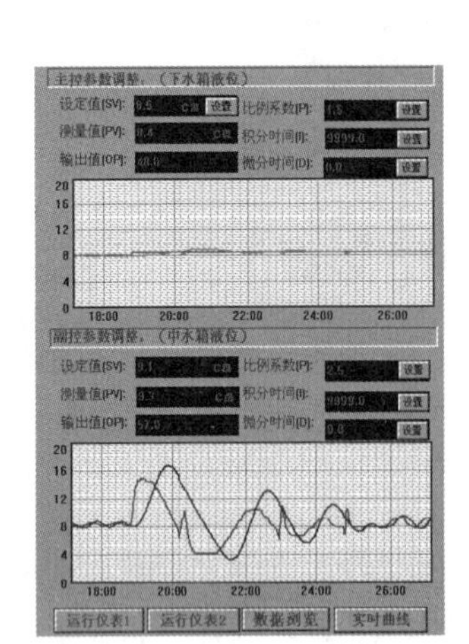

图 8-18　设定值阶跃响应曲线

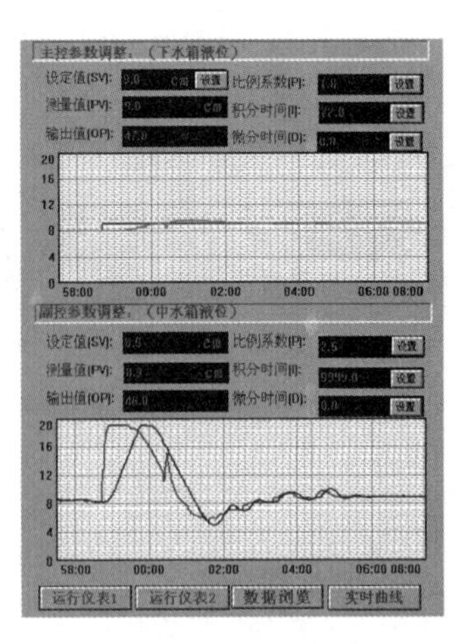

图 8-19　系统的二次干扰阶跃响应曲线

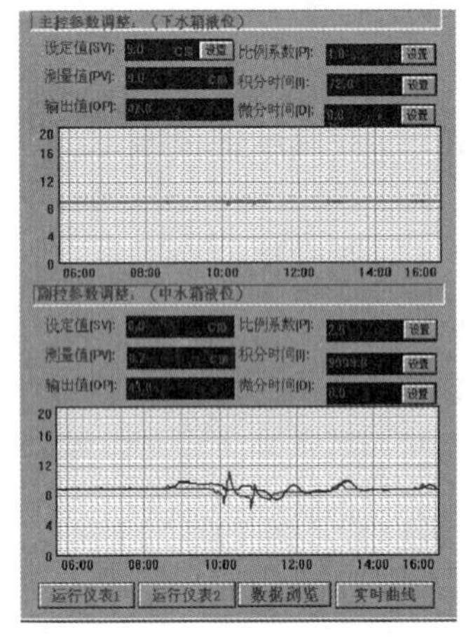

图 8-20　系统的一次干扰阶跃响应曲线

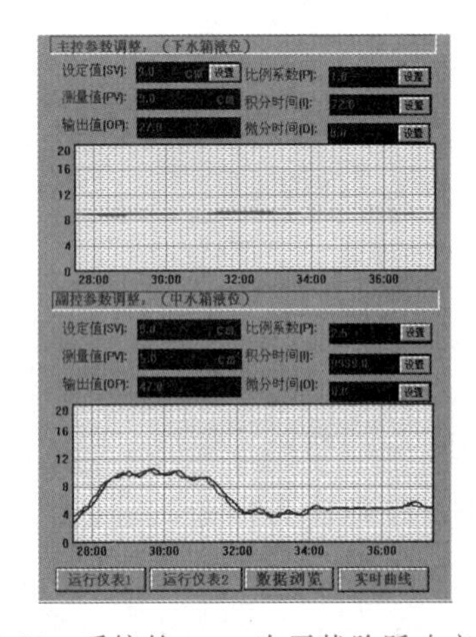

图 8-21　系统的一、二次干扰阶跃响应曲线

总结:通过实验表明,串级系统并不能提高因设定值干扰对系统控制质量的影响。但是,它能迅速克服作用于副回路的干扰,并且对作用于主对象的干扰也能加速克服过程。副回路具有先调、粗调、快调的特点;主回路具有后调、细调、慢调的特点,并对于副回路没有完全克服掉的干扰影响能彻底加以克服。因此,在串级控制系统中,由于主、副回路相互配合、相互补充,充分发挥了控制作用,大大提高了控制质量。

任务 3　串级控制系统设计与应用

一、串级控制系统设计

串级控制系统有主、副回路之分。主回路是一个定值控制系统,它的设计方法基本上与单回路系统相同;而副回路的设计则是至关重要的,设计得合理就能充分发挥串级系统的优势、控制质量明显提高。副回路设计得不合适,有可能控制质量不高,甚至根本失去串级控制系统的意义。为此要认真对待副回路的设计工作。

(一)主回路的设计

主回路的设计主要是确定主变量。与单回路类似,凡是直接或间接与生产过程运行性能密切相关并可直接测量的工艺参数,均可选作主变量。应尽量选用质量指标作为主变量,因为它最直接、最有效。否则,应选择一种与产品质量有单函数关系、灵敏度高的参数作为主变量。

(二)副回路的设计

副回路的设计实际上就是根据生产工艺的具体情况,选择一个合适的副变量,从而构成一个以副变量为被控变量的副回路。它应遵循以下原则。

1. 副变量的选择

副变量的选择应使副回路的时间常数小、时延小、通道短。这样可使等效过程的时间常数大大减小,从而加快系统的工作频率,提高响应速度,缩短过渡过程的时间,更好地改善系统的控制品质。例如,在上面介绍的液位－液位串级控制系统中,副变量为中水箱的液位,由于它的滞后小、反应快,可以提前预报主变量的变化。因此,控制中水箱液位对抑制总管进水量、水槽进水量等扰动,以及平衡下水箱液位具有显著作用。

2. 副回路必须包围系统的主要扰动

串级控制系统具有调节快、抗干扰能力强的特点,因此在设计副回路时,应将主要扰动包围在内,这样既能大大降低干扰的影响,又能加快副回路的响应速度,从而提高系统的控制质量。

例如,在上面介绍的液位－液位串级控制系统中,如果主要扰动来自总管进水量,那么副变量就应选择总管进水量,从而构成如图 8-22 所示的液位－流量串级控制系统。显然,相比较于液位－液位串级控制系统,前者的响应速度会加快,又包含了主要扰动,因此控制质量会更高。液位－流量的串级控制系统在工程实践中也是最为常用的。

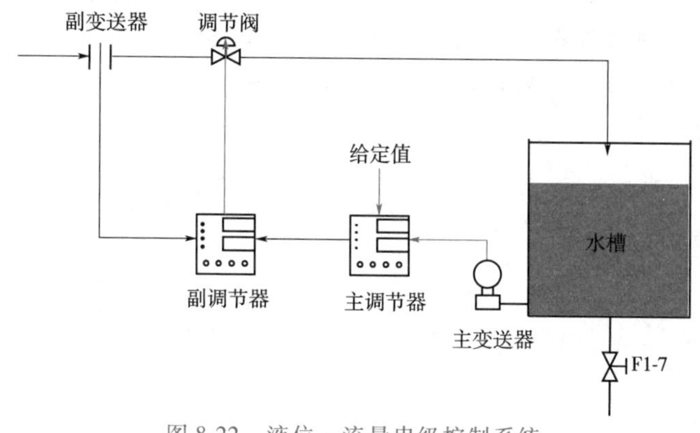

图 8-22　液位－流量串级控制系统

3. 副回路应尽可能包围更多的次要扰动

在生产过程中,如果系统的扰动较多且难于确定哪个是主要扰动,这时选择副变量应考虑使副回路尽量包围更多的扰动,这样可以充分发挥副回路的快速抗干扰能力,以提高串级控制系统的控制质量。例如,在前面介绍的液位－液位串级控制系统中,实际可能既有总管进水量扰动,又有水槽进水量扰动。现副变量选择中水箱液位,就能将两个扰动都包含在副回路之内,系统的控制质量显然大大提高了。

4. 主、副回路的时间常数应匹配适当

串级控制系统中,主、副回路既相互独立又密切相关。副变量的变化会影响主变量,

而主变量的变化通过反馈回路又会影响到副变量。如果主、副对象的时间常数比较接近,那么主、副回路的工作频率也就比较相近,这样一旦系统受到扰动影响,就有可能产生"共振",而一旦系统发生"共振",轻者会使控制质量下降,重者会导致系统的发散而无法工作。因此,必须设法避免"共振"的发生。对此,在选择副变量时,应注意使主、副变量的时间常数之比为 3 ~ 10。

(三)主、副控制规律的选择

控制规律的选择问题,已经在系统调试中作了介绍。在此作补充说明。

1. 主调节器控制规律

主变量是生产工艺的主要控制指标,它直接关系到产品的质量或生产的正常进行,工艺上对它的要求比较严格。一般而言,主变量不允许有余差。因此,主变量通常选用比例 - 积分控制规律(PI)或者是比例 - 积分 - 微分控制规律(PID),以实现主变量的无差控制。

2. 副调节器控制规律

串级控制系统中,设置副变量的目的在于保证和提高主变量的控制质量,副变量自身是否稳定与准确并不重要,它可以在一定范围内波动。因此,副调节器的控制规律一般采用比例控制规律(P),以提高副回路的快速跟踪能力。而引入积分作用或微分作用,对系统控制质量的提高并没有多大效果。

(四)主、副调节器作用方式确定

调节器工作时有正作用、反作用之分。因此,串级控制系统的两个调节器也须正确选择作用方式。而主、副调节器的选择原则是使整个系统构成负反馈系统,即主通道各环节的正、负作用极性乘积必须为负值,具体可由式(8-4)和式(8-5)确定:

$$副调节器(?)\times调节阀(\pm)\times副对象(\pm)=(-) \tag{8-4}$$

$$主调节器(?)\times主对象(\pm)=(-) \tag{8-5}$$

一般步骤如下。

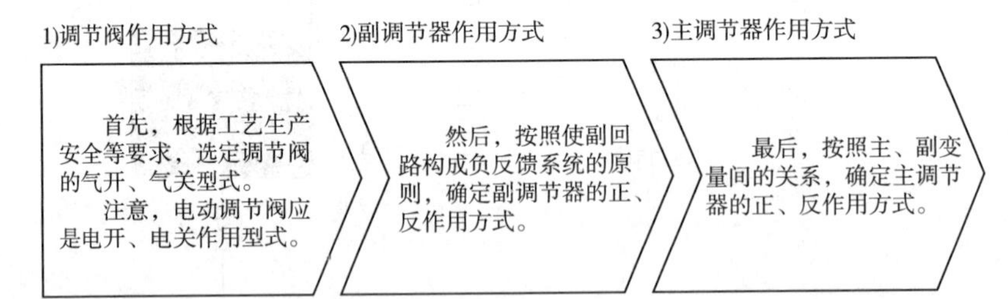

图 8-23 是精馏塔塔釜的温度 - 蒸汽流量串级控制系统示意图。精馏塔塔釜温度是保证塔釜产品分离纯度的重要间接指标,一般要求它保持在一定的数值。通常采用改变进入再沸器的加热蒸汽流量来克服干扰(如精馏塔的进料流量、温度及组分的变化等)对塔釜温度的影响,从而保持塔釜温度的恒定。但是,由于温度对象滞后比较大,由加热蒸汽量到塔釜温度的通道比较

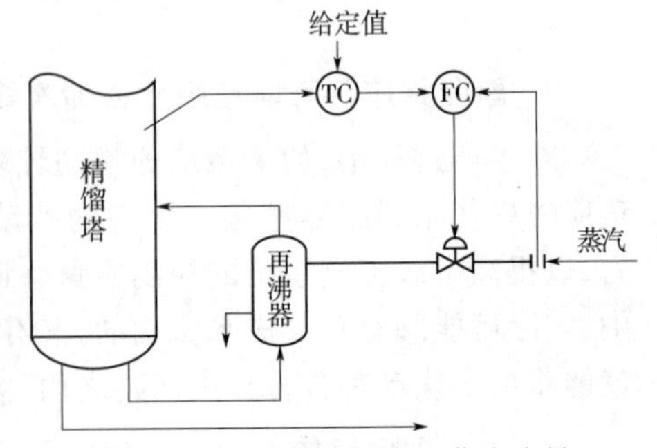

图 8-23 精馏塔塔釜温度 - 蒸汽流量串级控制系统示意图

长。当蒸汽压力波动比较厉害时，控制不及时，使控制质量不够理想。为解决这个问题，可以构成如图8-23所示的串级控制系统。这样，当来自蒸汽压力或流量的波动时，副回路能及时加以克服，以大大减小这种干扰对主变量的影响，使塔釜温度的控制质量得以提高。

针对这个串级控制系统，如果基于工艺上的考虑，选择调节阀是气关阀。而副对象显然是“正”作用方式，即蒸汽流量增加时必然使塔釜温度增高。那么，为了使副回路是一个负反馈控制系统，根据式(8-4)副调节器FC的作用方向应选择为“正”作用。这样，当蒸汽压力增高时，副调节器的输出就将增加，以使调节阀关小(气关阀)，保证进入再沸器的加热蒸汽流量不受或少受蒸汽压力波动的影响。最后，根据式(8-5)可知，主调节器的作用方式应选择“负”作用方式。

注意，主调节器的作用方式也可以这样确定：如果主、副变量在增加(或减小)时，要求控制阀的动作方向是一致的，则主调节器应选择“负”作用；反之，则应选择“正”作用。

二、应用分析

串级控制系统属于复杂控制，它在工程实践中有广泛的应用。在此，以火力发电厂锅炉设备的控制为例，分析其控制系统原理。它包括串级控制、比值控制、前馈－反馈控制等复杂控制系统，是十分典型的工业控制对象。

(一)锅炉工作过程分析

锅炉是火力发电厂工业生产过程中必不可少的重要动力设备，它所产生的高压蒸汽为汽轮机的运行提供动力，并带动发电机发电。锅炉种类很多，按所用燃料分类，有燃煤锅炉、燃气锅炉、燃油锅炉，还有利用残渣、残油、释放气等为燃料的锅炉；按所提供蒸汽压力不同，又可分为常压锅炉、低压锅炉、高压锅炉、超高压锅炉等。不同类型锅炉的燃料种类和工艺条件各不相同，但蒸汽发生系统的工作原理是基本相同的。

图8-24所示是蒸汽锅炉主要工艺流程示意图。其中，蒸汽发生系统由给水泵、给水控制阀、省煤器、汽包及循环管等组成。在锅炉运行过程中，燃料和空气按一定比例送入炉膛燃烧，产生的热量传给蒸汽发生系统，产生饱和蒸汽，然后再经过过热蒸汽，形成满足一定质量指标的过热蒸汽输出，供给用户。同时燃烧过程中产生的烟气，经过过热器将饱和蒸汽加热成过热蒸汽后，再经省煤器预热锅炉给水和空气预热器预热空气，最后经引风机送往烟囱排入大气。

锅炉设备是一个复杂的控制对象，其主要的操纵变量有燃料量、锅炉给水、减温水流量、送风量和引风量等；主要的被控变量有汽包水位、过热蒸汽温度、过热蒸汽压力、炉膛负压等。这些操纵变量与被控变量之间相互关联。例如，燃料量的变化不仅影响蒸汽压力，同时还会影响汽包水位、过热蒸汽温度、炉膛负压、烟气含氧量；给水量变化不仅会影响汽包水位，而且对蒸汽压力、过热蒸汽温度都有影响。因此，锅炉设备是一个多输入/多输出且相互关联的控制对象。

锅炉设备的控制任务是根据生产负荷的需要，提供一定压力或温度的蒸汽，同时要使锅炉在安全经济的条件下运行。其主要控制任务如下。

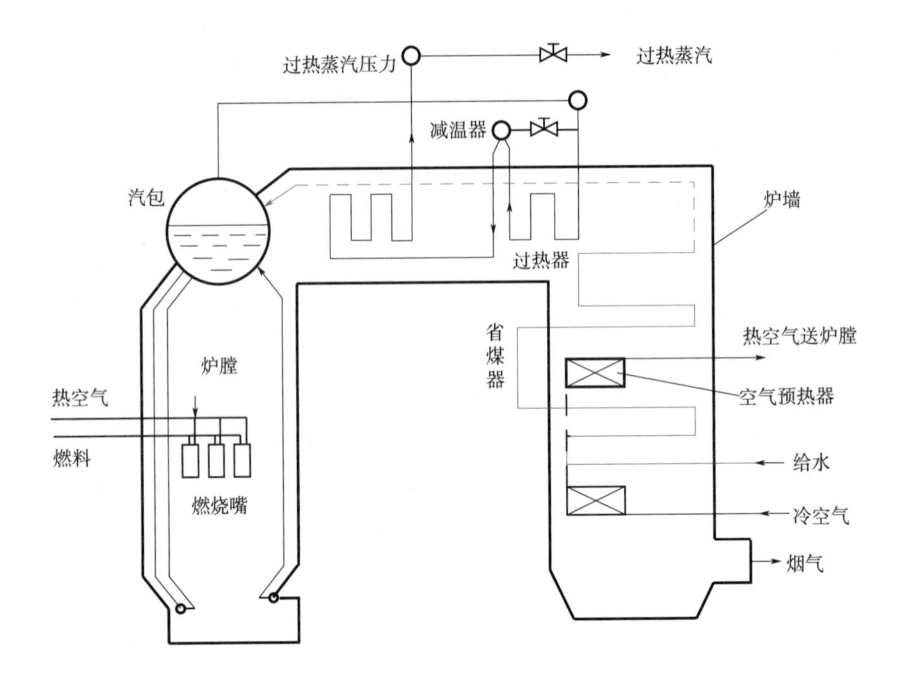

图 8-24　蒸汽锅炉主要工艺流程示意图

①锅炉供应的蒸汽量应适应负荷变化的需要。

②锅炉供给用气设备的蒸汽压力保持在一定范围内。

③过热蒸汽温度保持在一定范围内。

④汽包中的水位保持在一定范围内。

⑤保持锅炉燃烧的经济性和安全运行。

⑥炉膛负压保持在一定范围内。

为了实现上述控制任务,将锅炉设备控制划分为如下几个主要控制系统。

1. 汽包水位的控制

被控变量是汽包水位,操纵变量是给水流量。它主要是保持汽包内部的物料平衡,使给水量适应锅炉的蒸发量,维持汽包水位在工艺允许的范围内。这是保证锅炉、汽轮机安全运行的必要条件,是锅炉正常运行的主要指标之一。

2. 锅炉燃烧系统的控制

被控变量有 3 个,即蒸汽压力、烟气含氧量和炉膛负压。操纵变量也有 3 个,即燃料量、送风量和引风量。这 3 个被控变量和 3 个操纵变量相互关联,组成的燃烧控制系统方案,需要使燃料燃烧时所产生的热量适应蒸汽负荷的需要;使燃料与空气量之间保持一定的比值,保证燃烧的经济性和锅炉的安全运行;使引风量和送风量相适应,保持炉膛负压在一定范围内。

3. 过热蒸汽系统的控制

被控变量是过热蒸汽,操纵变量是减温器的喷水量。控制的目的是使过热器出口温度保持在允许范围内,并保证管壁温度不超过允许的工作温度。

首先讨论过热蒸汽系统的典型控制方案。

（二）过热蒸汽温度－流量串级控制系统

在火力发电厂，过热蒸汽温度是锅炉设备的重要参数，要求比较严格。图 8-25 所示为锅炉过热蒸汽温度调节原理图。为了保证锅炉过热器出口温度 θ_1 恒定，在过热器的前面装设一个喷水减温器。利用减温水调节阀来控制减温水的流量，以达到控制过热器出口汽温的目的。

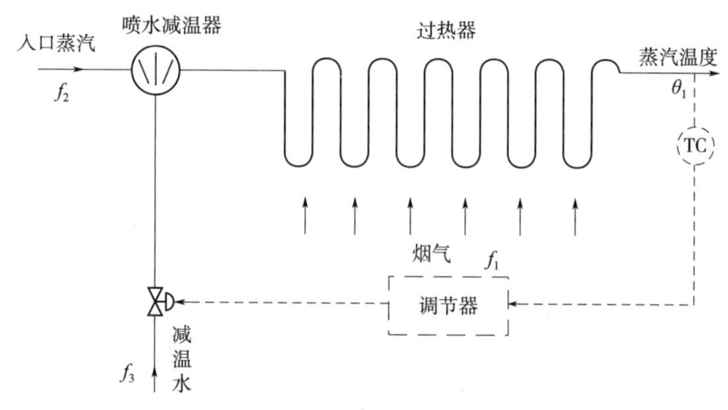

图 8-25　锅炉过热蒸汽温度调节原理图

为了确定控制方案，先要分析影响过热器出口温度 θ_1 的干扰因素有哪些。这里主要有：烟气流量和温度变化的扰动 f_1；入口蒸汽流量和温度的波动 f_2；减温水压力变化扰动 f_3 等。作为控制对象的过热器，由于管壁金属的热容量很大而有较大的热惯性，且管道较长，故有一定的纯滞后。由于汽温 θ_1 的控制品质要求很高，因此，如果采用单回路控制系统——以汽温 θ_1 为被控变量、减温水为操纵变量构成的负反馈系统，显然会因控制通道的滞后较大而使系统的控制质量不高，有可能满足不了品质指标要求。

为解决这一问题，工程实践中通常采用如图 8-26 所示的锅炉蒸汽温度串级控制系统。它以减温器出口温度 θ_2 为副变量，构成"超前"调节的副回路。这样，入口蒸汽及减温水一侧的扰动 f_2、f_3，首先反映为减温器出口温度的变化，而副回路能及时调节、克服这种扰动，因而大大减少它们对出口汽温的影响，提高了控制品质。

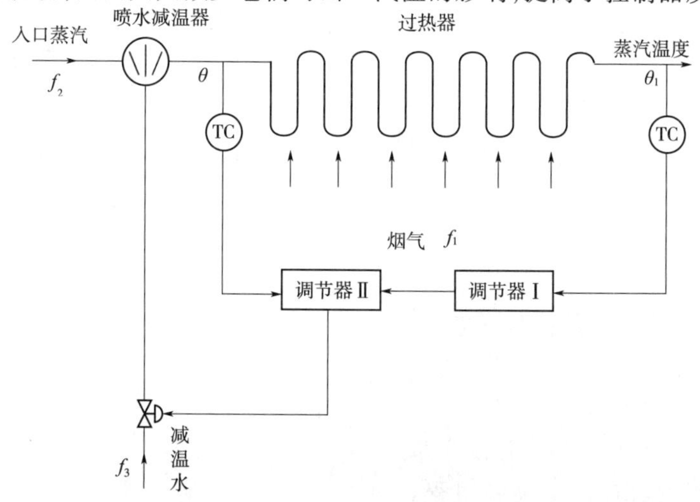

图 8-26　锅炉蒸汽温度串级控制系统结构图

8.1 串级控制系统主回路一般是一个______系统，副回路一般是一个______系统。

8.2 串级控制系统要求主参数和副参数均要实现无偏差控制指标，对吗？

8.3 串级控制系统副回路调节器控制质量要求不高，一般都采用 P 或 PI 作用，如选用 PID 作用后可能产生振荡，反而给系统造成故障。这种说法正确吗？

8.4 串级控制系统主、副回路各有一个调节器。副回路调节器的给定值为(　　)。

A. 恒定不变　　B. 由主调节器输出校正

C. 由副调节器输出校正　　D. 由扰动决定

8.5 与单回路系统相比，串级控制系统有些什么特点？

8.6 怎样选择串级控制系统中的主、副调节器的控制规律？

8.7 某串级控制系统采用二步整定法整定调节器参数，测得 4:1 衰减过程的参数为：$\delta_{1s}=8\%$，$T_{1s}=100$ s；$\delta_{2s}=40\%$，$T_{2s}=10$ s。若已知主调节器选用 PID 规律，副调节器选用 P 规律。试求主、副调节器的参数值为多少？

8.8 试说明串级控制系统的投运方法和步骤。

8.9 如图 8-27 所示的反应釜内进行的是化学放热反应，而釜内温度过高会发生事故，因此采用夹套通冷却水来进行冷却，以带走反应过程中所产生的热量。由于工艺对该反应温度控制精度要求很高，单回路满足不了要求，需用串级控制。

(1)当冷却水压力波动是主要干扰时，应怎样组成串级？画出系统结构图。

(2)当冷却水入口温度波动是主要干扰时，应怎样组成串级？画出系统结构图。

(3)对以上两种不同控制方案选择控制阀的气开、气关形式及主、副控制器的正、反作用方式。

8.10 某聚合反应釜内进行放热反应，釜内温度过高会发生事故，为此采用夹套水冷却。由于釜温控制要求较高，故设置控制系统如图 8-28 所示：

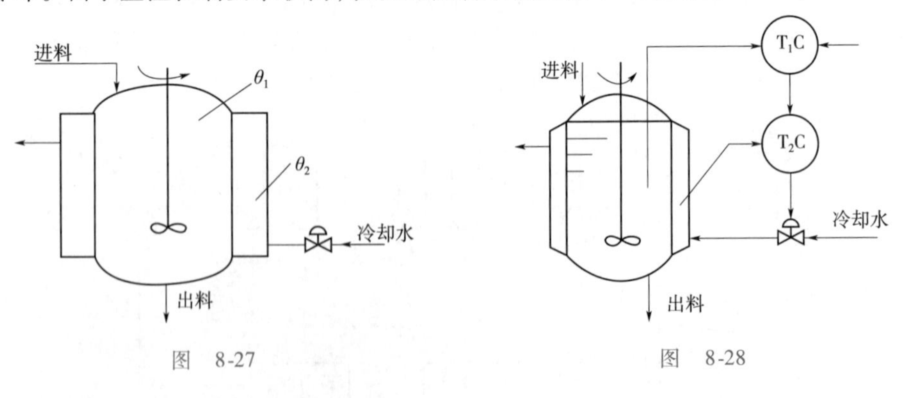

图 8-27　　图 8-28

(1)这是什么类型的控制系统？

(2)其主变量和副变量是什么？

(3)选择控制阀的气开、气关型式和主、副控制器的正反作用。

(4)选择主、副控制器的控制规律。

(5)分析干扰作用时的控制过程。

模块九 前馈控制系统

前面介绍的简单控制系统、串级控制系统都属于反馈控制,它的特点是按被控变量的偏差进行控制,因此只有在偏差产生后,调节器才对操纵变量进行控制,以补偿扰动对被控变量的影响。若扰动已经产生而被控变量尚未变化,控制作用是不会产生的。所以,这种控制作用总是落后于扰动作用的,是不及时的控制。对于滞后大的被控对象,或扰动幅度大而频繁时,采用反馈控制往往不能满足工艺生产的要求。这就提出了前馈控制的理论。本模块将讨论前馈控制原理、常用控制方法、典型应用实例等内容,以期达到学习目标。

1. 会分析和说明前馈控制系统原理与实施方法;
2. 会初步设计前馈控制系统。

任务1 前馈控制系统分析

前馈控制是按照干扰作用的大小来进行控制的。当扰动一出现,就能根据扰动的测量信号控制操纵变量,及时补偿扰动对被控变量的影响,控制是及时的,如果补偿作用完善,可以使被控变量不产生偏差。那么前馈控制系统原理到底是如何的呢? 这可以从一个实例说起。

一、前馈控制原理

图9-1是一个蒸汽加热器的反馈控制示意图。加热蒸汽通过加热器中排管的外侧,把热量传给排管内的被加热流体,它的出口温度 θ 是用蒸汽管路上的调节阀来控

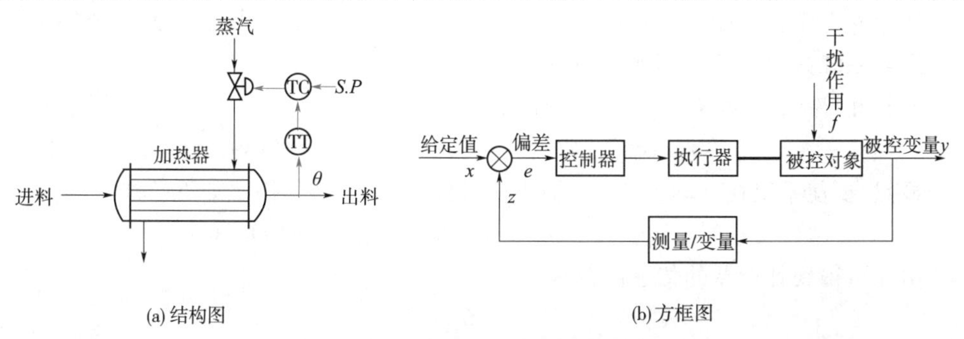

图9-1 蒸汽加热器的反馈控制示意图

制的。引起温度变化的扰动因素很多，但主要是被加热流体的流量 Q。当发生流量 Q 的扰动时，出口温度 θ 就会有偏差产生。

为稳定出口温度 θ，如果采用一般的反馈控制(如单回路控制系统)，调节器只能根据被加热流体的出口温度 θ 偏差进行控制。但是，从扰动出现到影响出口温度 θ，再到控制系统调节而克服干扰的过程，由于存在较大时滞就会使出口温度 θ 产生较大的动态偏差。设想，如果根据被加热的液体流量 Q 的测量信号来控制调节阀，那么，当发生 Q 的扰动后，就不必等到流量变化影响到出口温度以后再去控制，而是可以根据流量的变化，立即对调节阀进行控制，甚至可以在出口温度 θ 还没有变化前就及时将流量的扰动补偿了。这就提出了在原理上不同的控制方法，称为前馈控制。

加热器的前馈控制系统可以用图 9-2 表示。图中显示，扰动作用 f 与输出变量 y 之间有两个传递通道：一个是从 f 通过对象扰动通道 G_f 去影响输出变量 y；另一个从 f 经过补偿通道产生控制作用后，通过对象的控制通道 G_0 去影响输出变量 y。设想，如果两条通道对输出变量 y 的影响刚好相反，那么在一定条件下，补偿通道的控制作用就有可能抵消扰动 f 对对象的影响，使得被控变量 y 不随扰动变化。显然，扰动补偿器的设计是前馈控制系统的关键。

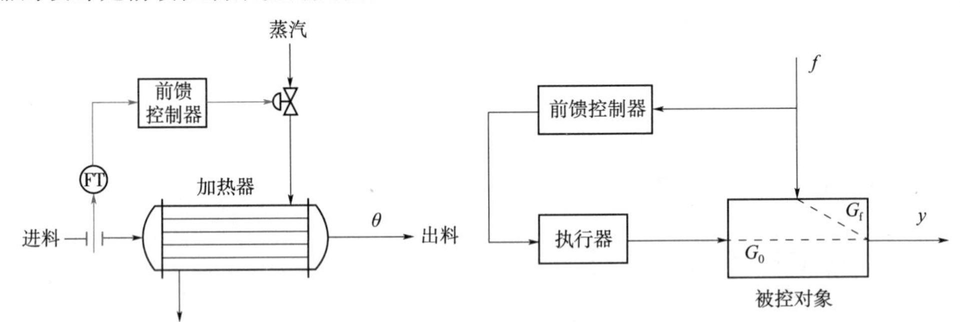

图 9-2　加热器的前馈控制系统

二、扰动补偿器设计

从图 9-2 可以看出，前馈控制系统必须有一个扰动补偿器，以便能根据扰动大小及时地产生校正作用，抵消扰动对输出变量的影响，这就要对过程特性充分了解。对于图 9-2所示的单变量前馈控制系统，经简化后可得图 9-3 所示的前馈控制系统方框图。

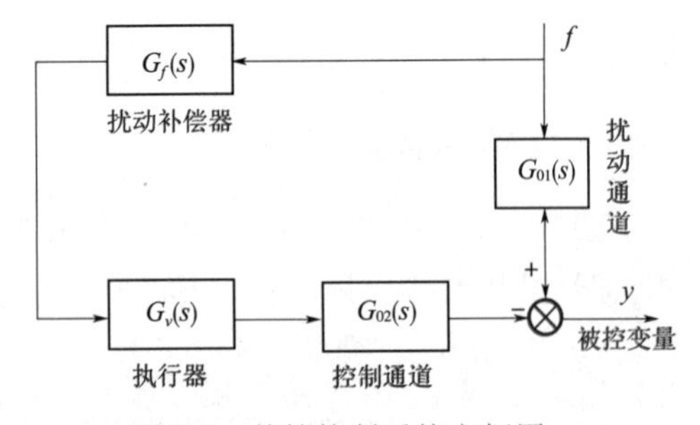

图 9-3　前馈控制系统方框图

假若系统只有一个主要扰动 f，那么在扰动 f 作用下输出变量 y 必有如下计算式：

$$Y(s)=G_{01}(s)F(s)-G_f(s)G_v(s)G_{02}(s)F(s) \tag{9-1}$$

显然，要使系统在扰动 f 作用下输出变量保持不变，必须满足如下条件

$$Y(s)=G_{01}(s)F(s)-G_f(s)G_v(s)G_{02}(s)F(s)=0$$

由此可得到补偿器的传递函数是

$$G_f(s)=\frac{G_{01}(s)}{G_v(s)G_{02}(s)} \tag{9-2}$$

这个说明，如果补偿器能够按照式(9-2)的传递函数实施控制作用，那么扰动 f 对输出 y 的影响就会等于零，实现了所谓的"完全不变性"。

一般，$G_{01}(s)$、$G_{02}(s)$ 分别可用一个惯性加纯滞后来近似，即

$$G_{01}(s)=\frac{K_1}{1+T_1 s}e^{-\tau_1 s} \tag{9-3}$$

$$G_{02}(s)=\frac{K_2}{1+T_2 s}e^{-\tau_2 s} \tag{9-4}$$

式中：K_1——扰动通道的放大系数；

K_2——控制通道的放大系数；

T_1——扰动通道的时间常数；

T_2——控制通道的时间常数；

τ_1——扰动通道的纯滞后时间；

τ_2——控制通道的纯滞后时间。

将式(9-3)和式(9-4)代入式(9-2)，则有

$$G_f=\frac{K_1(1+T_2 s)}{K_2(1+T_1 s)}e^{-(\tau_1-\tau_2)s}=K_f\frac{1+T_2 s}{1+T_1 s}e^{-\tau s} \tag{9-5}$$

式中：$K_f=\dfrac{K_1}{K_2}$，称为前馈模型静态放大系数。

当 $\tau_1\approx\tau_2$ 时，前馈补偿装置模型可简化为：

$$G_f(s)=-K_f\frac{1+T_2(s)}{1+T_1(s)} \tag{9-6}$$

这时 $G_f(s)$ 是一个简单的超前－滞后环节。

三、前馈－反馈控制系统

实际工业对象，往往存在多个干扰，但不可能对每一个干扰都配备一台专门的前馈控制器进行前馈补偿。因为这样一则会把系统搞得十分庞杂，投资很大；二则有些干扰不可测，无法实现前馈补偿。比较可行的是采用前馈－反馈控制方案，使主要干扰的影响由前馈补偿装置来克服，其他次要干扰的影响则由反馈控制加以克服。前馈－反馈控制系统结构如图 9-4所示。

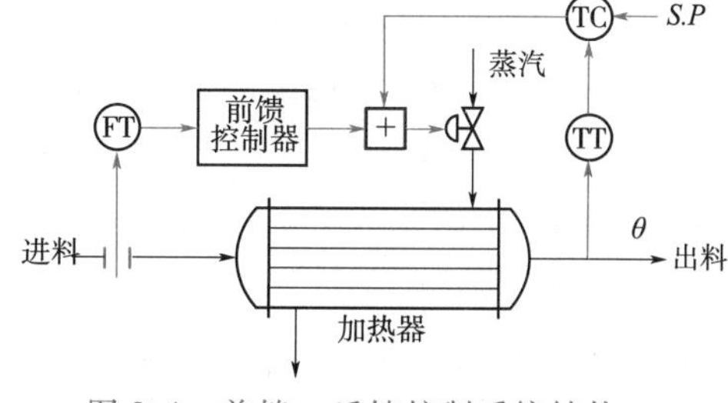

图 9-4　前馈－反馈控制系统结构

为说明问题，对前馈－反馈控制系统作进一步的理论分析。根据图 9-4 的系统结构图，可以方便地得到图 9-5 所示的方框图。现在考虑，系统在输入 x 和扰动 f 的共同作用下输出 y 的值。它应有如下表达式

$$Y(s)=\frac{G_{02}(s)G_v(s)G_c(s)}{1+G_{02}(s)G_v(s)G_c(s)}X(s)+\frac{G_{01}(s)-G_{02}(s)G_v(s)G_f(s)}{1+G_{02}(s)G_v(s)G_c(s)}F(s) \tag{9-7}$$

式(9-7)中，等号右边第二项表示扰动对输出的影响，如果要实现扰动的完全补偿，则要求该项为零，亦就是

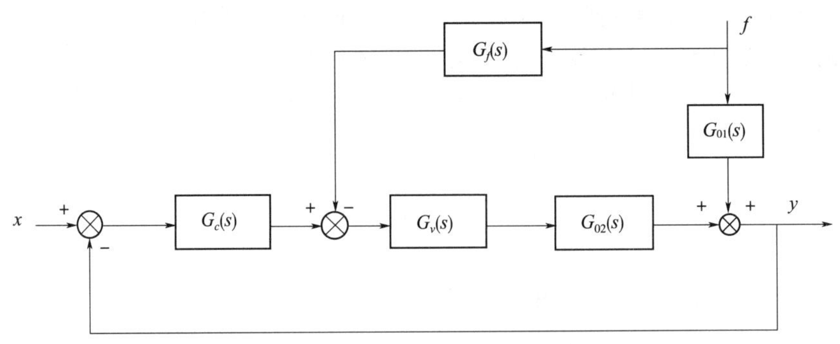

图 9-5　前馈－反馈控制系统的方框图

$$\frac{G_{01}(s)-G_{02}(s)G_v(s)G_f(s)}{1+G_{02}(s)G_v(s)G_c(s)}F(s)=0 \tag{9-8}$$

由于 $F(s)\neq 0$,因此只有

$$G_{01}(s)-G_{02}(s)G_v(s)G_f(s)=0$$

即要求

$$G_f(s)=\frac{G_{01}(s)}{G_v(s)G_{02}(s)} \tag{9-9}$$

这一条件与前馈控制系统的补偿条件式(9-2)完全一样。这说明前馈－反馈控制系统的完全补偿条件并不因为引进偏差的反馈控制而有所改变。这对系统的控制质量提高十分有利。

但是,要真正实现扰动的完全补偿,必须满足 3 个条件:扰动的精密测量、对象特性的准确模型和补偿规律的可实现。这在实际应用中几乎是不可能的。那么,当扰动 $f(t)$ 存在时,如果扰动补偿器不能完全补偿其对输出 $y(t)$ 的影响,存在一定的补偿误差,情况又将如何呢?

根据式(9-7),若仅考虑扰动 $f(t)$ 对输出 $y(t)$ 的影响,则应有如下表达式

$$Y_2(s)=\frac{G_{01}(s)-G_{02}(s)G_v(s)G_f(s)}{1+G_{02}(s)G_v(s)G_c(s)}F(s)=\Delta_2(s) \tag{9-10}$$

但是,若采用前馈控制的话,在相同扰动 $f(t)$ 作用下,输出 $y(t)$ 的值就为

$$Y_1(s)=[G_{01}(s)-G_{02}(s)G_v(s)G_f(s)]F(s)=\Delta_1(s) \tag{9-11}$$

比较式(9-10)与式(9-11)可以清楚看到,在前馈－反馈控制下,扰动 $F(s)$ 对输出 $Y(s)$ 的影响要比单纯前馈控制情况下小 $[1+G_{02}(s)G_v(s)G_c(s)]$。显然,这是由于存在反馈控制而进一步起作用的结果。

因此,在前馈－反馈控制系统中,前馈控制可以快速地对扰动进行调节,以补偿扰动对输出的影响。但是,受多种因素的影响,这种补偿作用是不彻底的,必然存在一定的误差。而反馈控制虽然在控制上存在时延,但它有一个突出的优点——能对所有扰动因素都有抑制作用。因此,前馈控制具有“快调”“粗调”的作用,而反馈控制则有“慢调”“细调”的功能,两者相互配合就能充分发挥各自的特点,从而能显著提高控制质量。

四、前馈－反馈控制系统的整定

前馈－反馈控制系统的整定,反馈回路和前馈控制回路要分别进行。

（一）反馈控制器参数整定

在整定反馈控制器，可以不考虑前馈作用。因此，可以先将前馈控制回路断开，然后，按单回路系统的整定方法（如 4:1 衰减法等）对反馈控制器参数进行整定。具体步骤可参见单回路系统的控制器参数整定方法进行。需要说明的是，由于前馈－反馈控制系统中，被控变量的主要扰动已由前馈控制作用大大减小，所以，当整定反馈回路时就可以适当提高系统的稳定裕量。例如，可以采用衰减率 $\varphi > 0.9$，以减少系统过渡过程的震荡倾向。

（二）前馈控制器参数整定

典型的前馈控制器模型是：$G_f = -K_f \dfrac{1+T_2 s}{1+T_1 s}$，其中的 K_f、T_1、T_2 这 3 个参数大小需要工程整定。

1. 先设置静态前馈系数 K_f

通常采用闭环整定法，即先断开前馈回路而利用反馈回路来整定 K_f 值。在工况稳定情况下，记下扰动的稳态值 f_1 和控制器输出的稳态值 u_1。然后，施加新的扰动 f，待系统重新稳定后，再次记下控制器的输出 u_2 和 f_2，则 K_f 值可按式(9-12)求出

$$K_f = \frac{u_2 - u_1}{f_2 - f_1} = \frac{\Delta u}{\Delta f} \tag{9-12}$$

这种方法是借助反馈校正的原理来设置静态前馈系数 K_f。

2. 再调整前馈参数 T_1 和 T_2

采用试凑法。整定时，可预先设置一个 T_1 值，逐渐改变 T_2，观察过渡过程曲线，确定 T_2 的值；然后再逐步改变 T_1，观察过渡过程，直至满意为止。注意，前馈控制器的动态参数 T_1、T_2 值的整定要比静态系数 K_f 值的整定困难，需要反复试凑。

任务2　应用分析——锅炉汽包水位控制

汽包水位是锅炉运行的主要指标，保持水位在一定范围内是保证锅炉安全运行的首要条件。汽包水位过高，会影响汽水分离效果，使蒸汽带液过多，损坏汽轮机叶片；水位过低，容易在大负荷时产生干烧现象而导致水冷壁损坏，甚至引起爆炸。因此，必须对锅炉汽包水位进行严格控制。

一、锅炉工作过程及干扰分析

锅炉是由“锅”和“炉”两部分组成的。“锅”就是锅炉的汽水系统，如图 9-6 所示。它由给水母管、给水调节阀、省煤器、汽包、下降管、上升管、过热器、蒸汽母管等组成。锅炉的给水用给水泵打入省煤器，在省煤器中，水吸收烟气的热量，使温度升高到规定压力下的沸点，成为饱和水然后引入汽包。汽包中的水经下降管进入锅炉底部的下联箱，又经炉膛四周的水冷壁进入上联箱，随即又回入汽包。水在水冷壁管中吸收炉内火焰直接辐射的热，在温度不变的情况下，一部分蒸发成蒸汽，成为汽水混合物。汽水混合物在汽包中分离成水和汽，水和给水一起再进入下降管参加循环，蒸汽则由汽包顶部的管子引往过热器，并在过热器中吸热、升温达到规定温度，成为合格蒸汽送入蒸

汽母管。“炉”就是锅炉的燃烧系统，由炉膛、烟道、喷燃器、空气预热器等组成。锅炉燃料燃烧所需的空气由送风机送入，通过空气预热器，在空气预热器中吸收烟气热量，成为热空气后，与燃料按一定的比例进入炉膛燃烧，生成的热量传递给蒸汽发生系统，产生饱和蒸汽。

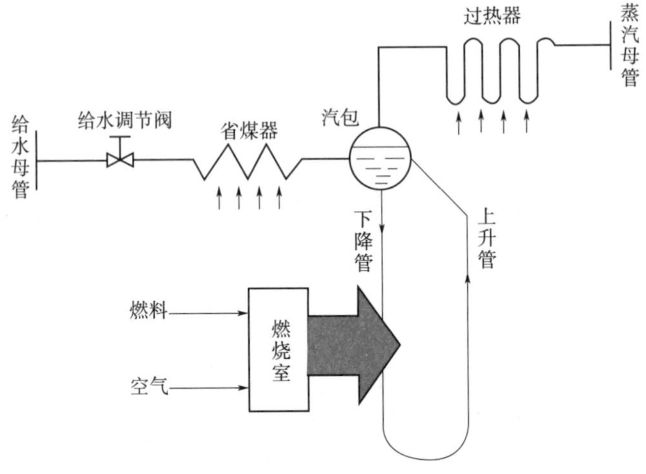

图 9-6　锅炉的汽水系统

锅炉汽包水位控制很重要，它必须使给水量与锅炉蒸发量相平衡，并维持汽包中的水位在工艺规定的范围内。分析锅炉工作过程可以知道，影响汽包水位变化的干扰因素主要有：给水量的变化、蒸汽负荷变化、燃料量变化、汽包压力变化等。

汽包压力变化并不直接影响水位，而是通过汽包压力升高时水的“自凝结”和压力降低时的“自蒸发”过程引起水位变化的。由于汽包压力变化的原因大都是热负荷和蒸汽负荷变化引起的，因此，在锅炉控制中将这一干扰因素归并到其他控制系统中考虑。

燃料量的变化要经过燃烧系统变成热量，才能为水吸收，继而影响水的汽化量，这个干扰通道的传递滞后和容量滞后都较大。对此，专门有燃烧控制系统来克服这一干扰，以提高控制质量，故在此不必考虑。而蒸汽负荷变化是按用户需求而改变的不可控因素。由此，剩下的只有给水量可作为操纵变量。

二、汽包水位的动态特性

通过上面分析可知，汽包水位控制中的干扰因素最主要的是蒸汽负荷和给水量。那么，它们对水位的影响规律是如何的呢？这个问题必须搞清楚。

（一）蒸汽负荷对水位的影响

在其他条件不变的情况下，蒸汽流量突然增加，必然会导致汽包压力短时间下降，汽包内水的沸腾突然加剧，水中气泡迅速增加，使汽包水位升高，形成了虚假的水位上升现象，即所谓的虚假水位现象。图 9-7 给出了在蒸汽负荷扰动作用下，汽包水位的阶跃响应曲线。当蒸汽流量突然增加 ΔD 时，仅从物料平衡关系来看，蒸汽量大于给水量，水位应下降，如图中的曲线 ΔH_1 所示，它随时间成线性减小；但是另一方面，由于蒸汽流量的增加，瞬时间必然导致汽包压力的下降而使汽包内的水沸腾现象加剧，水中气泡会迅速增加而将水位抬高,其水位变化过程如图中的曲线 ΔH_2 所示。两种作用的结果使得水位变化如图中的曲线 ΔH。图中显示,当蒸汽流量增加时,在开始阶段水位先上升,然后再下降。反之,当蒸汽流量减少时,水位是先下降后上升。蒸汽扰动时,水位变化的动态特性可用传递函数表示为

$$\frac{H(s)}{D(s)}=\frac{H_1(s)}{D(s)}+\frac{H_2(s)}{D(s)}=\frac{\varepsilon_f}{s}+\frac{K_2}{T_2 s+1} \tag{9-13}$$

式中:ε_f——蒸汽流量变化单位流量时水位的变化速度;

K_2——响应曲线 ΔH_2 的放大倍数;

T_2——响应曲线 ΔH_2 的时间常数。

虚假水位变化的大小与锅炉的工作压力和蒸发量有关。一般蒸发量为 100 ~ 200 t/h的中高压锅炉,当负荷变化 10% 时,假水位可达 30 ~ 40 mm。对于这种假水位现象,在设计控制方案时,必须加以注意。

(二)给水流量对汽包水位的影响

在给水流量作用下,水位阶跃影响曲线如图 9-8 所示。如果把汽包和给水看成单容无自衡对象,水位阶跃响应曲线如图中的 ΔH_1 所示。但是必须注意到,由于给水温度低于汽包内的饱和水的温度,进入汽包后会从饱和水中吸收部分热量,使得汽包中气泡总体积减小,导致水位下降,其对水位的影响如图中的 ΔH_2。两种作用的叠加,最终使得水位变化的阶跃响应如图中的曲线 ΔH 所示。图中显示,当给水流量作阶跃变化后,汽包水位一开始并不立即增加,而是要呈现出一个起始惯性段。若用传递函数表达的话,可近似为一个惯性环节和纯滞后的串联,即

$$\frac{H(s)}{G(s)}=\frac{\varepsilon_0}{s}e^{-\tau s} \tag{9-14}$$

式中:ε_0——给水流量变化单位流量时水位的变化速度;

τ——纯滞后时间。

给水温度越低,滞后时间 τ 越大,一般 τ 在 15 ~ 100 s 之间。如果采用省煤器,由于省煤器本身的延迟,会使 τ 增加在 100 ~ 200 s 之间。

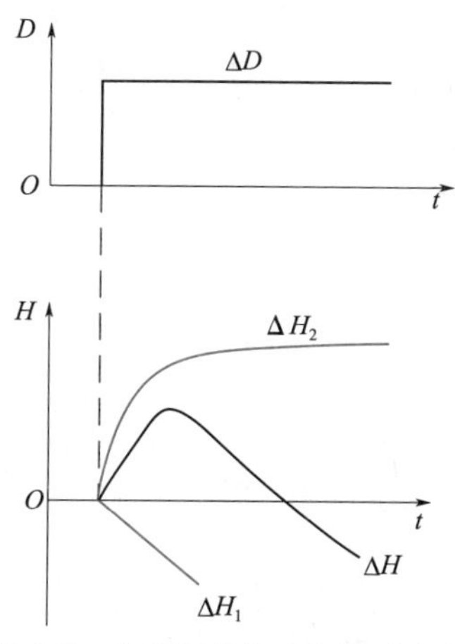

图 9-7 蒸汽负荷扰动作用下汽包水位的阶跃响应曲线图

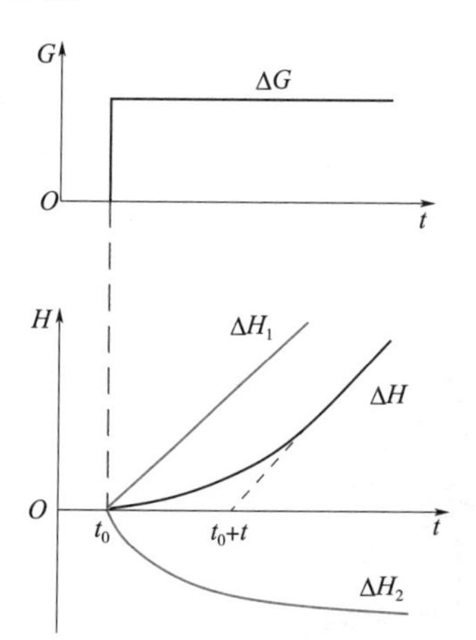

图 9-8 给水流量作用下水位响应曲线图

三、汽包水位控制方案

(一)单冲量控制系统

图 9-9 所示是锅炉水位的单冲量水位控制系统原理图。它是以汽包水位为被控变量,给水量为操纵变量的单回路控制系统。冲量是指变量的意思,这里就是汽包水位。这种控制系统结构简单,使用仪表少,参数整定也较方便。主要用于蒸汽负荷变化不剧烈,且对蒸汽品质要求不严格的小型锅炉。对于中、大型锅炉,由于蒸汽负荷变化时,假水位现象明显,当蒸汽负荷突然增加时,由于假水位现象,控制器不但不能及时开大控制阀增加给水量,反而是关小控制阀的开度,减小给水量。等到假水位现象消失后,汽包水位会严重下降,甚至会使汽包水位下降到危险限而导致事故发生。因此,大型锅炉不宜采用此控制方案。

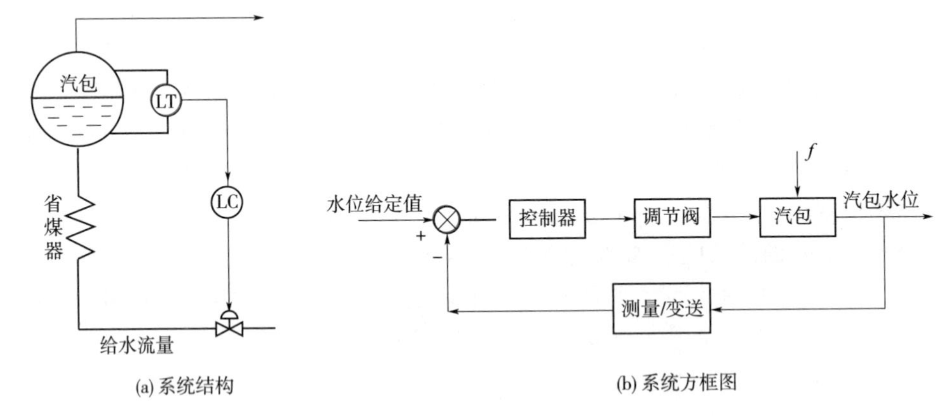

图 9-9 锅炉水位的单冲量水位控制系统原理图

(二)双冲量控制系统

汽包水位的主要干扰是蒸汽负荷的变化。如果能按负荷变化来进行校正,就比只按水位进行控制要及时得多,而且可以克服“假水位”现象。这就有了图 9-10 所示的双冲量水位控制系统,它在单冲量水位控制的基础上,引入蒸汽流量的扰动补偿,实质是一个前馈 - 反馈控制系统。这样,当蒸汽流量变化时,调节阀就能及时按照蒸汽流量的变化进行校正,而其他干扰的影响则由反馈控制回路控制。

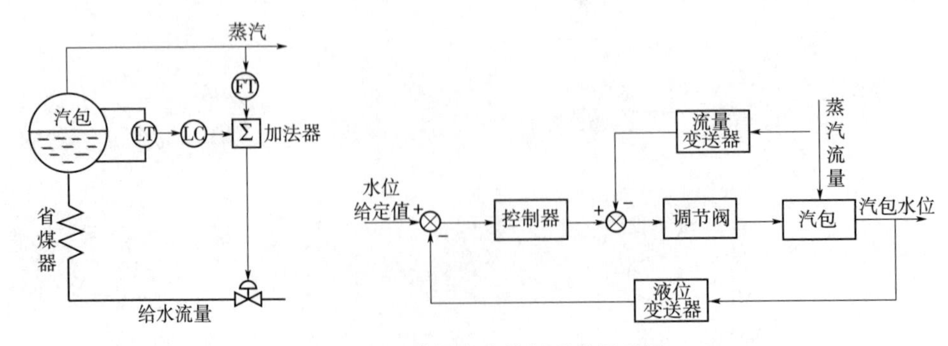

图 9-10 双冲量水位控制系统原理图

图(9-10)中的加法器是对反馈控制作用进行蒸汽流量的扰动校正,以克服“假水

位”对控制系统的影响，实现按负荷变化来调节给水量的目的。加法器的具体算法如下

$$P = C_0 + C_1P_C \pm C_2P_F \tag{9-15}$$

式中：C_0——初始偏置；

P_C——液位控制器的输出；

P_F——蒸汽流量信号；

C_1、C_2——加法器系数。

表达式(9-15)中的参数设置原则是：在正常负荷下 C_0 值与 C_2P 相抵消；而当蒸汽负荷变化时，汽包水位应基本不变即可。C_2 的正负取值视调节阀的作用方式而定，以蒸汽流量加大，给水量也要加大为原则。具体是：当是气关阀，C_2 取负号；当是气开阀，C_2 取正号。

（三）三冲量控制系统

实际应用中，锅炉的供水压力会发生变化，这会引起给水流量变化，而这将导致汽包液位变化。双冲量控制系统对给水干扰是难以克服的。为此，可引入给水流量信号，构成三冲量控制系统，如图 9-11 所示。

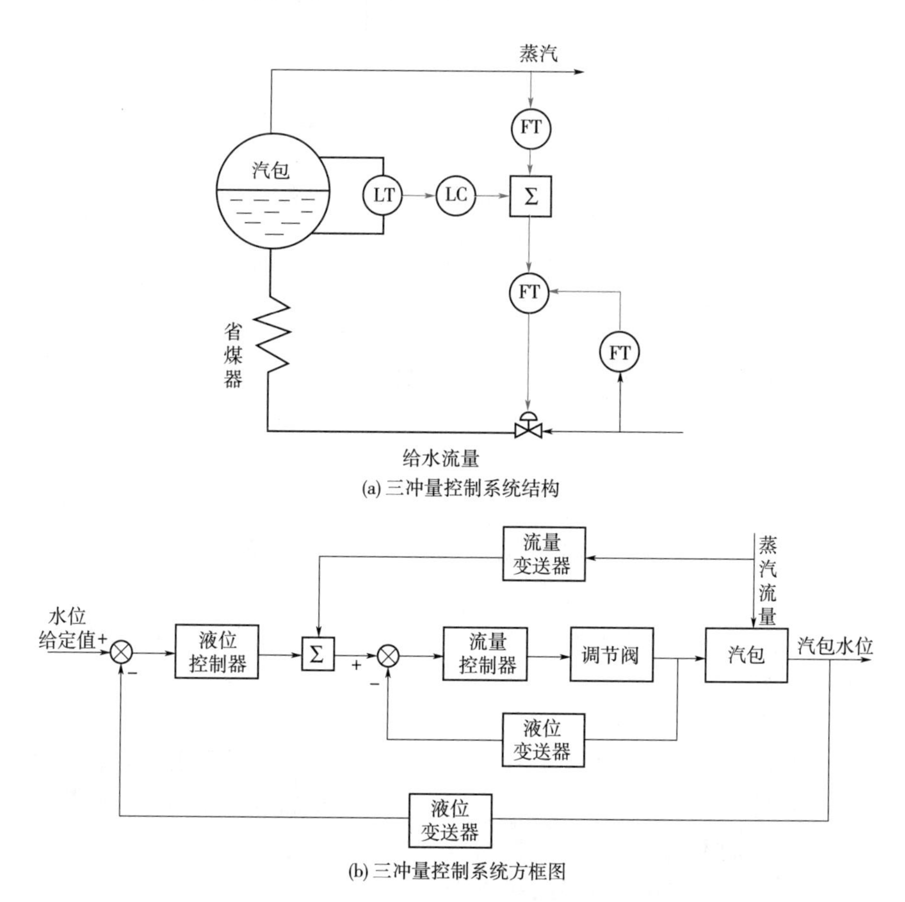

图 9-11　三冲量控制系统原理图

水位是主冲量，蒸汽、给水是辅助冲量，它实质上是前馈－串级控制系统。其中，汽包水位是被控变量，也是串级控制系统中的主变量，是工艺控制指标；给水流量是串级控制中的副变量，它能快速克服供水压力波动对汽包水位的影响；蒸汽流量是作为

前馈信号引入的，它是为了及时克服蒸汽负荷变化对汽包水位的影响。

在有些装置中，采用比较简单的三冲量控制系统，只用一台控制器及一台加法器。具体有两种形式，如图 9-12 所示：在图 9-12(a)中，加法器接在控制器之前；在图 9-12(b)中，加法器接在控制器之后。图 9-12(a)接法的优点是使用仪表少，只要一台多通道控制器即可。但如果系数设置不当，不能确保物料的平衡，当负荷变化时，水位将有余差。而图 9-12(b)的接法，水位无余差，使用仪表较上法多，但控制器参数的改变不影响补偿通道的整定参数。

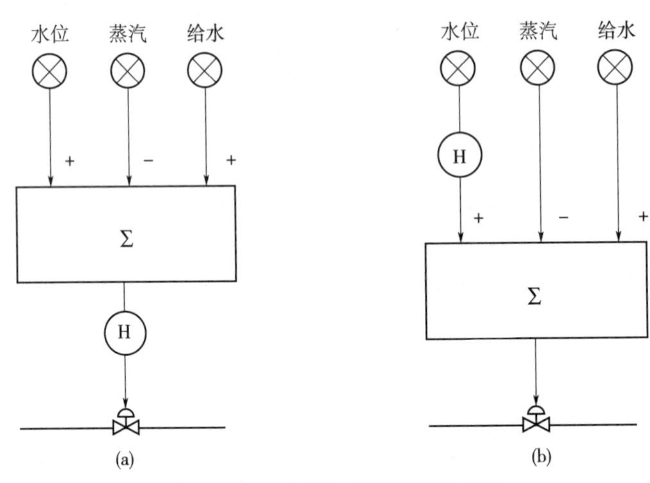

图 9-12　三冲量控制系统简化接法

习题

9.1　定值控制系统是按__________进行调节的，而前馈调节是按____________进行调节的；前者是__________环调节，后者是__________环调节。前馈－反馈调节的优点是________。

9.2　前馈控制的主要形式有________________和________________两种。

9.3　前馈控制是根据被调参数和预设值之差进行控制的，这句话对吗？

9.4　前馈控制系统适用于什么场合？

9.5　前馈控制具有什么特点？为什么采用前馈－反馈复合系统将能较大地改善系统的控制品质？

9.6　前馈控制不适用于(　　)场合。

A. 滞后比较小的被控对象　　B. 时间常数很小的被控对象

C. 非线性的被控对象　　D. 按计算指标进行调节的对象

9.7　前馈控制不适用于(　　)场合。

A. 前馈控制和反馈控制都是闭环调节

B. 前馈控制和反馈控制都是开环调节

C. 前馈控制是开环调节，反馈控制是闭环调节

D. 前馈控制是闭环调节，反馈控制是开环调节

9.8　图 9-13 所示是锅炉液位三冲量控制的一种实施方案，这实质是(　　)控制

系统。

A. 前馈－反馈　　B. 前馈－串级　　C. 比值－串级　　D. 串级

9.9　对于某换热器，当进口物料流量的变化为主要干扰时，采用如图 9-14 所示的控制方案，请指出此为何种类型的控制系统？画出该控制系统的框图。

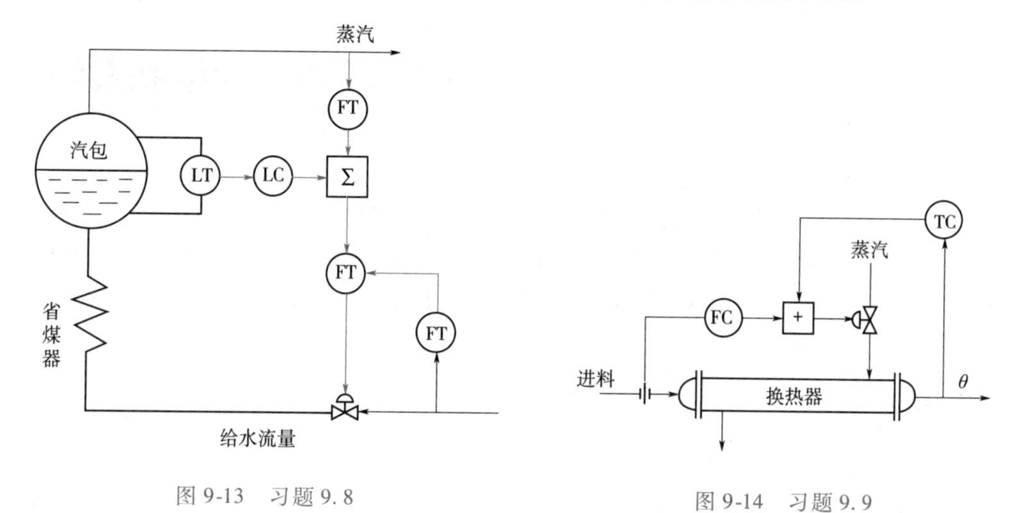

图 9-13　习题 9.8　　　图 9-14　习题 9.9

9.10　试分析判断图 9-15 所示的两个系统各属于什么系统？说明其理由。

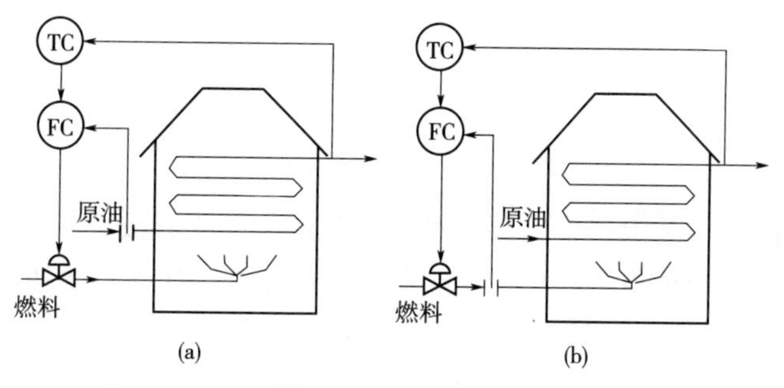

图 9-15　习题 9.10

其他复杂控制系统

前面讨论了串级控制系统和前馈控制系统两种复杂控制系统,如能很好掌握就具备了较强过程控制技术的应用能力。但在工程实践中还常常用到其他复杂控制系统。在此,将就比值控制系统、选择控制系统和分程控制系统的原理与技术特点进行介绍,以期达到学习目标。

1. 会复杂控制系统的分析与维护;
2. 会复杂控制系统的初步设计。

任务1　比值控制系统分析

一、概述

在生产过程中,工艺上经常需要两种或两种以上的物料按一定的比例混合或参加化学反应。例如,在合成氨生产中,需要保持氢气与氮气按一定的比例进入合成反应器;在加热炉中,需要保持燃料油与空气成一定的比例。

使两个或两个以上变量保持一定比值关系以达到某种控制要求的控制系统,称为比值控制系统。应用于生产过程控制中的比值控制系统,其控制的变量绝大多数是流量。

在比值控制系统中,其流量不加以控制的物料称为主物料(相应的流量称为主流量),而跟随主物料进行配比的另一种物料称为从物料(相应的流量称为从动量)。

主物料与从物料的确定原则是:

①生产的关键物料选作主物料,别的物料以它为准进行配比。

②在可能情况下,选择流量较小的物料作从物料,这样调节阀可选择的小一些,调节也比较灵敏。

③选不可控物料作主物料,可控物料作从物料。

④当工艺有特殊要求时,主、从物料的选择应服从工艺需要。

二、比值控制方案

常见的比值控制系统有单闭环比值控制系统、双闭环比值控制系统和串级比值控制系统3种。

（一）单闭环比值控制系统

图 10-1 为单闭环比值控制系统图。系统中主物料处于开环，而从物料构成了闭环。其方框图见图 10-2；主流量 G_1 经比值运算后使输出信号与输入信号成一定比例，并作为副流量调节器的给定信号值。

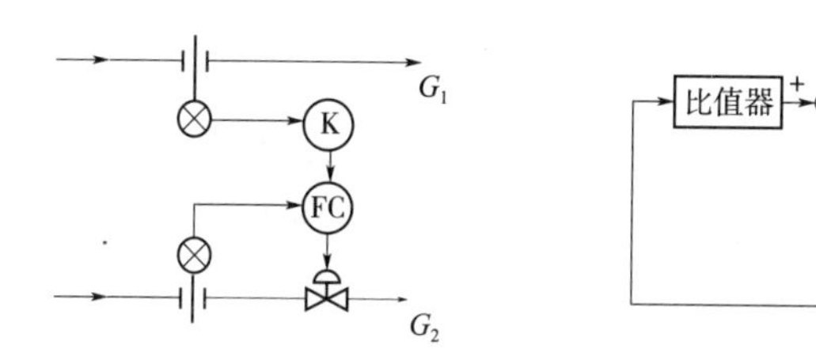

图 10-1　单闭环比值控制系统图

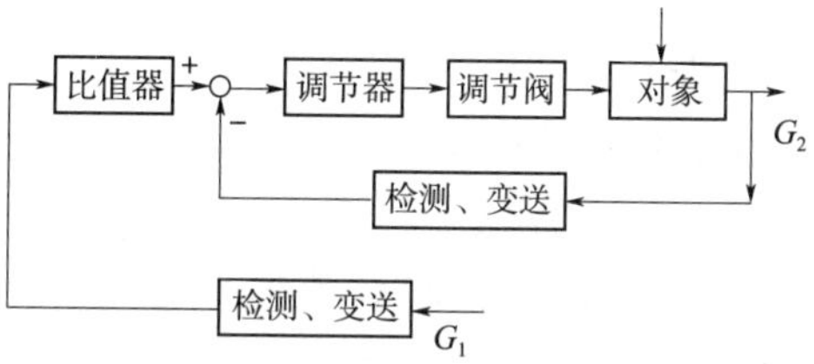

图 10-2　单闭环比值控制系统的方框图

在稳定状态时，主、副流量满足工艺要求的比值，即 $K = G_2 : G_1$ 为一常数。当主流量负荷变化时，其流量信号经变送器到比值器，比值器则按预先设置好的比值使输出成比例地变化，即成比例地改变了副流量调节器的给定值，则 G_2 经调节作用自动跟随 G_1 变化，使得在新稳态下 $G_2'/G_1' = K$ 保持不变。当副流量由于扰动作用而变化时，因主流量不变，即 FC 调节器的给定值不变，这样，对于副流量的扰动，闭合回路相当于一个定值控制系统加以克服，使工艺要求的流量比值不变。

单闭环比值控制系统的优点是：两种物料流量的比值较为精确，实施方便，从而得到了广泛的应用。但是在这种控制方案中，由于主物料量是可以变化的，两种物料量比值尽管固定，但通过系统控制后的总物料量却不能固定，因而不能用于主、从物料都要求定值的工艺过程。

（二）双闭环比值控制系统

如果要求主流量也要保持定值，那么对主流量也要有个闭合的控制回路，主、副流量通过比值器来实现比值关系，这样就构成了双闭环比值控制系统，如图 10-3 所示，其方框图如图 10-4 所示。

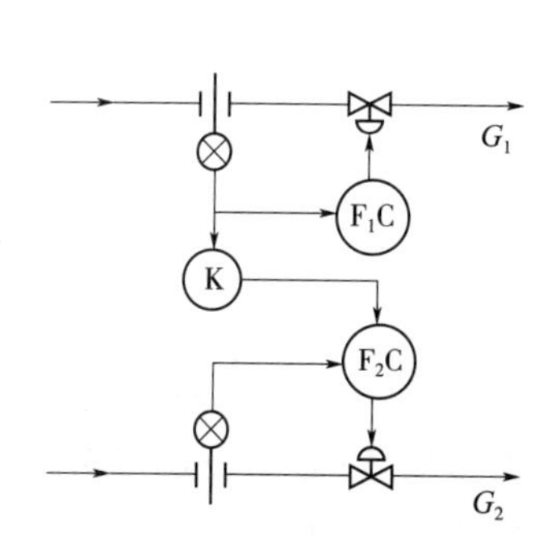

图 10-3　双闭环比值控制系统

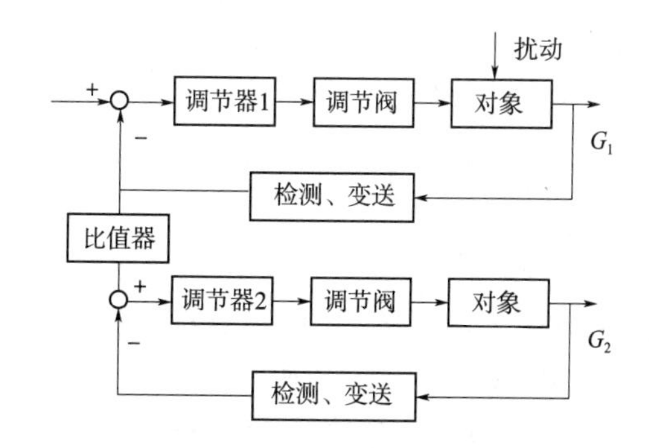

图 10-4　双闭环比值控制系统方框图

双闭环比值控制系统实质上是由一个定值控制系统和一个随动控制系统组成，它不仅能保持两个流量之间的比值关系，而且能保证总流量不变。与采用两个单回路流量控制系统相比，其优越性在于主流量一旦失调，仍能保持原定的比值。并且当主流量因扰动而发生变化时，在控制过程中仍能保持原定的比值关系。

双闭环比值控制系统除了能克服单闭环比值控制系统的缺点外，另一个优点是提降负荷比较方便，只要缓慢地改变主流量调节器的设定值，就可提、降主流量，同时副流量也就自动地跟踪主流量，并保持两者比值不变。

它的缺点是采用单元组合仪表时，所用设备多，投资高；而如今采用功能丰富的数字式仪表，它的缺点则可完全消失。

(三)串级比值控制系统

以上介绍的两种比值控制系统，其流量比是固定不变的，故也可称为定比值控制系统。然而，在某种生产过程中，却需要两种物料的比值按具体工况而改变，比值的大小由另一个控制器来设定，比值控制作为副回路，从而构成串级比值控制系统，也称变比值控制系统。例如在合成氨变换炉生产过程中，用蒸汽控制一段触媒层温度，蒸汽与半水煤气的比值应随一段触媒层温度而变，这样就构成了串级比值控制系统，如图 10-5所示，其方框图见图 10-6。

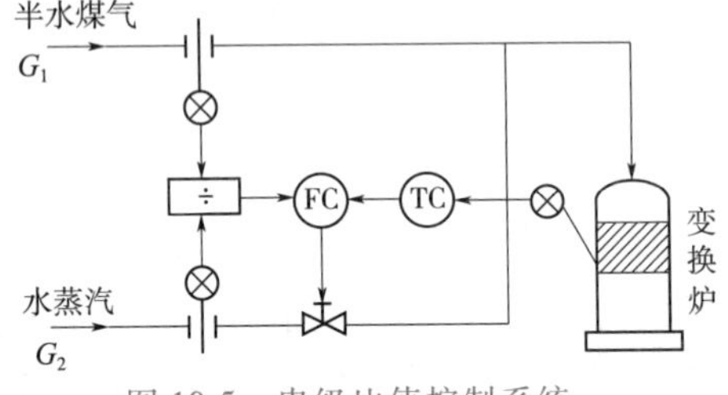

图 10-5　串级比值控制系统

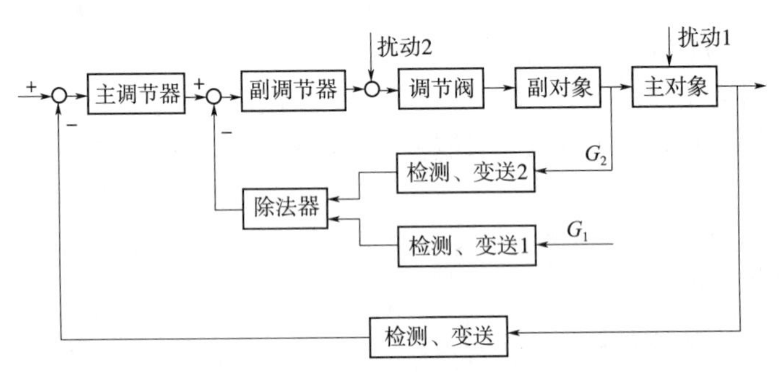

图 10-6　串级比值控制系统方框图

若在稳定工况下，假设触媒层温度为 t_1，蒸汽与半水煤气的比值为 K_1。由于扰动的影响，触媒层的温度由 t_1 变化到 t_2，为了把温度调回到给定值，就需要把蒸汽和半水煤气的比值由 K_1 化到一个新的比值 K_2。又因半水煤气为不可控量，因此通过改变水蒸气流量来达到变比值的目的。这种控制系统控制精度高，应用范围广。

三、实施方案与参数整定

(一)实施方案

在比值控制系统中，可用两种方案达到比值控制的目的：一种是相除方案，即 $G_2/G_1=R$，可把 $G2$ 与 $G1$ 相除的商作为比值调节器的测量值；另一种是相乘方案，由于 $G_2=RG_1$，可将主流量 G_1 乘以系数 R 作为流量 G_2 调节器的设定值。

1. 相除方案

相除方案如图 10-7 所示。图中"÷"表示除法器。相除方案可用在定比值或变比值控制系统中。从图 10-7 中可看出，它仍然是一个简单的定值控制系统，不过其调节器的测量值和设定值都是流量信号的比值，而不是流量信号本身。

这种方案的优点是直观，能直接读出比值。它的缺点是由于除法器包括在控制回路内，对象在不同负荷下变化较大，负荷小时，系统稳定性差，因而目前已逐渐被相乘方案取代。

2. 相乘方案

相乘方案如图 10-8 所示。图中“×”表示乘法器或分流器，或比值器。从图 10-8 可见，相乘方案仍是一个简单控制系统，不过流量调节器 F_2C 的设定值不是定值，而是随 G_1 的变化而变化，是一个随动控制系统。并且比值器是在流量调节回路之外，其特性与系统无关，避免了相除方案中出现的问题，有利于控制系统的稳定。

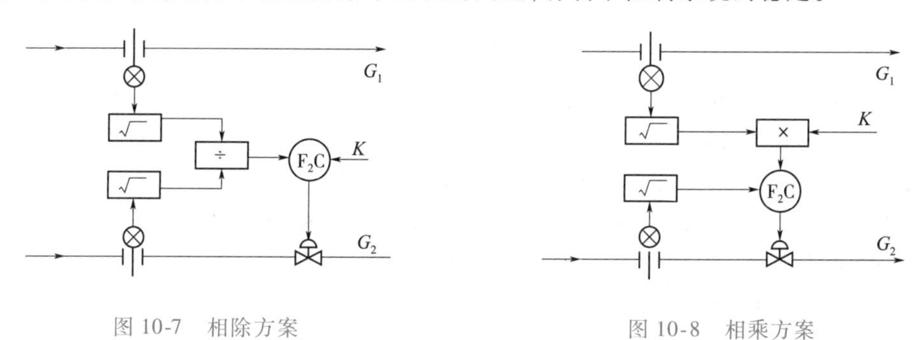

图 10-7 相除方案　　图 10-8 相乘方案

以上各种方案的讨论中，比值系统中流量的测量变送主要采用了差压式流量计，故在实施方案中加了开方器，目的是使指示标尺为线性刻度。但如果采用如椭圆齿轮等线性流量计时，在实施方案中不加开方器。有关比值控制系统的计算问题读者可参阅其他参考书。

（二）参数的整定

比值控制系统中，主物料控制器参数的整定方法与一般系统的整定方法相同。因此，这里只从介绍物料控制器的参数整定方法。

由从物料流量控制器组成的从动回路是一个随动系统，要求从物料能准确、快速地跟随主物料的变化而变化，以保持主物料、从物料间的比值关系，为此它的过渡过程要求达到震荡的临界过程或微弱震荡过程。

具体整定步骤是：

①将已计算好的比值系数 K 设定好，系统投入自动运行。

②将从动控制器的积分 T_1 时间置于∞，由大到小调整比例度，得到系统响应迅速、控制灵敏、过渡过程为不产生震荡的临界过程，记下此时的比例度。

③将以上整定的比例度放大 20%，并逐渐减小积分时间，直至系统出现微弱震荡、超调量很小的过渡过程曲线为止。

④将主物料控制器投入运行，并进行整定。

任务 2　选择性控制系统分析

一、概述

一般控制系统都是在正常工况下工作的，当生产不正常时，通常的处理方法有两种：一种是切入手动，进行遥控操作；另一种是联锁保护紧急停车，防止事故发生，即所

谓硬限控制。由于硬限控制对生产操作都不利，近年来采用了安全软限控制。

所谓安全软限控制，是指当一个工艺参数将要达到危险值时，就适当降低生产要求，让它暂时维持生产，并逐渐调整生产，使之朝正常工况发展。能实现软限控制的控制系统称为选择性控制系统，又称为取代控制系统或超驰控制系统。

选择性控制系统种类很多，图 10-9 是常见的选择性控制系统示意图。

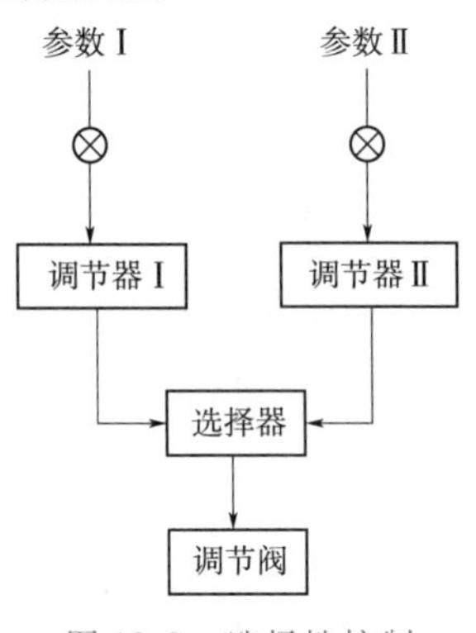

图 10-9 选择性控制系统示意图

在正常工况下，选择器选中正常调节器Ⅰ，使之输出送至调节阀，实现对参数Ⅰ的正常控制。这时的控制系统工作情况与一般的控制系统是一样的。但是，一旦参数Ⅱ将要达到危险值，选择器就自动选中调节器Ⅱ的信号，从而取代调节器Ⅰ操纵调节阀。这时对参数Ⅰ来说，可能控制质量不高，但生产仍在继续进行，并通过调节器Ⅱ的调节，使生产逐渐趋于正常，待到恢复正常后，调节器Ⅰ又取代调节器Ⅱ的工作。这样，就保证在参数Ⅱ越限前就自动采取新的控制手段，不必硬性停车。

二、选择性控制系统的类型

（一）操纵变量的选择性控制

图 10-10 是操纵变量的选择性控制系统方框图。由图可见，该方案中，实现操纵变量的选择性装置配置在控制器的输出与执行器之间，控制器的输出通过选择性装置可以选择不同的操纵变量，以对被控对象进行控制。从框图的结构形式来看，它比通常的单回路控制系统增加了一个影响被控变量的控制通道。

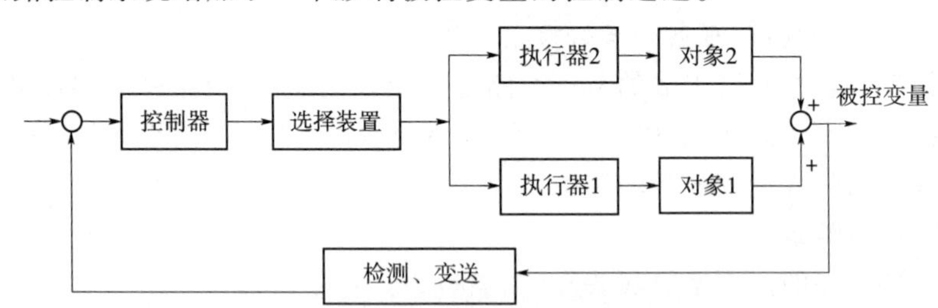

图 10-10 操作变量的选择性控制系统方框图

图 10-11 所示的多种燃料燃烧选择性控制方案可作为操纵变量选择性控制的一个实例。温度控制器 TC 的输出经过选择性计算装置，可以对燃料 A 与燃料 B 进行选择，以维持被控变量在允许的范围内。

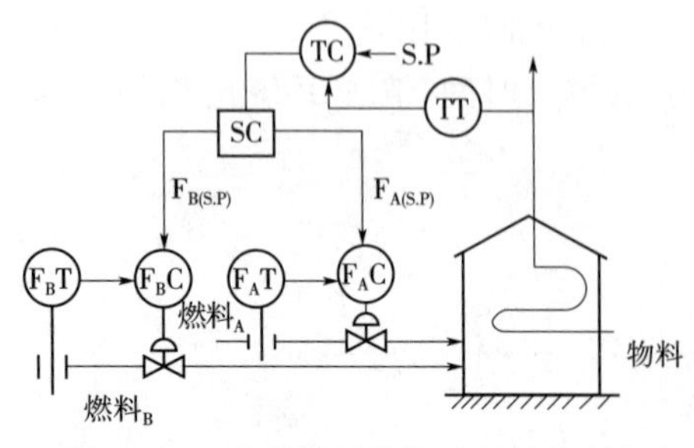

图 10-11 多种燃料燃烧选择性控制方案

SC—选择性控制装置 S. P—设定值（给定值）

（二）被控变量的选择性控制

图 10-12 是控制器取代的选择性控制系统方框图。由图可见，对象有两个被控变量，分别用两个控制器来控制。正常工况下，控制器 1 工作，控制器 2 不工作。异常工况时，通过选择装置，控制器 2 自动取代控制器 1 工作，所以这种系统成为取代控制系统。

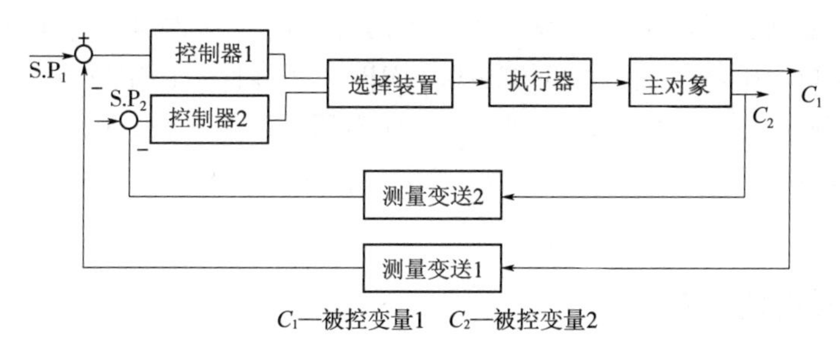

C_1—被控变量1　C_2—被控变量2

图 10-12　控制器取代的选择性控制系统方框图

图 10-13 的锅炉蒸汽压力与燃料油压力的取代控制系统，就是取代控制的例子。蒸汽负荷随用户需要而经常波动。在正常情况下，用控制燃料量的方法维持蒸汽压稳定。当需用的蒸汽量剧增时，蒸汽总管压力显著下降，此时若压力控制器 P_1C 不断打开燃料阀门，阀后压力大增，会造成燃烧嘴脱火事故。为此设计了如图 10-13 所示的取代控制系统。

它的工作过程如下：正常情况下，阀后压力低于脱火压力时，燃料压力调节器 P_2C 的输出信号 a 大于调节器 P_1C 的输出信号 b，由于低值选择器 LS 能自动选择低值输入信号作输出，因此，正常情况时 LS 的输入为 b，即按蒸汽压力来控制燃料阀门。而当燃料阀门太大，使调节阀阀后的压力接近脱火压力时，a < b，a 被 LS 选中，即由 P_2C 取代 P_1C 去控制阀门，使阀关小，避免了因阀后压力过高而造成喷嘴脱火事故。通过 P_2C 的调节，当阀后压力降低，而蒸汽压力回升，达到 b < a 时，调节器 P_1C 再次被选中，恢复正常工况的自动控制。

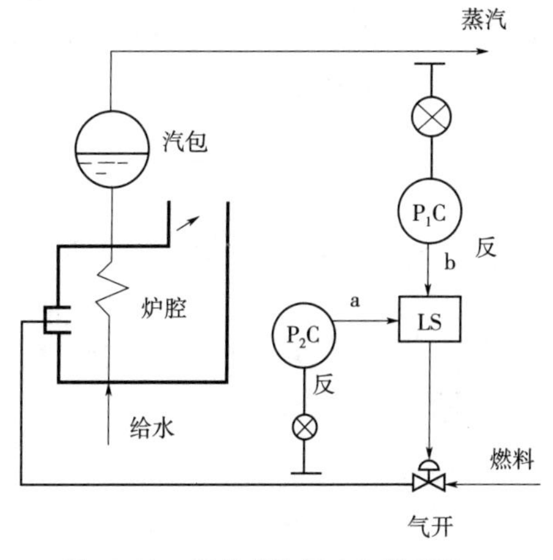

图 10-13　锅炉蒸汽压力与燃料油压力的取代控制系统

选择性控制系统还有其他几种形式，限于篇幅不一一讨论。

任务 3　分程控制系统分析

一、概述

简单控制系统是一个调节器的输出带动一个调节阀动作，而分程控制系统的特点是一个调节器的输出同时控制几个工作范围不同的调节阀。例如一个调节阀在 20～60 kPa的范围内工作，另一个调节阀在 60～100 kPa的范围内工作。分程控制系统方框图如图 10-14 所示。

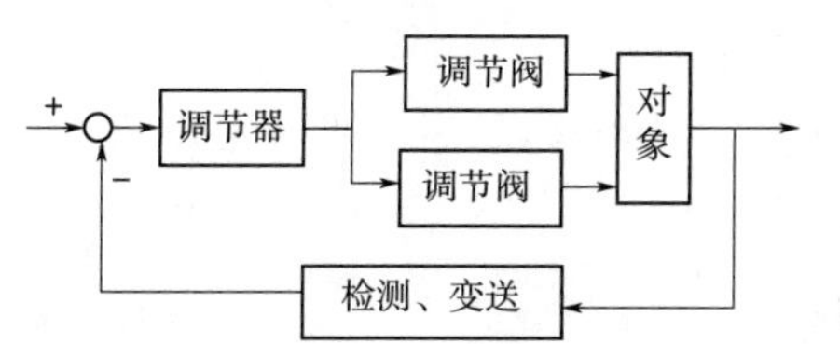

图 10-14　分程控制系统方框图

分程是靠阀门定位器或电－气阀门定位器来实现的。如某调节器的输出信号范围是 0.02～0.1 MPa 气信号，要控制 A、B 两只调节

阀。那么只要在 A、B 调节阀上分别装上气动阀门定位器，A 阀上的定位器调整为：当输入 0.02～0.06 MPa 时，输出为 0.02～0.1 MPa。而 B 阀上的定位器调整为：当输入 0.06～0.1 MPa 时，输出为 0.02～0.1 MPa。即当调节器输出在 0.02～0.06 MPa 时，A 调节阀动作，而调节器输出在 0.06～0.1 MPa 时，B 调节阀动作，从而达到了分程的目的。

二、分程控制的应用

（一）采用不同的控制手段

图 10-15 所示为间歇式化学反应器温度分程控制系统，每次加料完毕后，为引发化学反应，必须先进行加热。待反应开始后，由于产生大量的反应热，若不及时带走反应热，则反应会越来越剧烈，以致发生爆炸事故，所以要通入冷水降温，将热量带走。为此，设计了如图 10-15 所示的分程控制系统。它由一个反作用调节器、气关式冷水调节阀 A 和气开式蒸汽调节阀 B 所组成。当调节器输出信号由 20～60 kPa 变化时，A 阀从全开至全关；当信号由 60～100 kPa 变化时，B 阀从全关至全开。两只调节阀的动作情况如图 10-16 所示。

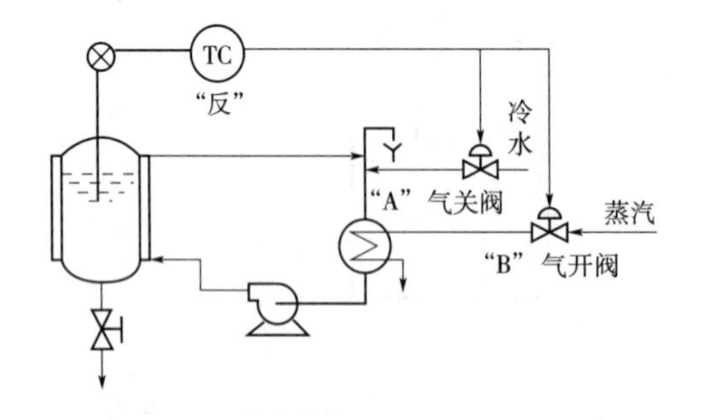

图 10-15　间歇式化学反应器温度分程控制系统

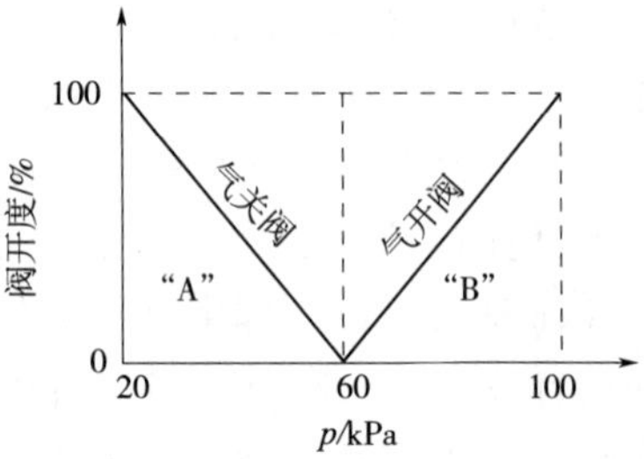

图 10-16　调节阀分程动作关系

反应与控制过程如下：加料后，反应开始前，反应器内温度低于设定值，反作用调节器输出信号增大，打开 B 阀，用加热蒸汽加热冷水而变成热水，再通过夹套对反应器加热升温，促使反应开始。由于是放热反应，一旦反应进行，将产生反应热，使反应温度迅速上升。当温度大于设定值后，调节器的输出值开始下降，渐渐关闭 B 阀，接着打开 A 阀，通入冷水，带走反应热量，直至把反应温度控制在设定值上。

（二）扩大调节阀的可调范围

在某些场合，调节手段虽然只有一种，但要求操作变量的流量有很大的可调范围，例如大于 100 以上。而国产统一设计的调节阀的可调范围最大只有 30，满足了大流量就不能满足小流量，反之亦然。为此，可采用两个大、小阀并联使用，在小流量时用小阀，大流量时用大阀，这样就大大地扩大了可调范围。

设大、小两个调节阀的最大流通能力分别是 $C_{\mathrm{Amax}}=100$，$C_{\mathrm{Bmax}}=4$，可调范围 $R_{\mathrm{A}}=R_{\mathrm{B}}=30$。因为

$$R=\frac{\text{阀的最大流通能力}}{\text{阀的最小流通能力}}=\frac{C_{\max}}{C_{\min}} \tag{10-1}$$

所以，小阀的最小流通能力：$C_{\mathrm{Bmin}}=C_{\mathrm{Bmax}}/R_{\mathrm{B}}=4/30\approx0.133$。

当大、小并联组合在一起时，阀的最小流通能力为0.133，最大流通能力为104，因而调节器的可调范围为

$$R_{\mathrm{T}}=\frac{C_{\mathrm{Amax}}+C_{\mathrm{Bmax}}}{C_{\mathrm{Bmin}}}=\frac{104}{0.133}\approx 782 \tag{10-2}$$

这样分程后调节阀的可调范围比单个调节阀的可调范围约增大了26倍，大大地扩展了可调范围，从而提高了控制质量。

例如在中和反应过程中，若用中和 pH = 2 的溶液所选用的调节阀，来中和 pH = 5 的溶液时，阀门的开度要减小到原来的1%。显然，若只用一个调节阀是达不到控制要求的，为此，必须采用大、小两只调节阀并联使用，这样就构成了分程控制系统。图10-17和图10-18所示分别为大、小调节阀分程控制原理图和分程动作示意图。

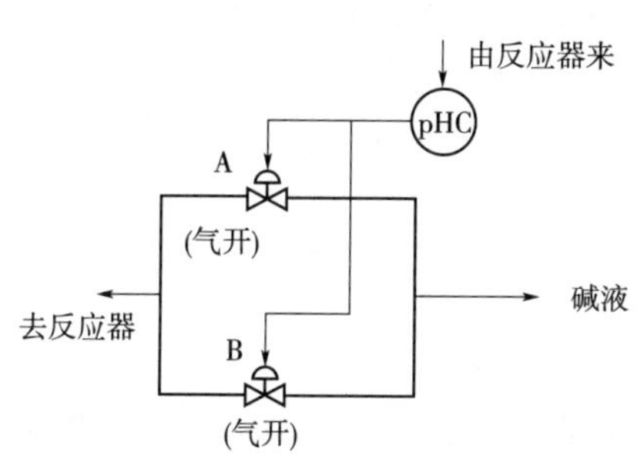

图10-17　大、小调节阀分程控制原理图

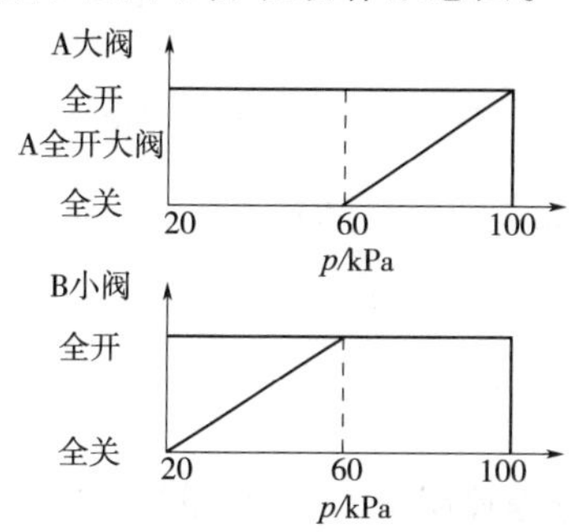

图10-18　大、小调节阀分程动作示意图

三、分程控制系统对调节阀的要求

（一）关于流量特性的问题

因为在两只调节阀的分程点上，调节阀的流量特性会产生突变，这在大、小阀并联时更为突出。如果两只调节阀都是线性特性，情况更严重，如图10-19(a)所示。这种情况的出现对控制系统调节质量是十分不利的。解决办法有两个：一是采用两只对数特性调节阀，这样从小阀向大阀过渡时，调节阀的流量特性相对要平滑些，见图10-19(b)所示；二是采用分程信号重叠的方法，如两个信号段可分为0.02～0.065 MPa和0.055～0.1 MPa，即不等小阀全开时，大阀已经小开了，这样流量特性会改善。

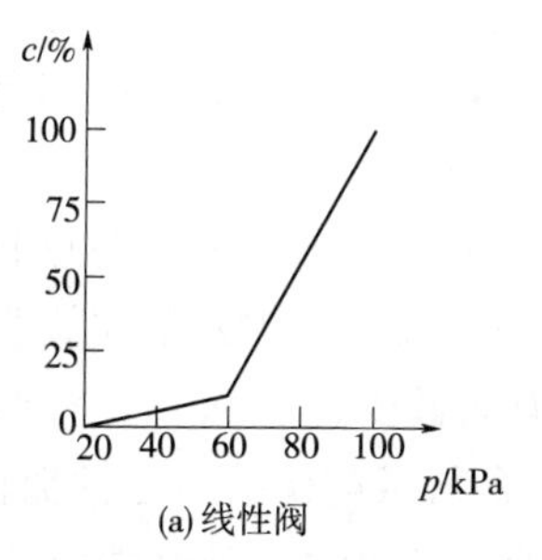

(a) 线性阀

(b) 对数阀

图10-19　分程控制时阀的流量特性

（二）根据工艺要求选择同向或异向规律的调节阀

在分程控制系统中，调节阀的开关形式可分为两类。一类称同向规律调节阀，即

随着调节阀输入信号的增加，两个阀门都开大或开小，如图 10-20 所示。另一类称为异向规律的调节阀，即随着调节阀输入信号的增加，一个阀门关闭，而另一个阀门开大，或者相反，如图 10-21 所示。

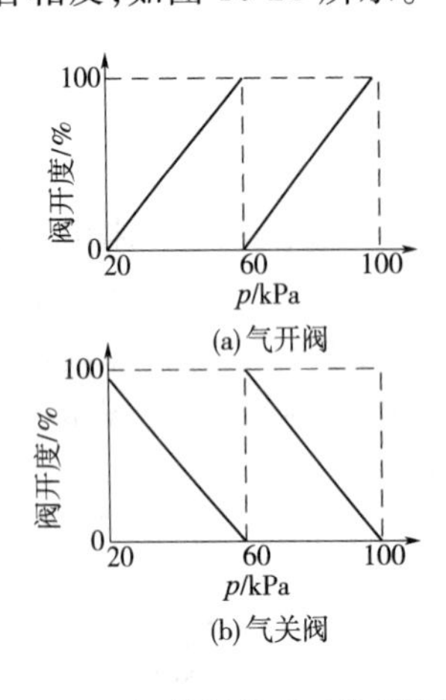

图 10-20　调节阀分程动作(同向)

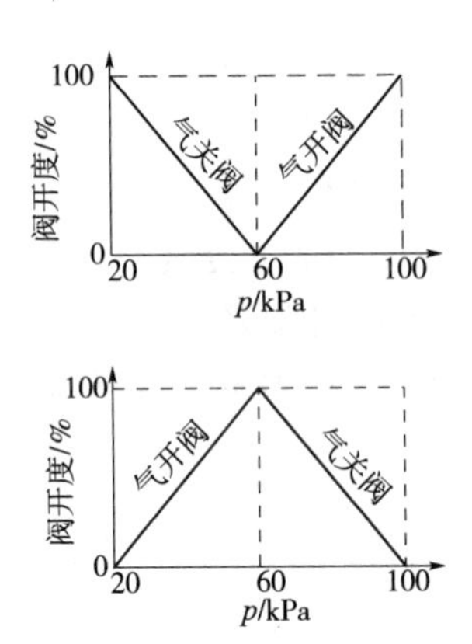

图 10-21　调节阀分程动作(异向)

(三)泄漏量问题

分程控制系统中，尽量应使两只调节阀都无泄漏，特别是对大、小阀并联使用时，如果大阀的泄漏量过大，小阀将不能正常发挥作用，调节阀的流量可调范围仍然得不到增加。

(四)调节器参数整定问题

当分程控制系统中两只调节阀分别控制两个操作变量时，这两只阀所对应的通道特性可能差异很大，即广义对象特性差异很大。这时，调节器参数整定必须注意，需要兼顾两种情况，选取一组合适的调节器参数。

任务 4　应用分析——锅炉燃烧系统的控制

锅炉燃烧系统的控制目的是在保证生产安全和燃烧经济性的前提下，使燃料所产生的热量能够满足锅炉的需要。为了实现上述目标，锅炉燃烧系统的控制主要完成以下 3 方面的任务。

①使锅炉出口蒸汽压力稳定。为此需设置蒸汽压力控制系统，当负荷扰动而使蒸汽压力变化时，通过控制燃烧量(或送风量)使之稳定。

②保证燃烧的经济性。为保证燃烧的经济性，需调节送风量与燃料量的比值。即不要因空气量不足而使烟囱冒黑烟，也不要因空气过量而增加热量损失。在蒸汽压力恒定的情况下，要使燃烧效率最高，即燃烧量消耗最少，且燃烧完全，燃料量与空气量(送风量)应保持一个合适的比值(或者烟气中含氧量应保持一定的数值)。

③保持炉膛负压稳定。如果炉膛负压太小甚至为正，则炉膛内热烟气会往外冒出，影响设备和操作人员的安全；如果炉膛负压太大，会使大量冷空气漏进炉内，从而使热量损失增加，降低燃烧效率。一般通过调节引风量(烟气量)和送风量的比例使炉膛压力保持在设定值(－50～－20Pa)。

为了完成上述3项任务，有3个控制量与之对应：燃料量、送风量和引风量。显然，锅炉燃烧系统是一个多输入/输出的控制系统。

一、蒸汽压力控制和燃料与空气比值控制系统

当锅炉燃料量增加时，炉膛热量增加，汽包内压力增加，使蒸汽流量增加，进而使蒸汽压力增大，最后达到新的平衡。在燃料量扰动 Δu 的作用下，蒸汽流量 D 和蒸汽压力 P_M 的阶跃响应曲线如图10-22所示。从图中可以看出，在其他条件不变的情况下，蒸汽流量和蒸汽压力变化反映了锅炉燃料量的变化；反过来，通过改变燃料量就可以控制蒸汽流量和蒸汽压力。

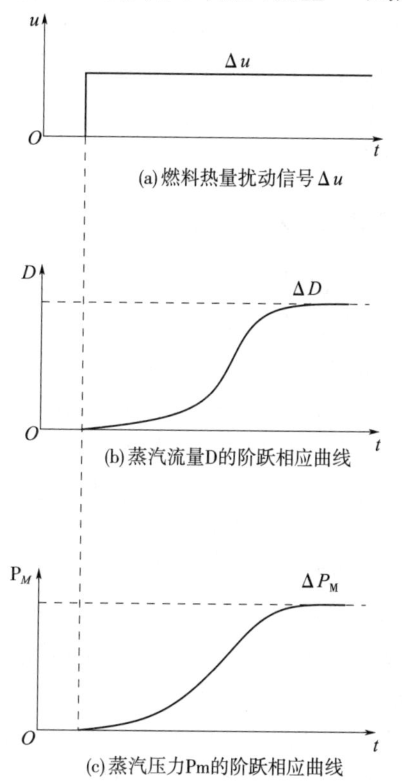

图10-22　锅炉燃料增加时的阶跃响应曲线

理论上通过调节燃料量来实现对蒸汽压力的控制是比较容易的，但考虑到燃烧系统本身比较复杂，变量、参数之间相互影响很大，尤其是燃料品种的多变，因此一般需单独设计一套燃料控制系统。

根据前面的分析可知，当蒸汽流量发生变化使得蒸汽压力将偏离设定值时，可通过改变燃料量使蒸汽压力回复并保持在设定值。为了保证燃烧的经济性，同时还控制送风量，以适应燃料量的变化，可采用燃料量和空气量组成比值控制系统，使燃料与空气保持一定的比例，获得良好燃烧。图10-23是燃烧过程的基本控制方案，如图10-23(a)中的单闭环比值控制方案可以保持蒸汽压力恒定，同时燃料量和空气量的比例是通过燃料调节器和送风调节器的正确动作而得到间接保证的。如图10-23(b)中的双闭环比值控制方案，蒸汽压力控制为主回路，送风量随燃料量变

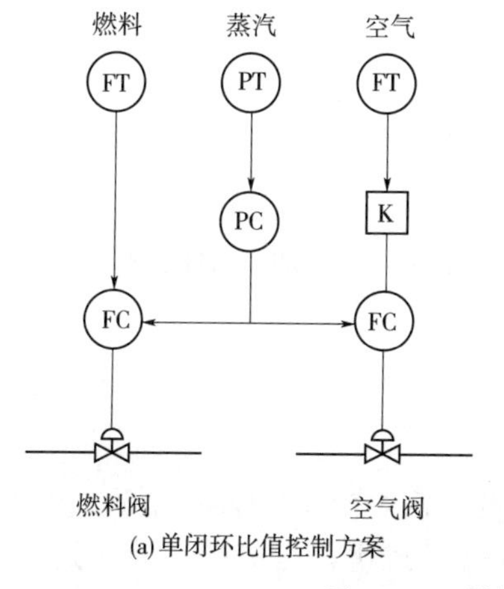

(a)单闭环比值控制方案

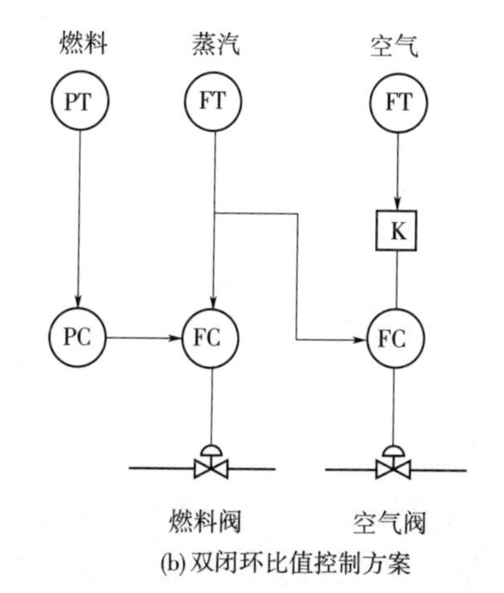

(b)双闭环比值控制方案

图10-23　燃烧过程的基本控制方案

化而变化的比值控制为副回路，这个方案在负荷发生变化时送风量变化必然落后于燃料量的变化。有时，为了保证足够的送风量使燃料完全燃烧，在蒸汽流量(负荷)增大时，先增大送风量，然后再增加燃料量；在蒸汽流量减小时，先减少燃料量，然后再减小送风量。要实现以上要求必须对燃料量和送风量进行协调控制。现在常采用在双闭环比值控制系统的基础上增加选择控制环节，得到燃烧过程的改进控制方案，如图10-24所示。

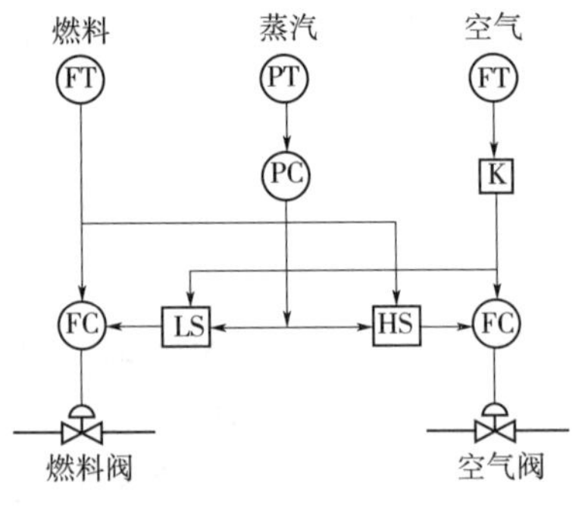

图10-24　燃烧过程的改进控制方案

二、送风控制系统

为了使锅炉适应负荷的变化，必须同时改变送风量和燃料量，以维持过热蒸汽压力稳定，且保证燃烧的经济性。送风控制系统的目的是保持送风量和燃料量的最佳配比，使锅炉在高效率下运行。如果送风量和燃料量采用固定的比值控制系统，并不能保证整个生产过程中始终保持最经济燃烧。这是由于在不同的锅炉负荷下，送风量和燃料量的最优比值是不同的，而且燃料成分的变化和不同的流量测量精度都会不同程度地影响到燃料的不完全燃烧或空气的过量，造成炉子热效率下降。因此，最好有一个检查送风量和燃料量是否恰当配合的直接指标。

锅炉的热效率主要反映在烟气成分和烟气温度两个方面。烟气中各种成分如O_2、CO_2、CO和未燃烧的烃的含量基本上可以反映燃料燃烧的情况，最简单的方法是用烟气中氧含量A_0来表示。由燃烧反应方程式，可计算出使燃料完全燃烧时所需的氧量，进而可得所需的空气量。一般把使燃料完全燃烧时所需的空气量称为理想空气量，用Q_T来表示。但实际上完全燃烧所需的空气量Q_P要比理论计算的值多，即要有一定的过剩空气量。烟气的热损失占锅炉损失的绝大部分，当过剩空气量增多时，不仅使炉膛温度下降，而且会使烟气热损失增多。因此，对不同的燃料，过剩空气量都有一个最优值，即所谓最经济燃烧，过剩空气量与能量损失的关系如图10-25所示。对于液体燃料，最优过剩空气量为8%～15%。

过剩空气量常用过剩空气系数α来表示，即实际空气量Q_P与理论空气量Q_T之比

$$\alpha=\frac{Q_P}{Q_T} \tag{10-3}$$

因此，α是衡量经济燃烧的一种指标。α很难直接测量，α与烟气中的O_2含量之间有比较固定的关系：

$$\alpha=\frac{21}{21-A_0} \tag{10-4}$$

图10-26给出了过剩空气量与烟气中含氧量及锅炉效率之间的关系。从图中可看出，锅炉效率最高时对应的α为1.08～1.15，C_0的最优值为1.6～3%。因此，烟气中的含氧量可作为直接测量经济燃烧的指标。

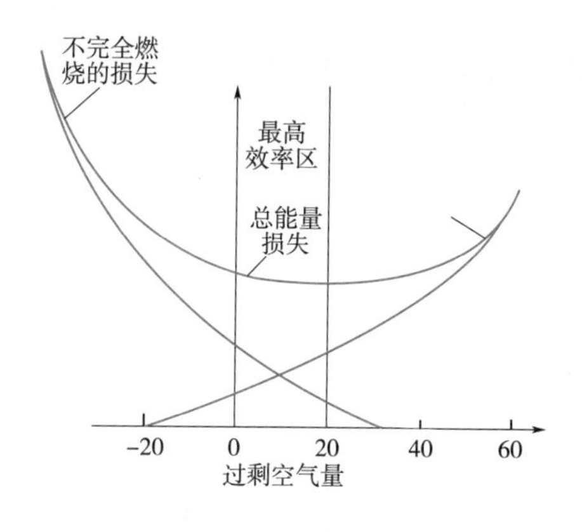

图 10-25 过剩空气量与能量损失的关系

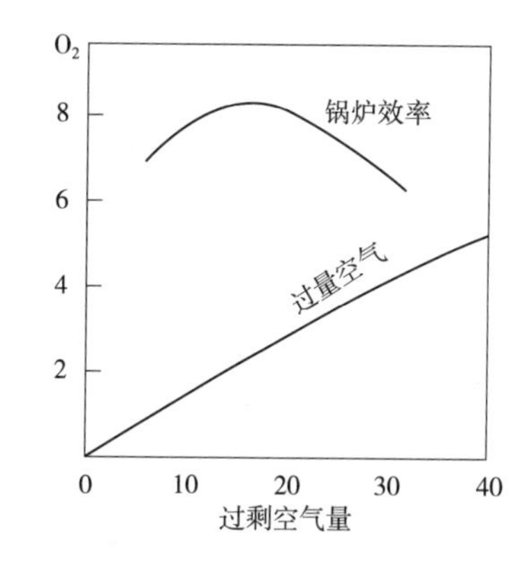

图 10-26 过剩空气量与氧及锅炉效率的关系

根据要述分析可知，只要在图 10-24 的控制方案基础上对进风量用烟气含量加以校正，就可构成如图 10-27 所示的烟气中含氧量的闭环控制方案。在此控制系统中，只要把含氧量成分控制器的给定值按正常负荷下烟气含氧量的最优值设定，就能使过剩空气系数 α 稳定在最优值，保证锅炉燃烧最经济。

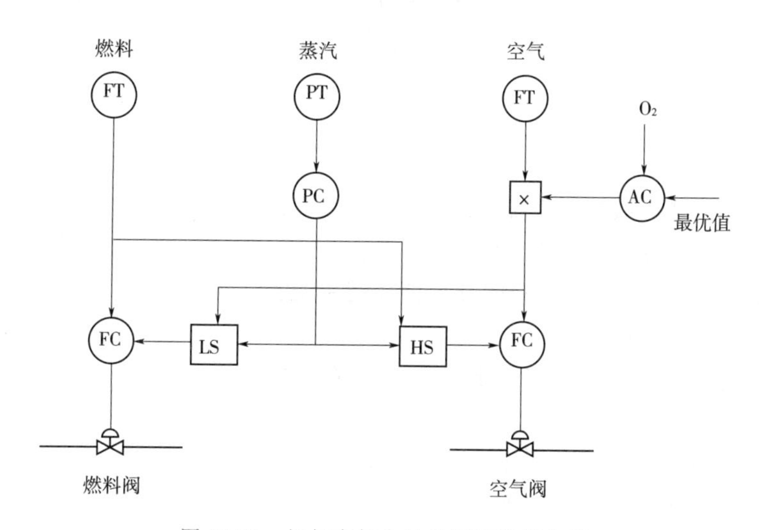

图 10-27 烟气中氧含量的闭环控制方案

三、炉膛负压控制系统

炉膛负压控制系统的任务是调节烟道引风机引风量，将炉膛负压控制在设定值。为了保证人身和设备的安全以及锅炉的经济运行，一般要求炉膛负压略低于大气压，所以炉膛压力一般称为炉膛负压。引风控制的惯性很小，控制通道和干扰通道的特性都可近似为一个比例环节。炉膛负压对象是一类特殊的被控对象，简单的单回路控制系统不能保证控制质量。因为被控变量太灵敏以致会激烈跳动，而空气流量又存在脉动。因此需要采用滤波器进行滤波，以消除高频脉动，保持控制系统平稳。炉膛负压反映了送风量和引风量之间的平衡关系，为了提高控制质量，可对炉膛负压的主要扰动送风量进行前馈补偿。这就构成了炉膛负压的前馈 - 反馈复合控制系统，如图 10-28 所示。

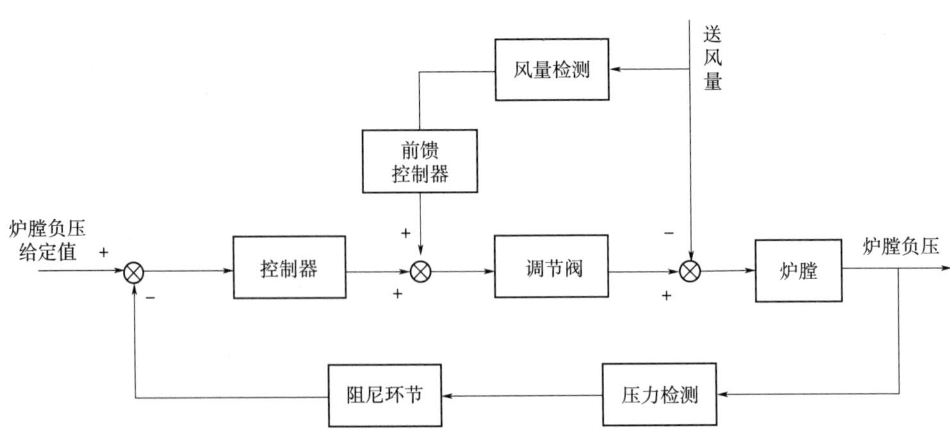

图 10-28 炉膛负压的前馈 – 反馈复合控制系统框图

综上所述,锅炉燃烧控制系统是由燃料量、送风量和炉膛负压 3 个相互联系、相互协调的控制子系统组成。其中,燃烧控制子系统通过控制燃料量和送风量的比值使蒸汽压力稳定在设定值;送风量控制子系统保证锅炉燃烧的高效率;炉膛负压控制子系统保持炉膛负压值稳定。这 3 个控制子系统是不可分割的一个整体,统称为锅炉燃料控制系统,共同保证锅炉燃料系统运行的安全性和经济性。

习题

10.1 什么是比值控制系统?

10.2 什么是变比值控制系统?

10.3 图 10-29 所示为一单闭环比值控制系统:

(1)系统中为什么要加开方器?

(2)为什么说系统对主物料来说是开环的,而对从物料来说是一个随动控制系统?

(3)如果其后续设备对从物料来说是不允许断料的,试选择调节阀的气开、关型式;

(4)确定 FC 的正、反作用。

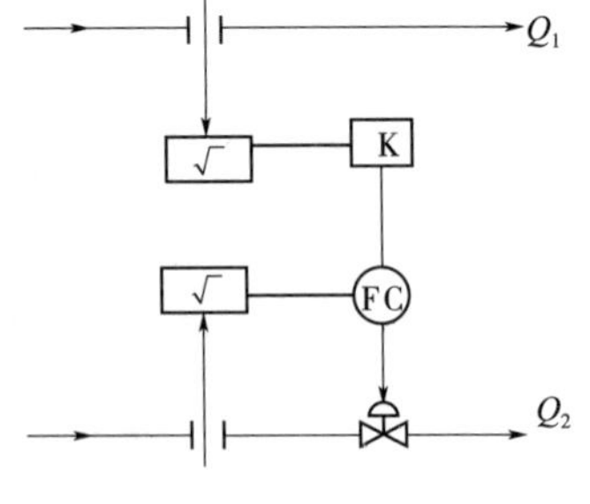

图 10-29 习题 10.3

10.4 某生产过程中,要求参与反应的物料 Q_1 与物料 Q_2 保持恒定比例,当正常操作时,流量 $Q_1=9\ m^3/h$,$Q_2=2.25\ m^3/h$;两个流量均采用孔板测量并配用差压传感器,测量范围分别为:$0\sim15\ m^3/h$ 和 $0\sim4\ m^3/h$;根据要求设计 Q_1/Q_2 的恒定比值控制系统。在采用 DDZ-Ⅲ型仪表组成的控制系统的情况下,分别计算流量和测量信号呈线性关系(配开方器)和非线性关系(无开方器)时的比值系数 K'

10.5 什么是选择性控制系统?请画出其典型框图,并说明其工作原理。

10.6 什么是分程控制?设置分程控制系统的目的是什么?

10.7 分程调节主要应用在扩大调节阀的可调范围和系统放大倍数变化较大的对象。这句话对吗?

10.8 分程控制系统中,分程阀的范围一般取在________和________均分的两段风压。

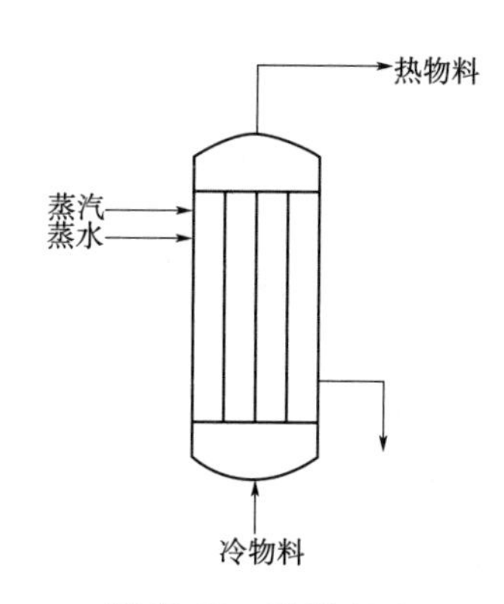

图 10-30　习题 10.9

10.9　图 10-30 所示为一热交换器，使用热水与蒸汽对物料进行加热。工艺要求出口物料的温度保持恒定。为节省能源，尽量利用工艺过程中的废热，所以只是在热水不足以使物料温度达到规定值时，才利用蒸汽予以补充。试根据以上要求：

（1）设计一个控制系统，画出系统的原理框图；

（2）物料不允许过热，否则易分解，请确定调节阀的开关型式；

（3）确定蒸汽阀与热水阀的工作信号段，并画出其分程特性图；

（4）确定调节器的正反作用；

（5）简述系统的控制过程。

10.10　图 10-31 所示为一燃料气混合罐，罐内压力需要控制。一般情况下，通过改变甲烷流出量 Q_A 来维持罐内压力。当罐内压力降低到 $Q_A=0$ 仍不能使其回升，则需要调整来自燃料气发生罐的流出量 Q_B，以维持罐内压力达到给定值。为此要求：

（1）设计一个控制系统，画出系统的原理图；

（2）罐内压力不允许过高，请选择调节阀的气开、气关型式；

（3）确定调节器的正、反作用；

（4）确定调节阀的工作信号段，并画出其分程特性图。

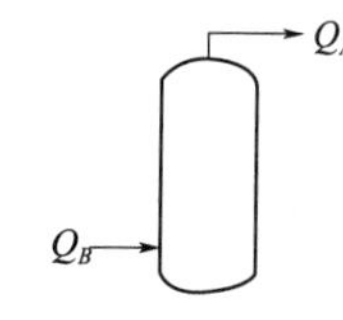

图 10-31　习题 10.10

参 考 文 献

[1]高志宏.过程控制与自动化仪表[M].杭州:浙江大学出版社,2006.
[2]张根宝.工业自动化仪表与过程控制[M].4版.西安:西北工业大学出版社,2012.
[3]林德杰.过程控制仪表及控制系统[M].北京:机械工业出版社,2004.
[4]徐春山.过程控制仪表[M].北京:冶金工业出版社,1995.
[5]施仁,等.自动化仪表与过程控制[M].5版.北京:电子工业出版社,2011.
[6]王永红.过程检测仪表[M].2版.北京:化学工业出版社,2009.
[7]张井岗.过程控制与自动化仪表[M].北京:北京大学出版社,2007.
[8]王骥程,等.化工过程控制工程[M].2版.北京:化学工业出版社,1991.
[9]历玉鸣.化工仪表及自动化[M].修订版.北京:化学工业出版社,1996.
[10]巨林仓.电厂热工过程控制系统[M].西安:西安交通大学出版社,2009.
[11]毕贞福.火力发电厂热工自动控制[M].北京:中国电力出版社,2007.
[12]吴国熙.调节阀使用与维修[M].北京:化学工业出版社,1997.
[13]乐嘉谦.仪表工手册[M].2版.北京:化学工业出版社,2003.